Ergebnisse der Aerodynamischen Versuchsanstalt zu Göttingen

⟨angegliedert dem Kaiser Wilhelm=Institut für Strömungsforschung⟩

Herausgegeben von

Dr.=Ing. e. h. Dr. phil. L. Prandtl
o. Professor an der Universität Göttingen

und

Dipl.=Ing. Dr. phil. A. Betz
a. o. Professor an der Universität Göttingen

III. Lieferung

Mit 149 Abbildungen im Text

München und Berlin 1927

Druck und Verlag von R. Oldenbourg

Vorwort.

Die hiermit vorliegende III. Lieferung unserer „Ergebnisse" erscheint wesentlich später, als wir ursprünglich gehofft hatten. Die Verzögerung wurde hervorgerufen durch die Arbeiten für die Neugründung der Abteilung für Strömungsforschung sowie durch die dauernd steigende Inanspruchnahme der Versuchsanstalt durch auswärtige Aufträge. Beide Umstände wirkten sich gemeinsam dahin aus, daß wiederholt starke Personalvermehrungen vorgenommen werden mußten. Die neuen Hilfskräfte kamen naturgemäß für die Abfassung der Berichte zunächst nicht in Frage, und die mit dem Gegenstand besser vertrauten dienstälteren Mitarbeiter waren neben ihren eigentlichen Verpflichtungen auch durch das Anlernen der neuen Mitarbeiter stark in Anspruch genommen. So mußte die Abfassung der Berichte und ihre Vorbereitung für den Druck leider verschoben werden, bis die Entwicklung der Anstalt wieder in etwas ruhigere Bahnen gekommen war. Die IV. Lieferung, für die schon allerhand Versuchsmaterial fertig vorliegt, hoffen wir nunmehr der III. in kürzerem Abstande folgen lassen zu können.

Was die Weiterentwicklung der Anstalt seit dem Abschluß der II. Lieferung betrifft, so muß vor allem auf die bereits erwähnte Neugründung einer besonderen Abteilung für allgemeine Strömungsforschung hingewiesen werden. Diese Abteilung war schon vor dem Kriege geplant gewesen, hat aber erst im Jahre 1923 in Auswirkung eines Rufes an die Technische Hochschule München, den der Erstunterzeichnete erhalten hatte, verwirklicht werden können. Den Bemühungen der Kaiser Wilhelm-Gesellschaft gelang es trotz der damaligen besonders ungünstigen Verhältnisse (es war gerade in der schwierigen Zeit der Stabilisierungskrise), die Mittel hierfür von der Reichsverwaltung und von einem privaten Gönner, Herrn Generaldirektor Dr. W. Hoene in Berlin, zu bekommen. Bei der Einweihung des Neubaues am 16. Juli 1925 wurden beide Laboratorien zu dem „Kaiser Wilhelm-Institut für Strömungsforschung" zusammengefaßt. In die Leitung teilen sich die beiden Unterzeichneten in der Weise, daß der Erstunterzeichnete neben der Oberleitung des Ganzen speziell die neue Abteilung für Strömungsforschung leitet, der Zweitunterzeichnete dagegen neben einer Teilnahme an den Direktionsgeschäften vor allem die Aerodynamische Versuchsanstalt selbständig führt. Als Abteilungsleiter sind Dipl.-Ing. J. Ackeret in der Abteilung für Strömungsforschung und Dipl.-Ing. R. Seiferth in der Aerodynamischen Versuchsanstalt tätig. Das gesamte Personal besteht z. Z. aus 55 Köpfen, von denen 6 der Verwaltung, 13 der gemeinsamen Werkstatt, 26 der Aerodynamischen Versuchsanstalt und 10 der Abteilung für Strömungsforschung angehören.

Über die Entstehung des vorliegenden Heftes ist zu sagen, daß die Hauptarbeit bei der Herstellung der Texte, der Tabellen und Abbildungen sowie bei den Korrekturen usw. in Händen von Herrn Dipl.-Ing. R. Langer lag, dem für seine mühevolle und sorgfältige Arbeit hier gedankt sei. Einige Beiträge stammen von J. Ackeret (Nr. III, 7), R. Seiferth (Nr. III, 15e und 17), O. Schrenck (Nr. I, 4 und III, 3) und von den Herausgebern (Nr. I, 1, 2, 3 u. 5 von Prandtl und Nr. I, 6, II, 1, 2 u. III, 9 von Betz). Der Inhalt gliedert sich wieder in lehrhafte theoretische Darlegungen, Beschreibungen von Versuchseinrichtungen und in Versuchsberichte, welche den Hauptteil der Lieferung ausmachen; ein Literaturverzeichnis schließt sich an. Von den Versuchen, deren Ergebnisse hier mitgeteilt werden, ist etwa die Hälfte unter der Leitung von Herrn R. Seiferth ausgeführt worden (III, 2, 4, 5, 10, 11, 14, 15 c ÷ e, 17, 18), die anderen unter derjenigen der Herren J. Ackeret (Nr. III 3, 6, 7, 8, 15b), F. Nagel (III, 9, 20), A. Betz (III, 12, 19), O. Schrenck (II, I 13), C. Wieselsberger (III, 15a), R. Langer (III, 16, 21, 22).

Vorwort.

Bezüglich der Versuchsberichte mag hier erwähnt werden, daß wieder wie in der I. Lieferung die Eigenschaften einer größeren Reihe von Profilen mitgeteilt werden. Dabei sind jetzt statt der großen Profilbilder Zahlentabellen der Profilkoordinaten nach der in anderen Ländern bereits üblich gewordenen Art mitgeteilt. Für die wichtigeren Profile der I. Lieferung sind diese Tabellen ebenfalls hier mitgeteilt, was erwünscht sein dürfte. Von den übrigen die Flugzeuge betreffenden Versuchen seien die über Flügel mit Ausschnitten, über Flügel mit Endscheiben, über Flügel mit Klappen und Spalt, über die Beeinflussung von Tragflügeln durch Motorgondeln und schließlich die Untersuchungen einiger ganzer Flugzeugmodelle hervorgehoben. Aus anderen Fachgebieten finden sich Versuche über Windräder, über Winddruck auf Bauwerke, über den Luftwiderstand von elektrischen Schnellbahnzügen u. a. Ein Bericht über neuere Versuche mit rotierenden Zylindern, der ebenfalls in diese Lieferung kommen sollte, mußte leider zurückgestellt werden, da die Versuche bisher noch nicht haben abgeschlossen werden können. Ältere Untersuchungen an rotierenden Zylindern sind bereits an anderer Stelle veröffentlicht (s. Literatur-Verzeichnis B, Nr. 66, 76, 86, 91 und 96).

Den Versuchsberichten haben wir wieder einige lehrhafte Darlegungen, die zum Teil in enger Beziehung zu den Versuchen der Lieferung stehen, vorausgeschickt und hoffen damit den Beifall der Leser zu haben.

Ein Verzeichnis von Druckfehler-Berichtigungen zur I. und II. Lieferung findet sich auf S. 166.

Der Verlagsbuchhandlung sei wieder für die auf den Druck verwendete Sorgfalt bestens gedankt.

Göttingen, im November 1926.

L. Prandtl.   **A. Betz.**

Inhaltsverzeichnis.

haben, sondern hier nur formal auftreten, während in Wirklichkeit lediglich die Strömungsverhältnisse in der Nähe der Wand für die Wandreibung bestimmend sind. Umgekehrt läßt sich dann auch erwarten, daß die Geschwindigkeitsverteilung in der Nähe der Wand durch das Reibungsgesetz allein bestimmt ist.

Dieser Leitgedanke hat sich als sehr fruchtbar erwiesen. Um ihn in Formeln auszudrücken, wird man nach Größen suchen, die noch übrigbleiben, wenn weder u_1 noch r in den Formeln auftreten sollen. Zunächst läßt sich eine Geschwindigkeit C rechnerisch aus der Schubspannung τ definieren, indem man setzt

$$\tau = \frac{\varrho\, C^2}{2} \quad . \quad . \quad . \quad . \quad . \quad . \quad . \quad . \quad . \quad . \quad (2)$$

Dann läßt sich eine Art Reynoldssche Zahl aus der kinematischen Zähigkeit ν, dem Wandabstand y und der Geschwindigkeit u dortselbst bilden

$$\mathfrak{Y} = \frac{u\,y}{\nu} \quad . \quad . \quad . \quad . \quad . \quad . \quad . \quad . \quad . \quad . \quad . \quad (3)$$

(man könnte auch $\dfrac{C\,y}{\nu}$ bilden, jedoch erweist sich der Ausdruck (3) als zweckmäßiger). Man kann nun die oben ausgesprochenen Gedanken in Formeln kleiden, indem man zu Gl. (2) und (3) die Formel

$$u = C\,\varphi\,(\mathfrak{Y}) \quad . \quad . \quad . \quad . \quad . \quad . \quad . \quad . \quad . \quad . \quad (4)$$

hinzunimmt. Die nach (4) möglichen verschiedenen Geschwindigkeitsverteilungen unterscheiden sich nur durch den Geschwindigkeitsfaktor $C = \sqrt{\dfrac{2\,\tau}{\varrho}}$ und durch das gemäß (3) geänderte Maß y, das zu jedem u gehört. Die Gestalt der Funktion φ ergibt sich nun, wenn man annimmt, daß die Gl. (4) bis zur Rohrmitte verwendbar ist, durch Eintragen der Werte von τ und u_1, die sich für $\mathfrak{Y}_1 = \dfrac{u_1\,r}{\nu}$ aus (2) und (4) ergeben, in (1). Setzt man zunächst für (1) die allgemeinere Form

$$\tau = \frac{\varrho\, u_1^2}{2}\, f\left(\frac{r\,u_1}{\nu}\right), \quad . \quad . \quad . \quad . \quad . \quad . \quad . \quad . \quad (1a)$$

so wird wegen (2) und (4)

$$\frac{\varrho\, C^2}{2} = \frac{\varrho\, C^2}{2} \cdot [\varphi\,(\mathfrak{Y}_1)]^2 \cdot f\,(\mathfrak{Y}_1),$$

also

$$\varphi\,(\mathfrak{Y}_1) = \frac{1}{\sqrt{f\,(\mathfrak{Y}_1)}}$$

und daher allgemein

$$\varphi\,(\mathfrak{Y}) = \frac{1}{\sqrt{f\,(\mathfrak{Y})}} \quad . \quad . \quad . \quad . \quad . \quad . \quad . \quad . \quad (5)$$

Mit dieser Beziehung ergibt sich aus (4) u, daneben aus (3) $y = \dfrac{\nu}{u}\,\mathfrak{Y}$. Der Zusammenhang von u und y erscheint also zunächst in Parameterform. Für die spezielle Form von Gl. (1) ist

$$f\,(\mathfrak{Y}) = \zeta\, \mathfrak{Y}^{-1/4}, \text{ also } \varphi\,(\mathfrak{Y}) = \frac{1}{\sqrt{\zeta}}\, \mathfrak{Y}^{1/8}.$$

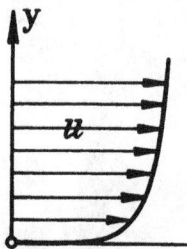

Abb. 1.

Damit wird

$$u = \sqrt{\frac{2\,\tau}{\zeta\,\varrho}} \cdot \left(\frac{u\,y}{\nu}\right)^{1/8}$$

oder, nach Auflösen nach u:

$$u = \left(\frac{2\,\tau}{\zeta\,\varrho}\right)^{4/7} \left(\frac{y}{\nu}\right)^{1/7} \quad . \quad . \quad . \quad . \quad . \quad . \quad . \quad (6)$$

Es ergibt sich also u proportional mit der 7. Wurzel aus y (vgl. Abb. 1, die diese Beziehung veranschaulicht). In der Rohrmitte selbst gilt dieses Gesetz zwar nicht mehr genau, doch ändert sich durch diese Abweichung gegenüber unserer Abbildung nur der Zahlenfaktor von Gl. (6) ein wenig. Bei Reynoldsschen Zahlen $\dfrac{u_1\,r}{\nu}$ unter 50000 wird die

Proportionalität mit der 7. Wurzel des Wandabstandes durch die Versuche sehr gut bestätigt. Bei den höheren Reynoldsschen Zahlen, bei denen das Blasiussche Gesetz nicht mehr genau richtig ist, ändert sich die Geschwindigkeitsverteilung auch etwas, und zwar in dem Sinn, daß dort statt der 7. Wurzel aus y die 8. oder 9. Wurzel auftritt.

Die vorstehenden Beziehungen für die Rohrströmung lassen sich nun auch für die Strömung längs einer Platte verwerten; man muß dabei nur an Stelle des Rohrradius die Dicke δ der durch Reibung beeinflußten Schicht setzen. Diese Schicht ist in der Regel verhältnismäßig dünn; sie wächst entlang der Strömung langsam an. Für den Reibungswiderstand hat man nun zwei Ausdrucksmöglichkeiten: einerseits ist er die Summenwirkung aller Reibungsspannungen an der Körperoberfläche, anderseits bewirkt er eine Abbremsung der von der Reibung erfaßten Flüssigkeitsmasse und läßt sich aus deren Impulsverlust berechnen. Für die Einheit in der Breitenrichtung ergibt sich dieser Impulsverlust, wenn u_1 die Geschwindigkeit der ungestörten Strömung und u die Geschwindigkeit im Abstand y von der Wand bedeutet

$$J = \varrho \int_0^{\delta} u\,(u_1 - u)\,d\,y$$

($\varrho\,u\,d\,y =$ in der Zeiteinheit zwischen y und $y + d\,y$ hindurchfließende Masse, $u_1 - u =$ Geschwindigkeitsänderung).

Setzt man, was nach früherem eine gute Annäherung bedeutet, $u = u_1 \cdot \left(\dfrac{y}{\delta} \right)^{1/7}$, so ergibt eine kurze Rechnung

$$J = \frac{7}{72}\,\varrho\,u_1{}^2\,\delta \quad \ldots \ldots \ldots \ldots \quad (7)$$

Die Berechnung des Widerstandes aus der Schubspannung macht sich am bequemsten, wenn man zunächst den Widerstandszuwachs dW bei der Verlängerung der reibenden Fläche um dl ermittelt. Es ist, wieder für die Einheit in der Breitenrichtung,

$$d\,W = \tau\,d\,l,$$

oder, wenn das Blasiussche Gesetz (1) verwendet wird,

$$d\,W = \zeta\,\varrho\,\frac{u_1{}^2}{2} \cdot \left(\frac{\nu}{u_1\,\delta} \right)^{1/4} d\,l \quad \ldots \ldots \ldots \ldots \quad (8)$$

Anderseits ist nach (7) wegen $J = W$

$$d\,W = \frac{7}{72}\,\varrho\,u_1{}^2 \cdot \frac{d\,\delta}{d\,l} \cdot d\,l, \quad \ldots \ldots \ldots \ldots \quad (9)$$

also

$$\delta^{1/4}\,\frac{d\,\delta}{d\,l} = \frac{36}{7}\,\zeta \left(\frac{\nu}{u_1} \right)^{1/4}$$

oder

$$\frac{4}{5}\,\delta^{5/4} = \frac{36}{7}\,\zeta \left(\frac{\nu}{u_1} \right)^{1/4} \cdot l$$

$$\delta = \left(\frac{45}{7}\,\zeta \right)^{4/5} \left(\frac{\nu}{u_1} \right)^{1/5} l^{4/5}; \quad \ldots \ldots \ldots \ldots \quad (10)$$

hiermit liefert (7)

$$W = \frac{7}{72} \cdot \left(\frac{45}{7}\,\zeta \right)^{4/5} \cdot \varrho\,u_1{}^2\,l \cdot \left(\frac{\nu}{u_1\,l} \right)^{1/5}$$

$$= 0{,}072\,\frac{\varrho\,u_1{}^2}{2}\,l \cdot \left(\frac{\nu}{u_1\,l} \right)^{1/5} \quad \ldots \ldots \ldots \quad (11)$$

Damit ergibt sich die Reibungswiderstandszahl c_f, wenn noch die Reynoldssche Zahl der Fläche von der Länge l, $\Re = \dfrac{u_1 \cdot l}{\nu}$ eingeführt wird, zu

$$c_f = 0{,}072\,\Re^{-1/5} \quad \ldots \ldots \ldots \ldots \quad (12)$$

Dieses Gesetz ist durch die Versuchsergebnisse überraschend gut bestätigt. Es kann natürlich nur dann zutreffen, wenn bereits nahe an der Vorderkante der turbulente Störungszustand eintritt. Bei den Versuchen von Wieselsberger, über die in der I. Lieferung, S. 121 bis 126 berichtet wurde, ist dieses der Fall. Die Versuchspunkte für die sechsmal zellonierten, mit Stoff bespannten Flächen (Zahlentafeln 151 bis 154 d. I. Lief.) werden bei den niedrigen und mittleren Reynoldsschen Zahlen durch Gl. (12) gut wiedergegeben; bei den höchsten Reynoldsschen Zahlen dagegen ergeben sich Abweichungen von derselben Art, wie sie beim Rohrwiderstand gegenüber dem Blasiusschen Gesetz auftreten. Der Zahlwert 0,072 in Gl. (12), der aus einer nicht völlig genauen Abschätzung erhalten ist, wird dabei auch geringe Änderungen erfahren dürfen. Die obigen Wieselsbergerschen Versuche werden am besten durch die Formel

$$c_f = 0{,}074\,\mathfrak{R}^{1/4} \qquad\qquad\qquad\qquad\qquad (12\,\text{a})$$

dargestellt.

Bei den Versuchen von Gebers[1]) und ähnlichen Versuchen, bei denen gut zugeschärfte Platten durch Wasser geschleppt wurden, hat man in dem der Vorderkante zunächst befindlichen Teil noch keine Turbulenz, sondern die Strömung ist hier laminar und der Widerstand wesentlich kleiner als nach Formel (12). Die Theorie[2]) liefert für den Fall, daß die Strömung längs der ganzen Platte laminar ist, die Formel

$$c_f = 1{,}327\,\mathfrak{R}^{-1/2} \qquad\qquad\qquad\qquad\qquad (13)$$

Diese ist bis zu einem kritischen Wert $\mathfrak{R}'$ von $\mathfrak{R} = \dfrac{vl}{\nu}$[3]) gültig, der bei den Gebersschen Versuchen etwa bei 500 000 liegt. Für größere $\mathfrak{R}$ ist von der Vorderkante bis $l' = \dfrac{500\,000 \cdot \nu}{v}$ laminare Strömung, von dort ab turbulente Strömung. Nimmt man an, daß die Reibung im turbulenten Teil nach demselben Gesetz verteilt ist, das wir für den Fall der von vorn an turbulenten Strömung abgeleitet haben, so kommt die Änderung durch den laminaren Anfangsteil darauf hinaus, daß in diesem Teil, also auf die Länge l', eine Widerstandsverminderung entsteht, die einer Verminderung von c_f von dem Wert von Formel (12a) auf den von Formel (13) entspricht, beide Werte für $\mathfrak{R} = \mathfrak{R}'$ genommen. In dem Wert c_f für die ganze Platte hat diese Widerstandsverminderung einen Anteil im Verhältnis $\dfrac{l'}{l}$, wofür auch $\dfrac{\mathfrak{R}'}{\mathfrak{R}}$ geschrieben werden kann. Für $\mathfrak{R} > \mathfrak{R}'$ ist also von dem c_f-Wert nach Gl. (12a) $(c_{f1} - c_{f2}) \cdot \dfrac{\mathfrak{R}'}{\mathfrak{R}}$ abzuziehen, was mit $c_{f1} - c_{f2} = 0{,}0035$ und $\mathfrak{R}' = 485\,000$ den Betrag $1700/\mathfrak{R}$ ergibt. Damit erhält man für die turbulente Reibungsströmung mit laminarem Anlauf die Formel

$$c_f = 0{,}074/\mathfrak{R}^{1/5} - 1700/\mathfrak{R} \;[4]) \qquad\qquad\qquad (14)$$

Statt des Wertes 1700 kann in einem anderen Fall mit geringerer oder größerer kritischer Reynoldsscher Zahl (z. B. verursacht durch größere oder kleinere Anfangsturbulenz) auch ein anderer Zahlenwert auftreten.

Die Formel (14) stimmt sehr befriedigend mit den Gebersschen Werten, so daß auch diese eine Bestätigung der hier vorgebrachten Grundanschauung liefern. In Abb. 2 sind die drei Gesetze (12a), (13) und (14) durch die Linien I, II und III wiedergegeben; dabei sind die oben erwähnten Wieselsbergerschen Messungen an sechsmal zellonierten Stoffflächen in Luft, die von Gebers an geschleppten Glasplatten in Wasser und außerdem eine Versuchsreihe von Blasius[5]) mit in Wasser geschleppten Messingstreifen aufgetragen, die die kleineren Reynoldsschen Zahlen deckt; bei ihr ist für den Formwiderstand ein Abzug von 0,0006 an jedem einzelnen c_f-Wert gemacht, was die Übereinstimmung verbessert und auch sachlich berechtigt ist.

---

[1]) Schiffbau IX (1908).
[2]) Blasius, Z. f. Math. u. Phys. 1908, S. 1 u. f.
[3]) Für die Geschwindigkeit u_1 werde von jetzt ab wieder das bei Widerstandsaufgaben gewohntere v geschrieben!
[4]) Die Nachrechnung des Schnittpunktes der c_f-Kurven nach Gl. (13) und (14) ergibt die genaueren Werte $\mathfrak{R}' = 487\,000$, $c_{f1} = 0{,}00539$, $c_{f2} = 0{,}00190$, $c_{f1} - c_{f2} = 0{,}349$.
[5]) Siehe Fußnote 1, S. 1.

Die vorstehenden Betrachtungen stammen aus dem Herbst 1920. Es war bei der I. Lieferung nur noch möglich, hierüber eine kurze Berichtigung (S. 136) hinzuzufügen, da der übrige Text schon gedruckt war. In dieser Berichtigung ist unsere Formel (14) mit ein wenig anderen Zahlenwerten enthalten. Die ganzen Fragestellungen, die mit dem Gesetz von der 7. Wurzel zusammenhängen, sind damals auch von Prof. v. Karman, Aachen, aufgegriffen worden. Er hat in der Zeitschr. für angew. Math. u. Mech. Bd. 1 (1921), S. 233f., darüber berichtet. Ein wertvoller experimenteller Beitrag zur Frage des Reibungswiderstandes strömender Luft ist inzwischen in der in dem Burgersschen Laboratorium in Delft entstandenen Dissertation von Van der Hegge Zijnen erschienen (Thesis, Delft 1924), vgl. auch J. M. Burgers, Proc. of the I. Intern. Congress for applied mechanics, Delft 1924, S. 113f. Dort S. 128 weitere Literatur!

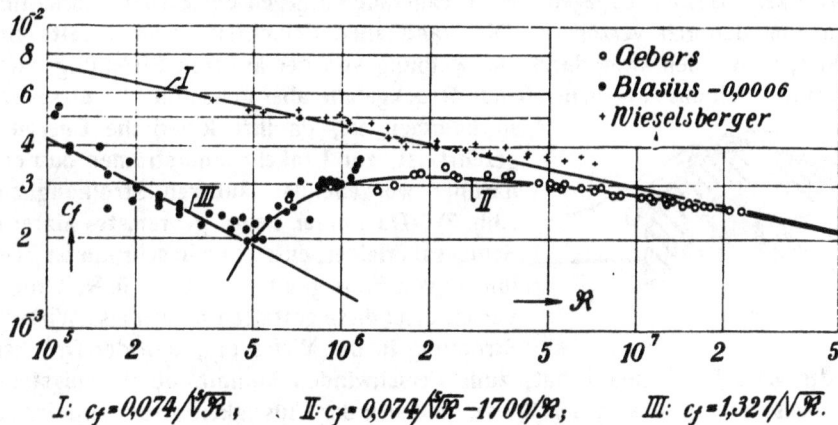

$$\text{I: } c_f = 0,074/\sqrt[5]{\Re}\,, \qquad \text{II: } c_f = 0,074/\sqrt[5]{\Re} - 1700/\Re; \qquad \text{III: } c_f = 1,327/\sqrt{\Re}.$$

Abb. 2.

Die hier geschilderten Verhältnisse, die sich zunächst auf ebene Platten beziehen, lassen auch Rückschlüsse auf den Reibungswiderstand an Tragflügeln zu. Dieser wird im allgemeinen immer etwas größer sein als der der ebenen Platten, da die Geschwindigkeit bei den Tragflügeln ungleichmäßig verteilt ist, und das Mehr an den Stellen großer Geschwindigkeit durch das Weniger an denen kleiner Geschwindigkeit nicht ausgeglichen wird. Immerhin lohnt sich ein Vergleich. Hervorzuheben ist, daß die normalen Flügelmessungen (30 m/s Geschwindigkeit und 20 cm Flügeltiefe) eine Reynoldsche Zahl von rd. 420 000 ergeben, also einen Wert, bei dem die zugeschärften Platten gerade einen sehr kleinen Widerstand ergeben. Es ist daher zu erwarten, daß Flügelmessungen bei einem etwa drei- bis viermal höheren Kennwert, wie sie z. B. in der I. Lieferung, S. 54 bis 62, beschrieben sind, in bezug auf den Reibungswiderstand wesentlich zuverlässiger sind. Neue Versuche über den Profilwiderstand von Flügeln, abhängig vom Kennwert, finden sich in dieser Lieferung unter Nr. III, 7.

Über rauhe Oberflächen mögen folgende Bemerkungen genügen: Die Bremsung der Strömung ist hier stärker, infolgedessen ist der Reibungswiderstand durchweg höher als bei glatten Flächen (schwach rauhe Oberflächen können sich allerdings, besonders bei den geringeren Reynoldsschen Zahlen, als „strömungstechnisch glatt" erweisen, wenn die Rauhigkeiten ganz in den laminar fließenden Streifen eingebettet bleiben; bei höheren R.schen Zahlen, wo dieser Streifen dünner wird, können sich solche Rauhigkeiten durch vermehrten Widerstand bemerklich machen). Die Widerstandszahl von stark rauhen Oberflächen ist im allgemeinen fast unabhängig von der Reynoldsschen Zahl, vgl. I. Lieferung, Abb. 75, S. 123 (Stofffläche mit abgesengten Fasern); es handelt sich hier eben um eine Art von Formwiderstand; dagegen ist die Widerstandszahl von dem Verhältnis Buckelgröße:Objektgröße abhängig, wie sich auch aus den Versuchen über Kanäle mit rauhen Wänden[1]) ergibt. Es wäre auch hier möglich, aus den Kanalversuchen auf den Reibungswiderstand von Platten zu schließen, doch mag an dieser Stelle eine Bemerkung darüber unterbleiben, bis die Gesetze für den Widerstand rauher Platten besser erforscht sind, als dies zurzeit der Fall ist.

[1]) Vgl. Hopf und Fromm, Z. f. angew. Math. u. Mech. 3 (1923), S. 329 und 339.

2. Über Wirbelablösung und deren Verhinderung.

Für das Zustandekommen des aus Druckunterschieden herrührenden Widerstandes von umströmten Körpern sind die an ihnen gebildeten Wirbel von ausschlaggebender Bedeutung. Die Entstehung solcher Wirbel hängt eng mit der durch Reibung verzögerten Flüssigkeitsschicht zusammen, die den umströmten Körper wie ein Kleid umgibt. Diese Reibungsschicht ist denselben beschleunigenden und verzögernden Druckunterschieden unterworfen, die auf die ungestörte Strömung außerhalb einwirken. Wird die äußere Strömung durch ein Druckgefälle in ihrer Bewegungsrichtung beschleunigt, so erfahren auch die gebremsten wandnahen Schichten einen Antrieb in der Richtung, in der sie sich schon bewegen; die Strömung wird also ihren Weg längs der Körperoberfläche fortsetzen. Besteht dagegen ein Druckgefälle entgegen der Strömungsrichtung, so wird die freie Strömung dadurch verzögert. Die wandnahen Schichten haben bereits eine kleinere Geschwindigkeit; sie werden zwar durch die Reibung von der äußeren Strömung nach vorwärts weiter geschleppt, durch das entgegenstehende Druckgefälle aber gehemmt. Ist dieses stark genug,

Abb. 3.

so kommen sie, da ihre kinetische Energie bald aufgezehrt ist, zur Umkehr und strömen nun entgegen der darüber weggehenden äußeren Strömung zurück (vgl. Abb. 3). Da immer neues gebremstes Material dasselbe Schicksal erleidet, entstehen in sehr kurzer Zeit Ansammlungen von Flüssigkeit, die durch die Reibung in Drehung versetzt ist; diese gestalten schnell als „Wirbel" die ganze Strömung in der Weise um, daß der Druckanstieg, der die Bildung des Wirbels veranlaßt hat, zum Verschwinden kommt, oder wenigstens sehr verringert wird. Meist erfolgt das in der Weise, daß sich der Flüssigkeitsstrom von der Körperoberfläche ablöst und einen mehr oder minder „toten Raum" hinter dem Körper zurückläßt. Die Bildfolge von Abb. 6 zeigt die Entstehung der Ablösung bei einem Kreiszylinder.

Eine etwas andere Rolle spielen die Reibungsvorgänge in dem Fall einer transversal beschleunigten Strömung, wie sie z. B. in gekrümmten Rohren auftritt. Hier besteht ein Druckgefälle quer zur Strömungsrichtung (zur Überwindung der „Zentrifugalkraft"), die Ablenkung der einzelnen Flüssigkeitsteile in diesem Druckgefälle ist aber je nach ihrer Geschwindigkeit verschieden; die verlangsamte Reibungsschicht wird demnach stärker abgelenkt als die Kernströmung neben ihr, sie fließt daher längs der Wände nach der Innenseite des Bogens hin. Dieser Vorgang verursacht also Ansammlungen langsamerer Flüssigkeit auf der Innenseite des Bogens, und wenn er auch häufig zu keiner Ablösung führt, so stellt er doch eine Quelle vermehrter Reibungsverluste dar. Da nämlich die ursprüngliche Reibungsschicht seitlich weggeführt wird, muß sich an ihrer Stelle immer wieder eine neue bilden.

In den vorstehenden Erörterungen ist das Druckgefälle wie ein unabhängig von der Flüssigkeitsströmung bestehendes Kraftfeld behandelt. Für die Betrachtung der Teilvorgänge ist dies wohl erlaubt, genau genommen ist aber die Druckverteilung selbst wieder ein Erzeugnis der Strömungsvorgänge; diese wechselseitige Verknüpfung macht die rechnerische Behandlung von hydrodynamischen Aufgaben so verwickelt und bewirkt, daß man in der Hauptsache nur solche Aufgaben rechnerisch beherrscht, bei denen es wie bei den Potentialströmungen gelingt, die dynamischen Beziehungen zunächst durch rein geometrische zu ersetzen. Bei anderen Aufgaben wird man auf das Experiment angewiesen bleiben, sobald mehr als qualitative Auskünfte verlangt werden.

Die Frage nach den Mitteln zur Vermeidung der Wirbelbildung und der Ablösung der Strömung gehört jedoch zu denen, in denen unsere Auffassung wertvolle qualitative Fingerzeige zu geben imstande ist.

Das Einfachste ist die Verwendung von genügend schlanken Formen (wie sie bei Luftschiffkörpern, bei Flugzeugtragflügeln usw. üblich sind). Hier sind die Druckanstiege in der Strömungsrichtung nicht sehr groß, so daß die Schleppwirkung der äußeren Strömung auf die innere genügt, um sie vor Rückströmungen zu bewahren. Man weiß, daß diese „gesunde Strömung" bei Flugzeugtragflügeln nur eintritt, wenn der Anstellwinkel nicht zu groß ist, sonst „reißt die Strömung ab",

was in unserer Anschauung bedeutet, daß der Druckanstieg der gesunden Strömung auf der Saugseite des Flügels so groß geworden ist, daß in der Reibungsschicht Rückströmungen aufgetreten
sind, und daß hierdurch die ganze Strömung so umgestaltet worden ist, daß sie jetzt auf der Saugseite nicht mehr anliegt, sondern hier einen Totraum oder Wirbelraum zwischen sich und dem Flügel
läßt. Ähnliches gilt für ein Luftschiff mit einem zu stumpf ausgebildeten Hinterende.

Wesentlich ist noch die folgende Bemerkung: Wenn, wie dies bei kleinen Kennwerten (kleinen
Reynoldsschen Zahlen) der Fall ist, die Reibungsschicht überall laminar strömt, dann gelingt es
nur sehr schwer, eine Strömung gegen einen Druckanstieg zum Anliegen zu bringen, da jetzt die
Schleppwirkung der äußeren Strömung auf die Reibungsschicht ungemein schwach ist. Ist dagegen die Reibungsschicht selbst turbulent, dann ist eine viel größere Schleppwirkung vorhanden,
und die Überwindung von Druckanstiegen ist jetzt wesentlich besser möglich. Die Flugzeug-
tragflügel und auch bereits die Modelle von solchen sind immer in diesem letzteren Zustand. Es
ist aber wichtig zu wissen, daß man grobe Abweichungen in bezug auf das Abreißen der Strömung
bekommt, wenn man unter die Grenze herunterkommt, unter der die Reibungsschicht laminar
bleibt. Bei Tragflügeln ist diese Grenze wesentlich niedriger als bei den ebenen Platten (etwa ¼
davon, schwankend nach dem Grade der Turbulenz des Versuchsluftstromes). Der plötzliche Abfall
der Widerstandszahl von Zylindern, Kugeln und Ellipsoiden (vgl. II. Lieferung, Abb. 24, 26 u. 27)
hängt ebenfalls mit dem Turbulentwerden der Reibungsschicht zusammen. Durch die zunehmende
Schleppwirkung rückt die Ablösungsstelle von etwas vor der Mitte der Kugel usw. ziemlich weit nach
hinten, wodurch sich das Wirbelgebiet wesentlich verkleinert und der Widerstand heruntergeht.

Eine rauhe Oberfläche vermehrt die Bremsung der Reibungsschicht; dadurch wird der Einfluß
der Schleppwirkung heruntergesetzt, die Ablösungsstelle rückt wieder mehr nach vorne, und der
Widerstand der Kugel usw. wird wieder vergrößert.

Um die Wirbelbildung auch bei stumpfer geformten Körpern zu vermeiden, gibt es verschiedene Mittel, die sich allerdings leider oft nicht anwenden lassen. Ein äußerst wirksames Mittel
besteht darin, daß man die Körperoberfläche in der Strömungsrichtung mit der Luft mitlaufen läßt,
so daß sie nirgends langsamer läuft als die Strömung. In diesem Fall kommt nirgends eine Bremsung der Strömung zustande, und es können sich daher auch keine Wirbel entwickeln. Der Versuch mit zwei sich berührenden entgegengesetzt umlaufenden Zylindern (vgl. Abb. 4) hat dies
durchaus bestätigt.

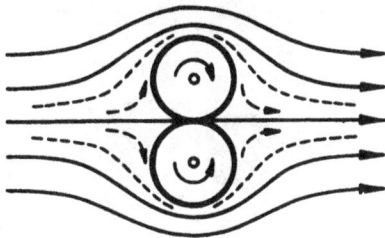

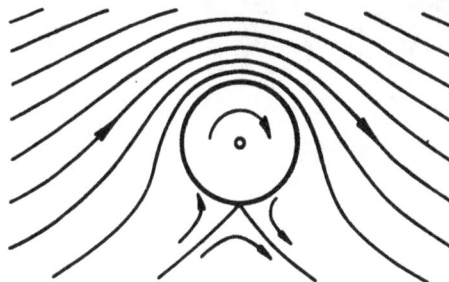

Abb. 4.   Abb. 5.

Nimmt man einen einzigen umlaufenden Zylinder, so wird bei genügender Umlaufgeschwindig-
keit der eine der beiden Wirbel völlig unterdrückt, nämlich der auf der Seite, wo die Wandbewegung
in Richtung der Strömung erfolgt, während der andere Wirbel sich voll entwickelt. Das End-
ergebnis dieses Vorganges, der durch Abb. 7 veranschaulicht wird, ist eine Umströmung des Zylinders entsprechend Abb. 5, die nun auch aufrechterhalten bleibt, da sich jetzt jedes Wandelement
in der Richtung der Strömung bewegt[1]. Mit der Strömung nach Abb. 5 ist ein sehr starker Quertrieb verbunden (die Quertriebsziffer ist hierfür theoretisch $4\pi = 12{,}57$, praktisch etwas weniger).
Bei geringeren Umfangsgeschwindigkeiten würde die Strömung nach Abb. 5, bei der die größte Geschwindigkeit (oben am Zylinder) das Vierfache der Zustromgeschwindigkeit ist, der Wand voreilen,

[1] Vgl. die Abhandlungen Lit.-Verz. B. 66 u. 76.

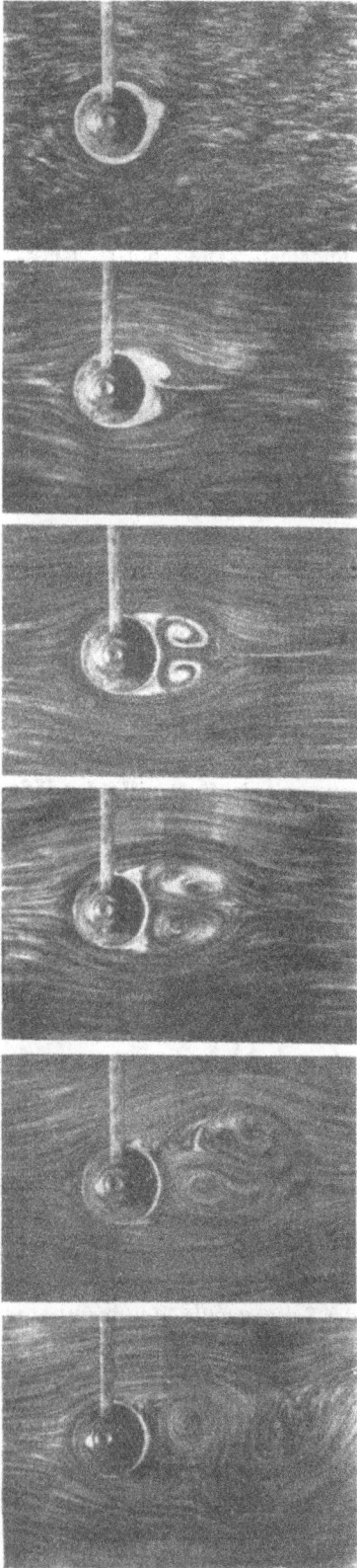

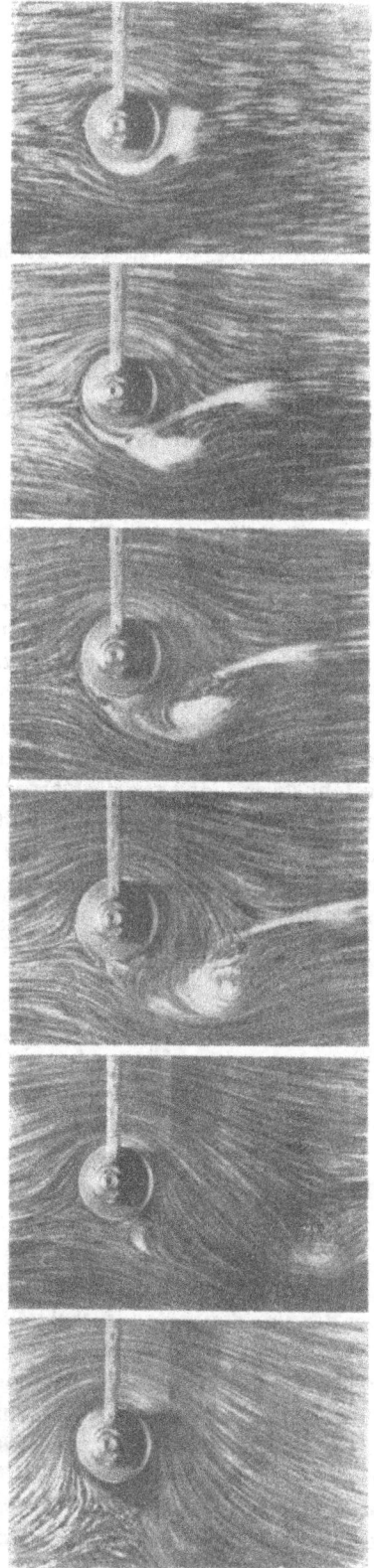

Strömugszustand an einem
Zylinder zu Beginn der
Strömung.

Abb. 6:
Nicht otierender Zylinder.

Abb. 7:
Rotiereder Zylinder, wobei
die Urrangsgeschwindigkeit
gleich Ifacher Strömungs-
geshwindigkeit ist.

Abb. 6. $u/v = 0$.

Abb. 7. $u/v = 4$.

es kommt dann wieder zu Wirbelbildung, der Quertrieb wird geringer. Bei noch größerer Umfangs-geschwindigkeit scheint sich ein umlaufender Flüssigkeitsring um den rotierenden Zylinder zu legen; der Quertrieb geht dabei, wenn auch nicht sehr viel, noch über den obigen Betrag hinaus.

Eine andere, häufiger anwendbare Methode zur Vermeidung der Wirbelbildung besteht darin, daß man die Reibungsschicht an den Stellen, wo sie durch Bildung von Ansammlungen von zum Stehen gekommenem Material Anlaß zur Ablösung von Wirbeln geben würde, durch Absaugen nach dem Körperinnern entfernt. Der Versuch zeigt, daß man tatsächlich auch durch dieses Mittel die Wirbelbildung weitgehend vermeiden und also wesentlich stumpfere Formen verwenden kann, als es sonst möglich wäre[1]). Die zum Absaugen aufgewandte Arbeit ist dabei nicht groß, da es sich um relativ kleine Mengen handelt, die abgesaugt werden müssen.

Man hat auch versucht, durch Ausstoßen von Luftstrahlen in der Richtung der Strömung die verzögerten Schichten längs der Körperoberfläche wieder anzutreiben. Da es sich hier sozusagen um eine Verstärkung der „Schleppwirkung" handelt, müßte auch hier eine günstige Wirkung festzustellen sein. Die Versuche zeigen aber, daß die für einen günstigen Erfolg aufzuwendenden Energiemengen hier viel größer sein müssen als bei der Absaugemethode. Bisher hat von ver-schiedenen versuchten Anordnungen dieser Art nur der „Düsenflügel" oder „Spaltflügel" nach Handley-Page-Lachmann praktische Bedeutung gewonnen. Der durch den Spalt fließende Luft-strom hebt die Reibungsschicht des Vorderflügels ab und macht sie dadurch für den Hinterflügel unschädlich. An diesem bildet sich eine neue Reibungsschicht, die zunächst dünn ist und die unter der Schleppwirkung des aus dem Spalt kommenden Strahls genügend vorwärts getrieben wird. Auf diese Weise kann man auf der Oberseite des Hinterflügels einen Unterdruck erhalten, der mindestens so groß ist, wie der eines gewöhnlichen Flügels, und der Vorderflügel, dessen Hinter-kante in der Zone des tiefsten Unterdrucks des Hinterflügels steht, kann dadurch einen noch we-sentlich tieferen Unterdruck ertragen, ohne daß die Strömung abreißt. Bei mehreren Spalten sind die möglichen Unterdrücke des vorderen Flügels noch größer, doch wächst damit auch der Energie-aufwand für die Luftstrahlen, der in dem Widerstand des Systems zur Geltung kommt.

3. Über den Einfluß der Stromlinienkrümmung auf den Auftrieb von Doppeldeckern.

Bei den in Nr. IV, 4, der II. Lieferung mitgeteilten Doppeldeckerversuchen hatte es sich gezeigt, daß die Umrechnung vom Eindecker zum Doppeldecker für die Ermittlung des induzierten Wider-standes mit einem anderen Wert von $\varkappa$ zu erfolgen hat als für die des Anstellwinkels[2]). Nennt man den letzteren Wert $\varkappa'$, so ist also, mit Zeiger E für den Eindecker und Zeiger D für den Doppel-decker,

$$c_{w_D} = c_{w_E} + \frac{c_a{}^2}{\pi} \left(\frac{\varkappa F_D}{b_D{}^2} - \frac{F_E}{b_E{}^2} \right) \quad \ldots \ldots \ldots \quad (1)$$

$$\alpha_D = \alpha_E + \frac{c_a}{\pi} \left(\frac{\varkappa' F_D}{b_D{}^2} - \frac{F_E}{b_E{}^2} \right)^{3)} \quad \ldots \ldots \ldots \quad (2)$$

Nach der Theorie der tragenden Linien müßte $\varkappa' = \varkappa$ sein. Die Zahlentafel 45, S. 39 der II. Liefe-rung zeigt aber zwischen den aus den Versuchen ermittelten Werten von $\varkappa$ und $\varkappa'$ große Abwei-chungen, und zwar ist $\varkappa'$ durchweg größer als $\varkappa$. Es ist dort bereits ausgesprochen, daß die Strom-linienkrümmung, die ein Flügel am Orte des anderen hervorbringt, für diese Abweichung verant-wortlich zu machen sei, und in einer während der Korrektur zugefügten Fußnote konnte noch mit-geteilt werden, daß inzwischen der rechnerische Nachweis hierfür geglückt sei. Es handelt sich um

---

[1]) Vgl. Lit.-Verz. B, Nr. 82, 89 und 98.

[2]) Die gleiche Feststellung ist schon früher von M. Munk gemacht worden, vgl. seine Veröffentlichung in T.B. II, S. 187 (Lit.-Verz. der I. Lief. C, Nr. 24).

[3]) Alle Winkel in dieser Abhandlung sind im „Bogenmaß" gemessen. Winkel im Gradmaß werden aus Winkeln im Bogenmaß durch Multiplikation mit $\dfrac{180^0}{\pi} = 57,3^0$ erhalten.

die Dissertation von Herrn N. K. Bose (Nr. 64 des Literaturverzeichnisses der II. Lieferung), die einstweilen nur in maschinengeschriebenen Exemplaren in der Staatsbibliothek in Berlin und der Universitätsbibliothek in Göttingen zugänglich ist, von der aber noch ein Auszug in der Zeitschr. für angew. Mathematik und Mechanik erscheinen soll. Im folgenden wird das hauptsächlichste Ergebnis dieser Arbeit, so weit es für den Praktiker Interesse besitzt, dargelegt werden.

Die Aufgabe besteht aus zwei Teilen, einmal den Auftrieb eines Tragflügels zu ermitteln, der in einer gekrümmten Strömung steht, und dann die Krümmung zu berechnen, die ein Flügel des Doppeldeckers am Ort des anderen hervorbringt. Die Verbindung dieser beiden Beziehungen führt zu dem gesuchten Ergebnis. Für den ersten Teil läßt sich eine Überlegung ganz ähnlich derjenigen angeben, die in der Tragflügeltheorie üblich ist. Das Element eines Flügels[1] befinde sich in einer absteigenden Strömung; dann ist der wirksame Anstellwinkel gleich dem geometrischen Anstellwinkel minus dem Neigungswinkel der Strömung. Analog kann man annehmen: Das Element eines Flügels befinde sich in einer Strömung von der Krümmung $1/R'$, dann ist die wirksame Profilkrümmung gleich der geometrischen Profilkrümmung minus $1/R'$. Die Richtigkeit dieser Beziehung leuchtet ein für den Fall, daß die geometrische Krümmung und die Krümmung der Strömung übereinstimmen. In diesem Falle wird das gekrümmte Profil in der gekrümmten Strömung ebenso darin stehen wie eine entsprechende ebene Platte (bzw. das entsprechende symmetrische Profil) in einer geraden Strömung; im Fall des Anstellwinkels 0 wird hier ein Auftrieb nicht zu erwarten sein. Für mäßige Krümmungen von Strömung und Profil wird die obige Beziehung wenigstens als Näherungsformel richtig sein.

Die Abhängigkeit des Auftriebs von der Profilkrümmung bei festgehaltenem Anstellwinkel läßt sich aus systematischen Profilmessungen herleiten. Hier mag es aber genügen, die aus den Kuttaschen Rechnungen für die unendlich lange dünne, kreisförmig gewölbte Platte in der reibungslosen Flüssigkeit hergeleitete Näherungsformel

$$c_a = 2\pi\left(\alpha + \frac{\beta}{4}\right) \quad \dots \dots \dots \dots \quad (3)$$

zu benutzen. In dieser ist α der Anstellwinkel der Profilsehne und β der Zentriwinkel des Kreisbogenprofils. Nun ist (vgl. Abb. 8)

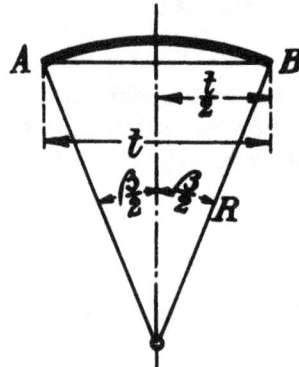
Abb. 8.

$\sin\dfrac{\beta}{2} = \dfrac{t/2}{R}$, also mit der Annäherung, die den Sinus gleich dem Bogen setzt, $\beta = \dfrac{t}{R}$; damit wird

$$c_a = 2\pi\left(\alpha + \frac{t}{4R}\right) \quad . \quad (4)$$

Für den Flügel in gekrümmter Strömung muß nach dem Vorhergehenden $\dfrac{1}{R} - \dfrac{1}{R'}$ an Stelle von $1/R$ geschrieben werden. Dabei ist angenommen, daß α, für das beim

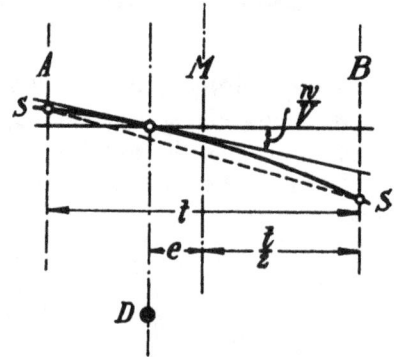
Abb. 9.

endlich langen Tragflügel der „wirksame Anstellwinkel" einzusetzen ist, bereits bekannt sei. Bei der Ermittlung von α kommt aber, wie sich zeigt, die Krümmung noch einmal herein. Durch die Krümmung ist nämlich die Neigung der Strömung an den verschiedenen Stellen des Profils verschieden. Es mag erlaubt sein, den Auftrieb des induzierenden Flügels (2), also des anderen Flügels, der das Geschwindigkeitsfeld in der Umgebung des betrachteten Flügels (1) stört, als auf einer Linie konzentriert anzunehmen; dann ist in der Vertikalebene durch diese Linie die induzierte Geschwindigkeit w_{21} vorhanden, die von der bisherigen Mehrdeckertheorie geliefert wird (II. Lieferung, Nr. III, 1).

---

[1] Unter Element wird hier ein Flügelstück von der vollen Flügeltiefe, aber von nur geringer Erstreckung in der Richtung der Spannweite verstanden.

Da die Anstellwinkel in Gl. (3) und (4) auf die Sehne des Kreisbogenprofils bezogen sind, ist die Anstellwinkelkorrektur für die Anwesenheit des zweiten Flügels gegeben durch die Neigung der Sehne der vom zweiten Flügel herrührenden Stromlinie am Ort des ersten Flügels. In Abb. 9 bedeutet D den Druckmittelpunkt des zweiten Flügels, in dem dessen ganzer Auftrieb konzentriert gedacht wird; SS ist die Stromlinie, die am Ort des ersten Flügels durch den in D wirkenden Auftrieb erzeugt wird, wenn der erste Flügel nicht da ist; sie berührt die unter der Neigung w/V gezogene Gerade senkrecht über D. A ist der Ort der Eintrittskante, B der der Austrittskante des ersten Flügels, die gestrichelte Linie ist die Stromliniensehne. Von der Richtigkeit der eben angegebenen Vorschrift überzeugt man sich leicht dadurch, wenn man ein dünnes Profil betrachtet, das genau mit dem Stück der Stromlinie SS zwischen A und B zusammenfällt. Dessen geometrischer Anstellwinkel wäre durch die gestrichelte Sehne gegeben. Wird die Sehnenneigung abgezogen, so wird der wirksame Anstellwinkel $= 0^\circ$, und da durch die Wölbungskorrektur auch die wirksame Wölbung $= 0$ wird, ergibt sich auch der Auftrieb $= 0$, wie es sein muß, wenn man in eine Strömung eine Fläche bringt, die gerade den ohne sie vorhandenen Stromlinien folgt. Da die Stromlinie mit der hier nötigen Genauigkeit als Parabelbogen angesehen werden darf, kann für die Sehnenneigung auch die Neigung der Tangente an die Stromlinie in der Mitte des Profils, bei M, gesetzt werden. Liegt D in der Wagerechten um e vor M, so muß also zu w_{21}/V noch der Winkel e/R' hinzugenommen werden ($R' =$ Krümmungsradius der Stromlinie). Da weiter noch die von dem ersten Flügel selbst herrührende Abwärtsgeschwindigkeit w_{11} hinzukommt, erhält man, mit $w_{21} + w_{11} = w_1$ und mit $\alpha_1 =$ geometrischer Anstellwinkel von Flügel 1, den wirksamen Anstellwinkel zu $\alpha_1 - w_1/V - e/R'$. Damit wird aber mit Einschluß der Wölbungskorrektur:

$$c_{a1} = 2\pi\left(\alpha_1 + \frac{t}{4R} - \frac{w_1}{V} - \frac{t/4 + e}{R'}\right) \quad \ldots \ldots \ldots \quad (5)$$

Diese Beziehung gilt für den Flügel 1. Für den Flügel 2 des Doppeldeckers gilt eine völlig analoge Beziehung mit etwas veränderten Werten der einzelnen Größen. Die Rechnung soll hier nur für den ungestaffelten Doppeldecker mit zwei gleichgroßen Flügeln weitergeführt werden, wobei noch angenommen werden soll, daß der Auftrieb zu gleichen Teilen auf beide Flügel verteilt ist. In diesem Fall dürfen (innerhalb der hier angestrebten Genauigkeit) sämtliche Größen von Gl. (5) als gleich für Ober- und Unterflügel angenommen werden, und es kann ferner noch, wenn s die Entfernung der Druckmittelpunkte D von der Vorderkante (A in Abb. 9) bedeutet, $e = t/2 - s$ gesetzt werden. Damit ergibt sich aber als endgültige Formel für diesen Sonderfall:

$$c_a = 2\pi\left(\alpha + \frac{t}{4R} - \frac{w}{V} - \frac{{}^3/_4\,t - s}{R'}\right) \quad \ldots \ldots \ldots \quad (6)$$

Die ersten drei Glieder in der Klammer entsprechen der bisherigen Theorie, das vierte ist neu hinzugekommen. Da s genähert gleich $\frac{c_m}{c_a}\cdot t$ ist, läßt sich dieses auch $\frac{t}{R'}\left(\frac{3}{4} - \frac{c_m}{c_a}\right)$ schreiben.

Es bleibt jetzt noch der zweite Teil der Aufgabe, die Ermittlung der Krümmung $1/R'$ der Luftströmung infolge des zweiten Flügels. Bedeutet $w\,(x, y)$ die von diesem Flügel verursachte Abwärtsgeschwindigkeit in der Höhe h über (bzw. unter) diesem Flügel, und hat die X-Achse die Richtung der Flügelspannweite und die Y-Achse die Richtung nach hinten, so ist die Krümmung $1/R^*$ an irgendeinem Punkt, kleine Neigung der Stromlinie vorausgesetzt, der Differentialquotient der Neigung nach y. Ist die Neigung $= w/V$, so ist also $\frac{1}{R^*} = \frac{1}{V}\cdot\frac{\partial w}{\partial y}$. Dieser Wert ist von Bose für eine Reihe von Punkten der Vertikalebene durch die tragende Linie (d. h. durch D in Abb. 9) berechnet worden, so daß man sie für Doppeldecker von verschiedenem Höhenverhältnis $\frac{h}{b}$ und für alle Werte von x besitzt. Die Annahme, daß die so berechnete Krümmung auch für die übrigen Punkte des ungestaffelten „ersten Flügels" angenähert richtig ist, erscheint berechtigt. Die ziemlich schwierigen Rechnungen zeigen, daß $1/R^*$ nach den Flügelenden zu ungefähr auf 0 abnimmt. Da unsere Betrachtungen sich nur auf die Gesamtwirkung aller Krümmungseinflüsse beziehen, ist deshalb noch eine Mittelbildung über den Flügel vorgenommen worden, und zwar derart, daß, wenn a die Auftriebsdichte an der Stelle x ist, gesetzt wurde

$$\frac{1}{R'} = \frac{\int a\,d\,x/R^*}{\int a\,d\,x}.$$

Die Auftriebsdichte ist bei dieser Mittelwertbildung als elliptisch verteilt angenommen worden. Das Ergebnis wurde für die verschiedenen Werte von h/b tabellarisch zusammengestellt. Es zeigt sich dabei, daß man innerhalb der bei Doppeldeckern üblichen Werte von h/b die Näherungsformel

$$\frac{1}{R'} = 0{,}0875\, c_a\, \frac{t}{h^2} \qquad\qquad\qquad (7)$$

anwenden kann. Bose hat auch untersucht, welchen Einfluß der Umstand hat, daß in Wirklichkeit der Auftrieb des zweiten Flügels nicht auf eine Linie konzentriert ist, sondern über die ganze Tiefe des Flügels verteilt ist. Die Krümmung wird hierdurch etwas kleiner; doch soll hier auf diese Verfeinerung nicht weiter eingegangen werden. Mit Gl. (7) wird aus Gl. (6)

$$c_a = 2\,\pi\left(\alpha + \frac{t}{4\,R} - \frac{w}{V} - 0{,}0875\,\frac{t^2}{h^2}\left(\frac{3}{4}\,c_a - c_m\right)\right) \qquad\qquad (8)$$

Geht man von dieser Formel zu einer Umrechnungsformel nach Art von Gl. (2) über, d. h. setzt man $c_{a\,D} = c_{a\,E}$, so ist, weil das Wölbungsglied $t/4R$ beim Eindecker und Doppeldecker in gleicher Weise auftritt und sich daher weghebt, und weil ferner für $\dfrac{w}{V} = \dfrac{w_{21} + w_{11}}{V}$ auch $\dfrac{c_a}{\pi} \cdot \dfrac{\varkappa F_D}{b_D^2}$ geschrieben werden kann[1]),

$$\alpha_D = \alpha_E + \frac{c_a}{\pi}\left(\frac{\varkappa F_D}{b_D^2} - \frac{F_E}{b_E^2}\right) + 0{,}0875\,\frac{t^2}{h^2}\left(\frac{3}{4}\,c_a - c_m\right) \qquad\qquad (9)$$

Man erkennt unschwer aus dieser Gleichung, daß sie sich wegen des Auftretens von c_m nicht in die Form (2) bringen läßt. Es soll deshalb zur Ausführung der Vergleichsrechnung das nachstehende Verfahren angewandt werden: Der nach der früheren Theorie gerechnete Anstellwinkel des Doppeldeckers (also die rechte Seite von Gl. (9) ohne das letzte Glied) möge α_D' heißen. Dann ist die Winkeldifferenz $\varDelta\alpha = \alpha_D - \alpha_D'$ nach Gl. (9)

$$\varDelta\alpha = 0{,}0875\,\frac{t^2}{h^2}\left(\frac{3}{4}\,c_a - c_m\right) \qquad\qquad\qquad (10)$$

und nach Gl. (2)

$$\varDelta\alpha = (\varkappa' - \varkappa)\,\frac{c_a}{\pi} \cdot \frac{F_D}{b_D^2} \qquad\qquad\qquad (11)$$

Da diese beiden Gleichungen für veränderliches c_a im allgemeinen nicht vereinbar sind, mögen zwei bestimmte Werte c_{a1} und c_{a2} ins Auge gefaßt werden, und es möge $\varDelta\alpha_1$ und $\varDelta\alpha_2$ nach Gl. (10) berechnet werden, und es möge nun in Analogie zu dem Verfahren, nach dem die Werte von $\varkappa'$ aus den in der II. Lieferung mitgeteilten Versuchen ermittelt sind, statt (11) gesetzt werden

$$\varDelta\alpha_1 - \varDelta\alpha_2 = (\varkappa' - \varkappa)\,\frac{F_D}{\pi\,b_D^2}\,(c_{a1} - c_{a2}) \qquad\qquad (12)$$

und hieraus $\varkappa' - \varkappa$ ermittelt werden.

Für die numerische Durchführung der Rechnung ist $c_{a1} = 0{,}6$ und $c_{a2} = 0$ gesetzt worden. Nach der Eindeckermessung sind die zugehörigen c_m-Werte durch Interpolation zu $0{,}268$ und $0{,}080$ gefunden worden. Für die fünf Doppeldecker mit gleicher Spannweite von Oberflügel und Unterflügel, die in der Zahlentafel 45 der II. Lieferung enthalten sind, ergeben sich hiermit die in Zahlentafel 1 angegebenen Werte.

---

[1]) II. Lief. Nr. III, 1 u. 2.

Zahlentafel 1.

DD.-Nr.	h/t	b^2/F	$\Delta\alpha_1 - \Delta\alpha_2$	$(\varkappa' - \varkappa)_{\text{theor.}}$	$\varkappa_{\text{theor.}}$	$\varkappa'_{\text{theor.}}$	$\varkappa'_{\text{exp.}}$
1	0,8	3,0	0,0359	0,563	0,794	1,357	1,221
2	1,1	3,0	0,0190	0,298	0,754	1,042	1,049
3	1,4	3,0	0,01173	0,184	0,721	0,905	0,967
4	1,113	2,4	0,01857	0,234	0,722	0,956	0,949
5	1,113	1,44	0,01857	0,140	0,649	0,789	0,803

Der aus Gl. (12) berechnete theoretische Wert von $\varkappa' - \varkappa$ ist zu dem theoretischen Wert von $\varkappa$ addiert und so ein theoretischer Wert von $\varkappa'$ auf rein rechnerischem Wege ermittelt. Der experimentelle Wert von $\varkappa'$ ist daneben gestellt. Die Übereinstimmung ist, wenn man von dem ersten Wert absieht, recht befriedigend angesichts der vielen begangenen Vernachlässigungen. Würde man die Verteilung des Auftriebs nach der Tiefe beim induzierenden Flügel berücksichtigt haben, so würden die Werte $\varkappa' - \varkappa$ durchweg etwas kleiner ausgefallen sein, besonders der erste, da diese Korrektur bei kleinem h/t am meisten ausmacht. Dadurch würde auch dieser Wert dem experimentellen näher gerückt. Im übrigen wird die in der II. Lieferung besprochene Abweichung der Auftriebsverteilung von der elliptischen, die sich in einem Unterschied von $\varkappa_{\text{theor.}}$ gegen $\varkappa_{\text{exp.}}$ kundgab, auch an den Abweichungen der beiden $\varkappa'$ mitwirken. Man kann also sagen, daß die Ursache der Abweichung zwischen den experimetellen Werten von $\varkappa$ und $\varkappa'$ in Gl. (1) und (2) durch diese Untersuchung grundsätzlich aufgeklärt ist[1]).

Anmerkung. Ein schwacher Krümmungseinfluß tritt auch beim Eindecker auf. Dieser ist von Dr. Blenk (Lit.-Verz. B, Nr. 105) untersucht worden und hat gewisse kleine Abweichungen der Umrechnungsformeln bei den Eindeckerversuchen aufklären helfen. Die Korrekturen sind aber nur bei sehr tiefen Flächen (Seitenverhältnis 1 : 2 u. ä.) von Bedeutung; eine Behandlung kann daher hier unterbleiben. Dr. Blenk hat in einer unveröffentlichten Rechnung auch den Krümmungseinfluß bei einem Tragflügel in dem Luftstrahl einer Versuchsanstalt untersucht. Die Wölbungskorrekturen durch den endlichen Luftstrahldurchmesser ergaben sich aber in allen Fällen als unter der Grenze der Versuchsfehler liegend. Bei Versuchen mit großen Flügeln zwischen Wänden (vgl. I. Lief. Nr. IV, 2) kann dagegen die Wölbungskorrektur von Bedeutung werden. Die Krümmung für diesen Fall ist bereits in der Tragflügeltheorie II, Nr. 13, Gl. (58) angegeben (Lit.-Verz. der I. Lief. C. 28).

4. Theoretisches über die Joukowsky-Profile.[2])

Die J-Profile (Joukowsky-Profile) sind eine Gruppe von Profilformen, welche alle durch ein gemeinsames Konstruktionsverfahren gewonnen werden. Sie besitzen in der Gestalt gewisse gemeinschaftliche Merkmale, vor allem das schlanke Auslaufen der hinteren Kante — der Kantenwinkel zwischen Saug- und Druckseite ist theoretisch gleich Null — und die ziemlich runde nicht stark nach abwärts gedrückte Profilnase; außerdem ist die „Profilmittellinie" von der Nase zur Hinterkante etwa kreisbogenförmig.

Die J-Profile haben den Vorteil, daß sie der theoretischen Untersuchung verhältnismäßig bequem zugänglich sind. Von sämtlichen überhaupt möglichen Flügelprofilformen können für sie der Auftrieb und das Moment sowie Geschwindigkeits- und Druckverteilungen am leichtesten gerechnet werden. Es darf allerdings nicht übersehen werden, daß diese Rechnungen nur möglich sind unter Vernachlässigung der Flüssigkeitsreibung und ihrer Folgeerscheinungen, nämlich Grenzschichterzeugung und Totwasserbildung; es handelt sich hier also um reine Potentialströmungstheorie. Die Grenzschichttheorie und ihre Methoden reichen heute für Rechnungen an Profilen noch nicht aus. Die Rechnung wird demgemäß keinen Profilwiderstand liefern, überhaupt wird

---

[1]) Auf einem völlig andern Weg hat Dr. B. Eck (Aachen) diese Lücke der bisherigen Theorie ebenfalls schließen können, vgl. Z.F.M. 1925, S. 183 u. f.

[2]) Literatur: Joukowsky, Z.F.M. 1910, S. 281; Joukowsky, Aerodynamique, Paris 1916, S. 145; Blumenthal, Z.F.M. 1913, S. 125; Trefftz, Z.F.M. 1913, S. 130; v. Mises, Z.F.M. 1917, S. 157; v, Mises, Z.A.M.M. 1922, S. 71. In den zwei letztgenannten Arbeiten sind die J-Profile der einfachste Sonderfall einer allgemeiner durchgeführten Rechnung.

der Vergleich zwischen Theorie und Messung, wie er aus Abschnitt III, 3 entnommen werden kann, im wesentlichen zeigen, in welcher Weise und wie stark die Oberflächenreibung die Luftströmung und die Luftkräfte zu beeinflussen vermag.

Jedes J-Profil ist durch zwei Parameter gekennzeichnet, einen für die Wölbung und einen für die Dicke. Der Wölbungsparameter ist das Streckenverhältnis f/l, der Dickenparameter das Verhältnis d/l. Anstatt d/l war bei Blumenthal und Trefftz eine Größe δ/l verwandt, welche für dasselbe Profil gerade die Hälfte von d/l ist. Die Größe

$$d/l = 2 \cdot \delta/l$$

entspricht vielleicht etwas besser den praktischen Bedürfnissen. Die genaue Bedeutung der Längen l, f und d geht aus der nachstehenden Konstruktion hervor; für eine Abschätzung dienen folgende Angaben:

　　l ist etwas kleiner als die halbe Profiltiefe,
　　d ebenso etwas kleiner als die Hälfte der größten Profildicke und
　　f nicht ganz die Pfeilhöhe der oben definierten kreisförmigen Profilmittellinie.

Die Form der J-Profile geht aus Abb. 10 hervor, in der sämtliche im Windkanal gemessenen Profile abgebildet sind. Zahlentafel 2 enthält außerdem einige im folgenden vorkommende Konstanten eines jeden Profils; die nicht mit Nummern versehenen Profile sind nicht experimetell untersucht.

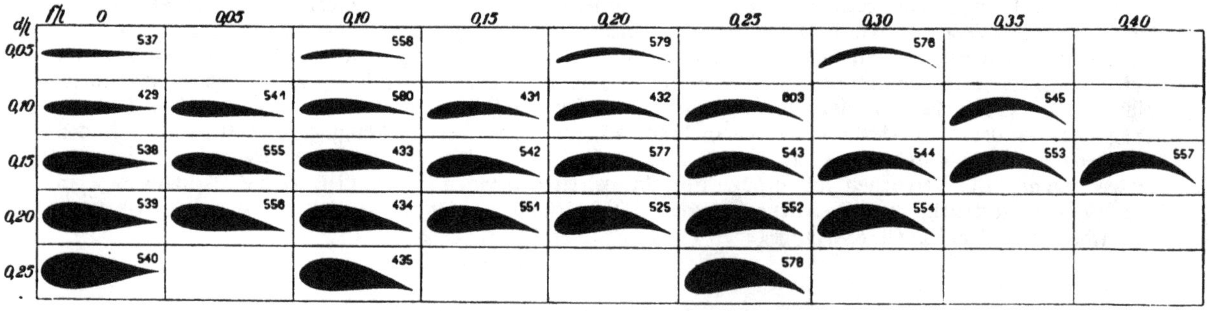

Abb. 10.

Profilkonstruktion.

(Erstmalig von Trefftz, Z.F.M. 1913, angegeben.)[1]

1) Konstruktion des rechtwinkligen Dreiecks LOF (siehe Abb. 11) aus den Katheten $FO = f$ und $LO = l$. Ist eine bestimmte Profiltiefe verlangt, so erfolgt zunächst die Berechnung des zu dieser Tiefe gehörigen l aus dem in der Zahlentafel 2 angegebenen Wert von l/t für das Profil, oder man zeichnet zunächst in beliebigem Maßstab und verändert hinterher den Maßstab der fertigen Figur.

2) Konstruktion eines Kreises K_1 um Punkt M_1 mit dem Halbmesser LM_1; M_1 liegt dabei auf der Verlängerung von LF im Abstand d von Punkt F.

3) Berechnung und Eintragung von $OV_2 = l^2/OV_1$, wo V_1 und V_2 auf der Verlängerung von LO liegen und V_1 deren Schnitt mit Kreis K_1 ist.

4) Konstruktion von Kreis K_2 um Punkt M_2 mit dem Halbmesser LM_2; Punkt M_2 ist der Schnitt von LF mit dem Mittellot über LV_2.

5) Punktweise Konstruktion des Profils mit Hilfe der Kreise K_1 und K_2: an die Achse OL bzw. OV_1 werden in O nach oben und unten beliebig große gleiche Winkel ε (ε' usw.) angetragen;

[1] Da die Originalarbeit vergriffen und daher schwer zugänglich ist, soll hier das Konstruktionsverfahren nochmals wiedergegeben werden.

Zahlentafel 2.

f/l	d/l	Profil Nr.	l/t	D/t	γ	δ	f/l	d/l	Profil Nr.	l/t	D/t	γ	δ
0	0,05	537	0,500	1,050	0	0	0,20	0,05	579	0,498	1,066	11,3°	11,6°
	0,10	429	0,496	1,092	0	0		0,10	432	0,496	1,111	11,3	12,5
	0,15	538	0,492	1,132	0	0		0,15	577	0,492	1,150	11,3	13,5
	0,20	539	0,487	1,168	0	0		0,20	525	0,487	1,190	11,3	14,7
	0,25	540	0,479	1,198	0	0		0,25	—	0,482	1,224	11,3	16,1
0,05	0,05	—	0,499	1,050	2,9°	4,1°	0,25	0,05	—	0,498	1,078	14,8	14,3
	0,10	541	0,496	1,093	2,9	6,1		0,10	603	0,496	1,122	14,8	14,9
	0,15	555	0,493	1,135	2,9	8,2		0,15	543	0,491	1,161	14,8	15,7
	0,20	556	0,489	1,177	2,9	10,0		0,20	552	0,487	1,201	14,8	16,9
	0,25	—	0,485	1,215	2,9	11,9		0,25	578	0,481	1,233	14,8	17,9
0,10	0,05	558	0,498	1,052	5,7	6,4	0,30	0,05	576	0,497	1,089	16,7	16,9
	0,10	580	0,496	1,095	5,7	7,7		0,10	—	0,495	1,133	16,7	17,4
	0,15	433	0,492	1,138	5,7	9,3		0,15	544	0,492	1,175	16,7	18,1
	0,20	434	0,488	1,178	5,7	11,1		0,20	554	0,487	1,212	16,7	18,9
	0,25	435	0,484	1,217	5,7	12,8							
							0,35	0,10	545	0,495	1,147	19,3	19,9
0,15	0,05	—	0,498	1,058	8,5	9,1		0,15	553	0,493	1,191	19,3	20,6
	0,10	431	0,495	1,100	8,5	10,0							
	0,15	542	0,492	1,142	8,5	11,3	0,40	0,15	557	0,492	1,206	21,8	23,0
	0,20	551	0,487	1,181	8,5	12,7							
	0,25	—	0,483	1,220	8,5	14,2							

der eine Schenkel eines solchen Winkelpaares soll den Kreis K_1 in A_1 ($A_1{}'$ usw.) schneiden, der zugehörige zweite auf der anderen Seite den Kreis K_2 in A_2 ($A_2{}'$ usw.). Die Halbierungspunkte P (P', ...) von Strecke $A_1 A_2$ ($A_1{}' A_2{}'$, ...) sind Profilpunkte.

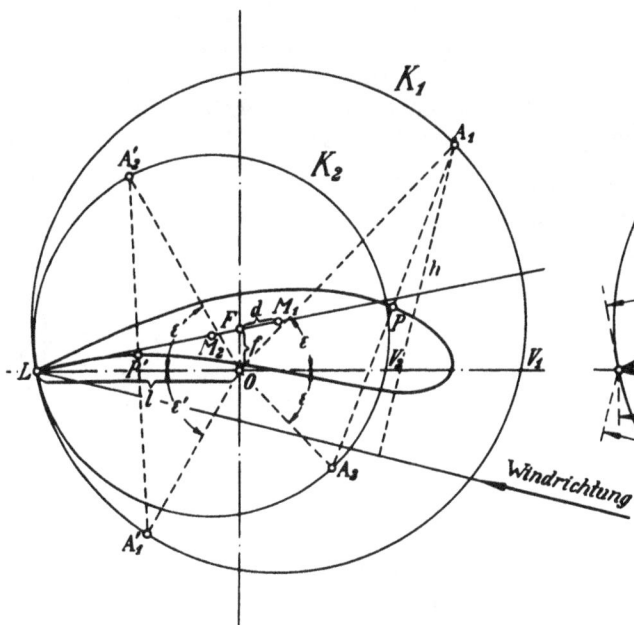

Abb. 11.

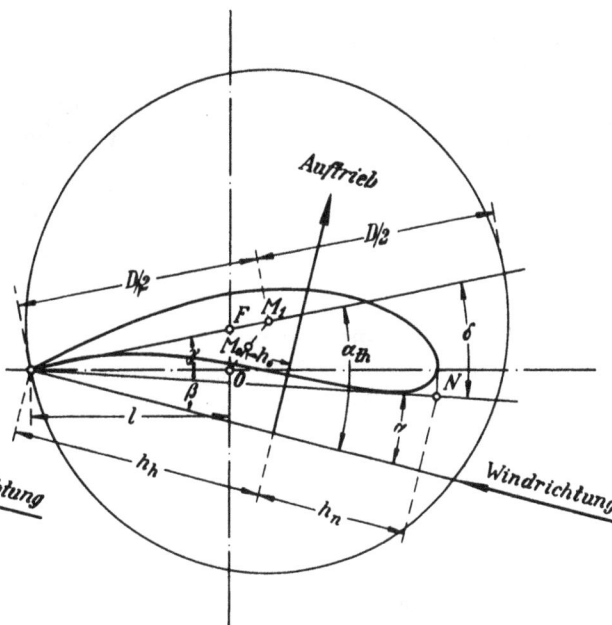

Abb. 12.

Theoretischer Auftrieb und theoretisches Moment eines J-Profiles.

Mit D soll der Durchmesser des Kreises K_1 bezeichnet werden (siehe Abb. 12), mit t wie üblich die Profiltiefe. V sei die Wind- bzw. Fluggeschwindigkeit, α_{th} der „theoretische Anstellwinkel", d. i. der Winkel zwischen der Windrichtung und der Achse LM_1 des Nullauftriebs. Die Rechnung ergibt dann für den unendlich breiten Flügel pro Einheit der Flügelbreite einen (zur Windrichtung senkrechten) Auftrieb

$$A = \varrho \cdot \pi \cdot V^2 \cdot D \cdot \sin \alpha_{\text{th}}$$

und ein

$$c_a = 2 \cdot \pi \cdot \frac{D}{t} \cdot \sin \alpha_{\text{th}}.$$

α_{th} ist mit dem gewöhnlichen Anstellwinkel α verknüpft durch die Beziehung

$$\alpha_{\text{th}} = \alpha + \delta,$$

wo δ für jedes Profil einen bestimmten festen Wert hat (siehe Zahlentafel 2). $\frac{D}{t}$ ist stets etwas größer als 1. Die theoretischen Höchstzahlen des Auftriebs betragen demnach etwas mehr als 2π und liegen bei $\alpha_{\text{th}} = 90^0$. Praktisch wird dieser Wert wohl nie erreicht werden, weil die Grenzschicht die Strömung schon bei viel kleineren Winkeln zum Abreißen bringt.

Einen Profilwiderstand liefert die Theorie, wie schon erwähnt, überhaupt nicht, ein induzierter Widerstand tritt erst beim Übergang zu endlichem Seitenverhältnis auf und wird nach der Tragflügeltheorie in üblicher Weise berechnet.

Das Moment der Auftriebskraft (vgl. v. Mises, Z.F.M. 1917) erscheint in besonders einfacher Form, wenn es bezüglich eines Punktes M_0 angegeben wird, welcher in der Mitte zwischen O und M_1 liegt. Es wird dann einfach

$$\mathfrak{M}_0 = \frac{\varrho}{2} \cdot \pi \cdot l^2 \cdot v^2 \cdot \sin 2\beta.$$

β ist der Winkel zwischen der Windrichtung und der Achse LO; er hängt mit α_{th} zusammen durch die Beziehung

$$\alpha_{\text{th}} = \beta + \gamma,$$

wo γ aus

$$\operatorname{tg} \gamma = f/l$$

hervorgeht und für sämtliche Profile gleicher Wölbung denselben Wert besitzt (vgl. Zahlentafel).

Verhältnismäßig einfach läßt sich auch der Hebelarm h_λ der Auftriebskraft bezüglich der Profilhinterkante angeben. Zunächst ist der Hebelarm h_0 bezüglich des Punktes M_0

$$h_0 = \frac{\mathfrak{M}_0}{A} = \frac{l^2}{2D} \cdot \frac{\sin 2\beta}{\sin \alpha_{\text{th}}},$$

und sodann

$$h_\lambda = h_0 + \frac{D}{4} \cdot \cos \alpha_{\text{th}} + \frac{l}{2} \cdot \cos \beta,$$

wie aus der Lage des Punktes M_0 hervorgeht.

Hieraus schließlich läßt sich auch das gewöhnliche c_m, bezogen auf den Punkt N (siehe Abb. 12), berechnen. Die Projektion der Flügeltiefe in Windrichtung ist nämlich $t \cdot \cos \alpha$, der Hebelarm h_n bezüglich N also

$$h_n = t \cdot \cos \alpha - h_\lambda$$

und schließlich

$$c_m = c_a \frac{h_n}{t}.$$

Auf diesem Wege wurden die im Abschnitt III, 3 in die Meßkurven eingetragenen theoretischen Momentenlinien gerechnet. Mathematisch sind sie keine Geraden, praktisch können sie genügend genau durch solche ersetzt werden. Der so entstehende Fehler erreicht erst bei stark gewölbten Profilen Beträge, welche c_m um 0,01 ändern. In diesem Falle sind aber die Unterschiede zwischen Messung und Theorie selbst um vieles größer.

Geradlinige Momentenlinien sind, wie sich ganz allgemein und für beliebige Profile zeigen läßt, unabhängig vom Seitenverhältnis, man ist also berechtigt, die für den unendlich breiten Flügel berechneten c_m-c_a-Kurven einfach mit den Ergebnissen der Messung bei dem Seitenverhältnis 1:5 zu vergleichen.

5. Der induzierte Widerstand von Flügeln mit Endscheiben.

Bei der Untersuchung rotierender Zylinder mit Endscheiben war aufgefallen, daß der induzierte Widerstand[1]) kleiner war als bei Eindeckern derselben Spannweite. Es wurde deshalb eine theoretische Berechnung angestellt, und zwar, um die Tragflügeltheorie anwenden zu können, für einen Flügel mit Endscheiben gemäß Abb. 13, außerdem wurden mit solchen Flügeln auch Messungen vorgenommen. Die Verkleinerung des induzierten Widerstandes weist bei diesen Flügeln ähnliche Beträge auf wie bei Doppeldeckern. Dieses läßt sich in folgender Weise einsehen. Der induzierte Widerstand hängt mit der kinetischen Energie zusammen, die der Flügel auch bei der idealen reibungslosen Bewegung in der Luft zurückläßt, wenn ein Auftrieb vorhanden ist. Diese kinetische Energie ist aber hauptsächlich in den Wirbeln konzentriert, die

Abb. 13.

von den Flügelspitzen erzeugt werden. Wird der Wirbel einer Seite in zwei aufgelöst, wie dieses beim Doppeldecker und bei dem Flügel mit Scheiben in annähernd gleicher Weise der Fall ist, so wird durch die Unterteilung die Umlaufbewegung um jede einzelne Spitze etwa halb so stark wie beim Eindecker unter sonst gleichen Verhältnissen und die kinetische Energie, die durch die Quadrate der Geschwindigkeit bestimmt ist, dadurch etwa ein Viertel für jede Spitze oder die Hälfte für eine Seite. Dieses bezieht sich auf die Beiträge der unmittelbaren Umgebung der Spitzen. Die Beiträge der von den Spitzen weiter entfernten Luftteile zur kinetischen Energie ändern sich weniger, und zwar um so weniger, je näher die beiden Spitzen einer Seite aneinander liegen, d. h. je kleiner das Verhältnis h/b ist. Der Gesamtbetrag der kinetischen Energie ist daher dem beim Eindecker gleichen Auftriebs um so näher, je kleiner h/b ist.

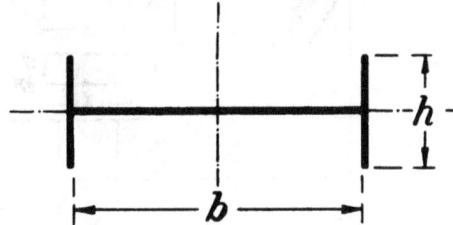

Die quantitative Berechnung des induzierten Widerstandes eines Flügels mit Endscheiben gemäß der in der Tragflügeltheorie, II. Mitteilung[2]), Nr. 6, angegebenen Vorschrift ist nach Vorschlägen von Dr. Betz von Dipl.-Ing. Nagel ausgeführt worden[3]). Man erhält auf diese Weise das Minimum des induzierten Widerstandes, das durch geeignete Anstellwinkelverteilung über das Flügelsystem eintritt. Bei den Versuchen, über die unter Nr. III, 9 berichtet wird, wurden durchweg ebene Scheiben verwendet, während man zur genauen Übereinstimmung mit der Theorie den Scheiben ebenfalls einen Anstellwinkel und zweckmäßig auch eine Wölbung hätte erteilen müssen (die Hinterkante hätte in der unteren Hälfte der Scheibe nach innen, in der oberen Hälfte nach außen gezogen werden müssen). Es zeigte sich aber, daß auch die ebenen Scheiben, wenn sie nur hinreichende Tiefe hatten, befriedigende Übereinstimmung mit der Theorie lieferten.

Aus der Theorie ergaben sich für die S. 36 der I. Lieferung definierte Hilfsfläche F', mit der der induzierte Widerstand durch die Formel

$$W_i = \frac{A^2}{4qF'}$$

zusammenhängt, die in Zahlentafel 3 angegebenen Werte. Mit guter Annäherung lassen sich die Tabellenwerte, mit Ausnahme des ersten, hinreichend genau durch die folgende einfache Interpolationsformel darstellen:

$$F' = 0{,}82\, b^2 + 1{,}33\, b \cdot h.$$

---

[1]) Über den induzierten Widerstand vgl. Ergebnisse I. Lief., S. 35 bis 38.

[2]) Lit.-Verz. d. I. Lief. C. 28.

[3]) Vgl. „Vorläufige Mitteilungen der A.V.A.", Heft 2 (Lit.-Verz. A).

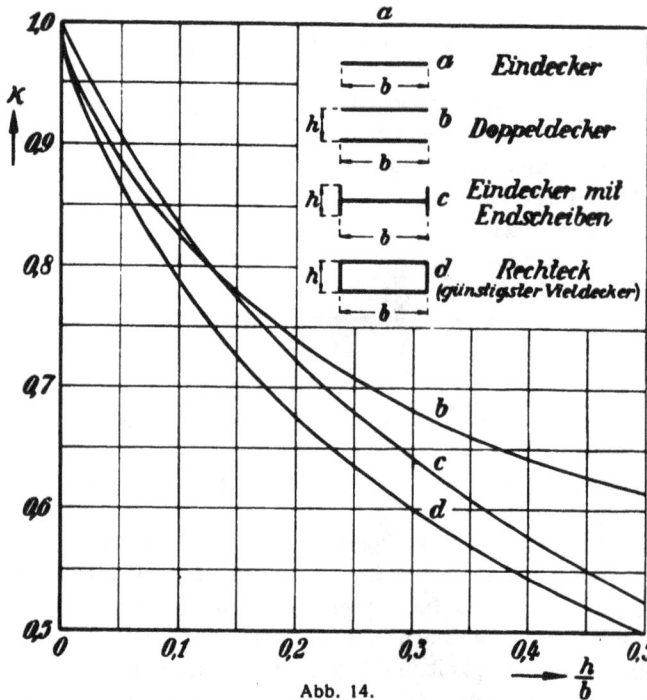

Abb. 14.

Die Formel kann von $h/b = 0,1$ bis $h/b = 1$ verwendet werden[1]); für größere h/b ergibt sie zu große Werte. Der induzierte Widerstand kann gemäß Formel (9) S. 38 der I. Lieferung, die auch hier gilt, geschrieben werden

$$W_i = \varkappa \cdot \frac{A^2}{\pi q b^2}.$$

Die Werte des Gütegrades $\varkappa = \dfrac{\pi b^2}{4 F'}$ sind in der Tabelle ebenfalls angegeben. Unter Benützung der Näherungsformel für F' wird

$$\varkappa = \frac{0,59}{0,617 + \dfrac{h}{b}}.$$

Der Verlauf von $\varkappa$, abhängig von h/b ist in Abb. 14 dargestellt. Zum Vergleich ist hierbei noch der Gütegrad des Doppeldeckers, desgleichen der eines Doppeldeckers mit seitlichem Abschluß bzw. einer günstigsten Vieldeckerzelle mit rechteckiger Vorderansicht (vgl. II. Lieferung, S. 14) mit eingezeichnet.

Zahlentafel 3.

h/b	0,0	0,1	0,2	0,3	0,4	0,5	0,6	0,7	0,8	0,9	1,0
F'/b^2	0,785	0,939	1,085	1,225	1,361	1,493	1,622	1,751	1,880	2,006	2,128
$\varkappa$	1,00	0,836	0,723	0,642	0,578	0,526	0,484	0,448	0,417	0,391	0,369

Es braucht wohl nicht besonders erwähnt zu werden, daß im allgemeinen, d. h. wenn keine besonderen Gründe für eine Beschränkung der Spannweite vorliegen, für die Flugzeuge die Anwendung von Endscheiben zur Verringerung des induzierten Widerstandes wenig zweckmäßig ist, da man mit der Vergrößerung der Spannweite des Eindeckers um je $h/2$ auf beiden Seiten bereits mehr erreicht.

Die Auftriebsverteilung des kleinsten induzierten Widerstandes, die den vorstehenden Rechnungen zugrunde gelegt ist, ist in Abb. 15 für die halbe Spannweite des Flügels dargestellt. Sie ist wesentlich völliger als die elliptische Verteilung, die sich für $h/b = 0$ ergibt, und ist für $h/b = 1$ bereits praktisch konstant.

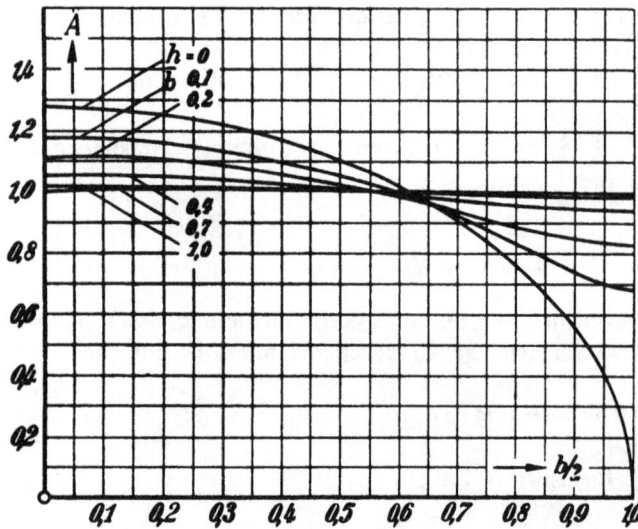

Abb. 15.

[1]) Eine etwas genauere Formel, die den ganzen Bereich von Zahlentafel 3 sehr gut wiedergibt, hat Herr E. Walter, hier, berechnet; sie lautet:

$$F' = b^2 \left(\sqrt{13,49 \frac{h}{b} + 18,83} - 3,554 \right).$$

6. Theoretisches über Windräder.

Windräder unterscheiden sich von anderen Kraftmaschinen (z. B. Dampfmaschinen oder Wasserkraftmaschinen) dadurch, daß bei ihnen die zu gewinnende Energie in beliebiger Menge vorhanden ist, da ja das große Luftmeer im Winde ungeheure Energiemengen enthält. Deshalb hat beim Windrad der Wirkungsgrad nicht die hervorragende Bedeutung, die ihm bei anderen Kraftmaschinen zukommt, wo es sich darum handelt, eine Energie, die in einer bereits mit Kosten verbundenen Form (Kohle, gestautes Wasser) vorliegt, in eine andere Form überzuführen, wobei natürlich jeder erVlust durch schlechten Wirkungsgrad einen Verlust an Geldwerten bedingt. Eine Ausnahmestellung nehmen jene Windräder ein, welche auf Fahrzeugen zum Antrieb von Hilfsapparaten dienen und durch den Fahrtwind angetrieben werden (z. B. Antrieb von Funkgerät auf Flugzeugen). Bei diesen wird die Energie durch den Fahrmotor aufgebracht und durch das Windrad nur umgeformt, deshalb spielt hier natürlich der Wirkungsgrad eine ebenso wichtige Rolle wie bei den meisten anderen Maschinen. Sehen wir aber von diesem Ausnahmefall ab, so ist beim Windrad die Aufgabe im allgemeinen die, bei gegebener Windgeschwindigkeit mit einem bestimmten Kostenaufwand möglichst viel Energie zu gewinnen. Da die Kosten von der Größe abhängen, so kann man sich die Frage vorlegen: wieviel Energie kann man mit einem Windrade von gegebenem Durchmesser D bei einer gegebenen Windgeschwindigkeit v im günstigsten Falle gewinnen?

Setzen wir voraus, wir könnten jedem Luftteilchen, das durch den Windradkreis vom Durchmesser D hindurchströmt, nach Belieben Energie entziehen. Ist die Windgeschwindigkeit vor dem Rade v_1, so wird sie infolge der Energieabgabe an das Windrad hinter demselben kleiner sein, etwa v_2. Ist Q die Luftmenge, welche sekundlich durch das Rad strömt, so ist die sekundlich entnommene Energie

$$L = \frac{\varrho}{2} Q (v_1{}^2 - v_2{}^2),$$

wobei ϱ die Luftdichte bedeutet. Da beim Durchgang durch das Windrad der Luft außerdem noch tangentiale Geschwindigkeiten erteilt werden (der austretende Luftstrom dreht sich), so müßte bei einer genaueren Rechnung auch die Energie dieser Drehbewegung berücksichtigt werden. Der Einfluß dieser Drehung ist zwar noch nicht vollständig geklärt. Er dürfte aber allem Anschein nach in einer Verringerung der Leistung bestehen. Wenn wir daher der Einfachheit halber von dieser Nebenerscheinung absehen, so werden wir kaum zu kleine Leistungen erhalten. Im übrigen müssen wir uns aber bewußt bleiben, daß die Ergebnisse der folgenden Überlegungen nur angenähert als richtig angesehen werden können.

Ist S die in axialer Richtung auf das Windrad ausgeübte Kraft (der Axialschub), so wirkt die entgegengesetzte Kraft verzögernd auf die Luft. Da nun in jeder Sekunde die Masse ϱQ von der Geschwindigkeit v_1 auf v_2 verzögert wird, so muß nach dem Impulssatz

$$S = \varrho Q (v_1 - v_2).$$

sein.

Tritt die Luft mit der Geschwindigkeit v' durch das Windrad hindurch, so gibt sie dabei die Leistung

$$L = S \cdot v' = \varrho Q (v_1 - v_2) v'$$

ab. Da wir andererseits wissen, daß

$$L = \frac{\varrho}{2} Q (v_1{}^2 - v_2{}^2)$$

ist, so ergibt sich

$$\varrho Q (v_1 - v_2) v' = \frac{\varrho}{2} Q (v_1{}^2 - v_2{}^2) = \frac{\varrho}{2} Q (v_1 - v_2) (v_1 + v_2),$$

also

$$v' = \frac{v_1 + v_2}{2}.$$

d. h. die Geschwindigkeit, mit der die Luft durch das Windrad tritt, ist gerade das arithmetische Mittel aus der Geschwindigkeit vor und hinter dem Rade.

Nachdem wir die Durchflußgeschwindigkeit v' kennen, können wir nunmehr auch die sekundlich durch das Rad strömende Menge

$$Q = \frac{D^2 \pi}{4} \cdot v' = \frac{D^2 \pi}{4} \left(\frac{v_1 + v_2}{2} \right)$$

und daraus die Leistung

$$L = \frac{\varrho}{2} Q (v_1^2 - v_2^2) = \frac{D^2 \pi}{4} \cdot \frac{\varrho}{2} \cdot \frac{v_1 + v_2}{2} (v_1^2 - v_2^2)$$

berechnen. Je nachdem, wieviel Energie wir jedem Luftteilchen entziehen, wird die Geschwindigkeit v_2 hinter dem Windrade verschieden sein und damit auch die gewonnene Leistung L. Diese ist aber nicht dann am größten, wenn wir alle Energie entziehen, so daß $v_2 = 0$ ist, da dann wegen der verminderten Durchflußgeschwindigkeit $v' = \frac{v_1 + v_2}{2}$ zu wenig Luft durch das Windrad strömt. Wie man durch eine einfache Maximum-Minimum-Rechnung findet, erhält man die größte Leistung L_m, wenn man $v_2 = \frac{v_1}{3}$ macht. Sie ist

$$L_m = \frac{16}{27} \cdot v_1^3 \cdot \frac{D^2 \pi}{4} \cdot$$

Die wirkliche Leistung eines Windrades ist wegen der Verluste, welche unvermeidlich auftreten, kleiner als dieser theoretische Maximalwert. Das Verhältnis der wirklichen Leistung L zur maximalen theoretischen drückt die Güte der Konstruktion aus, man bezeichnet es daher zweckmäßig als Gütegrad

$$\zeta = \frac{L}{L_m} \cdot$$

Zur Darstellung von Versuchsergebnissen, wobei es sich darum handelt, die gemessenen Werte in dimensionsloser Form auszudrücken, hat sich eingebürgert, die Leistung durch $\frac{\varrho}{2} v_1^3 \cdot \frac{D^2 \pi}{4}$ zu dividieren. Der so erhaltene Wert heißt Leistungsziffer

$$c_l = \frac{L}{\frac{\varrho}{2} v_1^3 \cdot \frac{D^2 \pi}{4}} \cdot$$

Zwischen c_l und dem Gütegrad ζ besteht demnach die Beziehung

$$c_l = \frac{16}{27} \zeta.$$

Die sonstigen dimensionslosen Beiwerte sind in Abschnitt III, 17 erläutert.

Die vorstehenden Überlegungen zeigen, daß man mit einem Windrade von gegebenem Durchmesser nicht über eine bestimmte Menge Energie gewinnen kann. Vielfach ist die Ansicht verbreitet, daß man durch Vermehrung oder Vergrößerung der Flügel die Leistung steigern könne. Das ist aber nur bis zu einer gewissen Grenze der Fall; vergrößert man die Flügelfläche weiter, so kann die Leistung sogar wieder abnehmen, indem die Luft dem zu großen Hindernis ausweicht und außerhalb der Flügel vorbeistreicht, ohne verwertet zu werden.

Wie groß man die Flügel machen muß, um die größte Leistung zu erzielen, hängt noch von der Umfangsgeschwindigkeit der Flügel ab, da ja die Flügelkräfte proportional dem Quadrat der Geschwindigkeit sind. Schnelläufer, bei denen die Geschwindigkeit der Flügelspitzen groß ist gegenüber der Windgeschwindigkeit, müssen daher weniger Flügelfläche haben, als Langsamläufer, bei denen die Geschwindigkeit der Flügelspitzen nur annähernd gleich oder wenig größer als die Windgeschwindigkeit ist (vgl. die Versuchsergebnisse von Modell 4 und Modell 1 bis 3, S. 139f.).

II. Neue Versuchseinrichtungen.

1. Kleine Drehstrommotoren zum Antrieb von Modellpropellern.

Aus der Flugzeugpraxis war das dringende Bedürfnis laut geworden, die Modelle mit laufendem Propeller zu untersuchen. Einerseits interessierte der Einfluß des Propellerwindes auf das Flugzeug, insbesondere das Leitwerk, anderseits waren auch die Störungen, welche das Flugzeug auf die Propeller ausübte, zu klären. Die wesentliche versuchstechnische Schwierigkeit war dabei

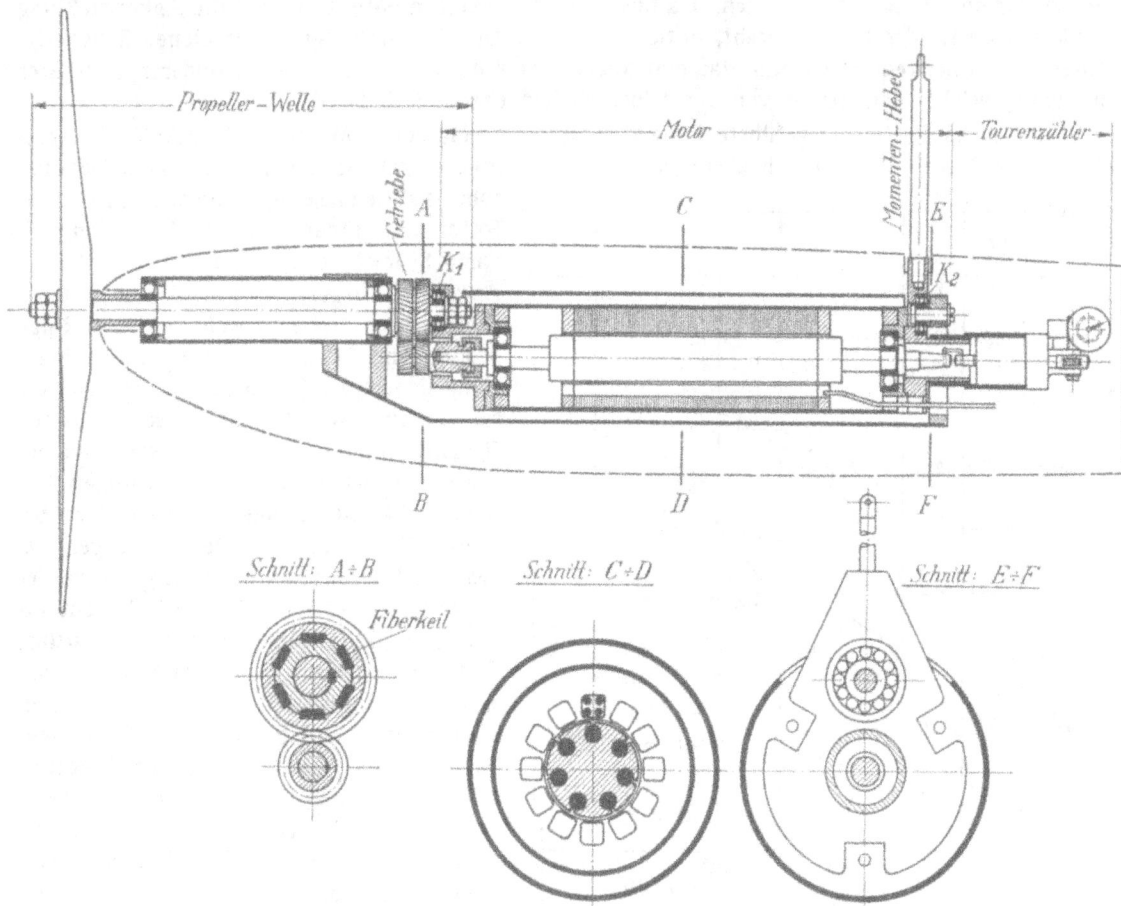

Abb. 16.

die, einen Antriebsmechanismus zu finden, welcher trotz entsprechender Leistung von der Größenordnung 1 PS so kleine Abmessungen hat, daß die Strömung durch ihn nicht wesentlich gestört wird. Eine weitere Schwierigkeit bot die hohe Drehzahl der Modellpropeller. Da nämlich das Verhältnis der Umfangsgeschwindigkeit zur Fahrgeschwindigkeit den wirklichen Verhältnissen entsprechen muß, so ergeben sich bei den kleinen Abmessungen der Modellpropeller Drehzahlen, die etwa zwischen 10000 und 30000 Umdrehungen pro Min. liegen, andererseits war aber die hohe Drehzahl im Interesse kleiner Abmessungen auch wieder günstig [1]).

In zahlreichen, langjährigen Versuchen wurden verschiedene Antriebsarten ausprobiert (Riemen, Wasserturbinen, Druckluft). Von der Verwendung elektrischen Antriebes wurde zunächst abgesehen, da die Größe normaler Maschinen von entsprechender Leistung es unwahrscheinlich machte, die Abmessungen so weit verkleinern zu können, wie es für die vorliegenden Zwecke nötig war. Diese Anschauung war aber unrichtig. Herr Ackeret zeigte, daß man unter Berücksichtigung der verhältnismäßig kurzen Versuchsdauer und bei möglichster Raumausnutzung mit ganz erheblich geringerem Raumbedarf auskommen kann, so daß die Verwendung elektrischen Antriebes, der natürlich versuchstechnisch sehr viele Vorteile bot, doch im Bereich der Möglichkeit lag. Bei der ersten Ausführung, einem Gleichstrommotor, ergaben sich noch erhebliche Schwierigkeiten, indem bei hohen Drehzahlen der Kollektor nicht zu einwandfreiem Arbeiten gebracht werden konnte, und auch die empfindlichen Ankerwicklungen häufig Kurzschlüsse zeigten. Immerhin war diese erste Ausführung bis zu Drehzahlen von etwa 12000 Umdr./Min. ziemlich zuverlässig brauchbar.

Auf Grund dieser Erfahrungen gingen wir dazu über, Drehstrommotoren mit Kurzschlußläufern für unsere Zwecke zu bauen. Da hier keine Kollektoren nötig sind, und die Ankerwicklung aus kräftigen Kupferstäben besteht, so fielen die beim Gleichstrommotor aufgetretenen Schwierigkeiten weg. Unerfreulich war nur, daß man außer dem Motor auch noch einen besonderen Generator brauchte, welcher den Strom von der erforderlichen Frequenz lieferte.

Die am häufigsten ausgeführte Type B dieser schnellaufenden Motoren ist in Abb. 16 dargestellt. Der Stator ist aus Blechen von ca. 0,25 mm Stärke aufgebaut, welche von einem Messingrohr als Gehäuse umschlossen sind. Der Rotor ist mitsamt den Wellenenden aus einem Stück Eisen angefertigt. Die kupfernen Ankerstäbe liegen in gebohrten Löchern und sind an den Enden durch kupferne Ringe verbunden. Als Lager dienen Schulterlager (Kugellager) der Firma S. K. F.-Norma, die sich ja auch bereits bei Kreiselkompassen für ähnlich hohe Drehzahlen bewährt haben. Sie haben bisher trotz mancher ungewöhnlicher Beanspruchungen, insbesondere bei Zahnradbrüchen, keinerlei Störungen gezeigt. Abb. 17 zeigt einige Ergebnisse der Prüfung solcher Motoren; hierin bedeutet S den Schlupf, L_m die abgebremste Leistung, I die Stromstärke in einem der 3 Leiter, η den Wirkungsgrad und φ den Phasenwinkel zwischen Strom und Spannung; M ist das Drehmoment des Motors. Zum Abbremsen wurden dabei zweiarmige Bremsflügel von 10 mm Breite und 61 mm bis 102 mm Durchmesser verwandt. Bei den höchsten Leistungen erwärmen sich die Motore ziemlich rasch und

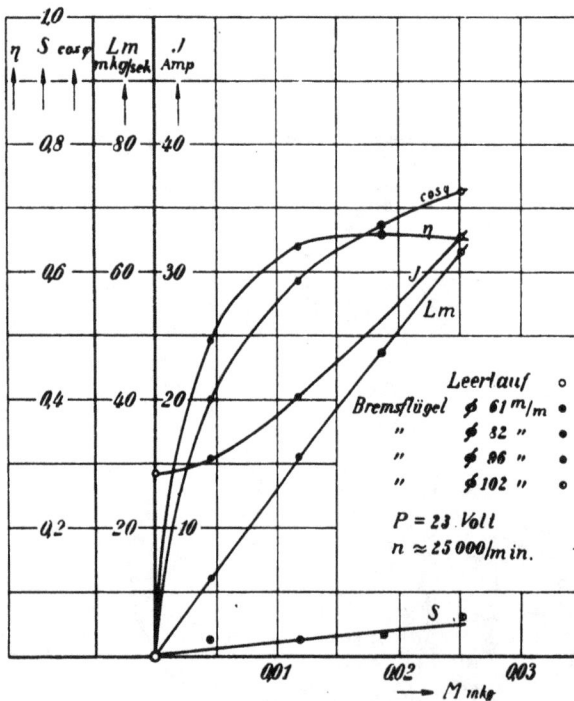

Abb. 17.

können daher nur einige Minuten laufen; dann muß man ihnen wieder Zeit zum Abkühlen lassen.

In vielen Fällen ist die höchste Drehzahl des Motors (30000 Umdr./Min.) zu groß für die in Frage kommenden Propeller. Um den Motor, der seine Höchstleistung natürlich nur bei der höchsten Drehzahl abgibt, trotzdem auszunützen, wird dann ein Zahnrad-Untersetzungsgetriebe zwischengeschaltet. Bisher wurden hauptsächlich Untersetzungen von etwa 2:1 bis 3½:1 mit gutem Erfolg

---

[1]) Vgl. auch A c k e r e t, Z.F.M., 15. Jahrg. 1924, S. 101 (Lit.-Verz. B, 82).

verwandt. Anfänglich bereitete die Verwendung der Zahnräder erhebliche Schwierigkeiten, da sich die kleinen Zähne bei den hohen Drehzahlen und Leistungen sehr rasch abnützten. Es gelang aber schließlich, diese Schwierigkeiten einigermaßen zu überwinden, so daß die Räder oft mehrere Wochen lang benützt werden können. Die Konstruktion ist in Abb. 16 ebenfalls dargestellt. Die Räder sind aus Werkzeugstahl angefertigt. Die Zähne sind schräg und es werden jeweils zwei Räder mit rechts- und linksgängiger Verzahnung zu einem Pfeilrad vereinigt. Das größere Räderpaar ist auf seiner Welle nicht starr, sondern unter Zwischenschaltung von Fiberkeilen befestigt. Durch diese etwas nachgiebige Anordnung wird erreicht, daß sich die Belastung auf beide Räder einigermaßen gleichmäßig verteilt; außerdem werden die durch ungleichmäßige Zahnteilung verursachten Stöße weniger hart, indem nur die verhältnismäßig leichten Zahnräder, nicht aber auch die Propellerwelle mit dem Propeller beschleunigt werden müssen.

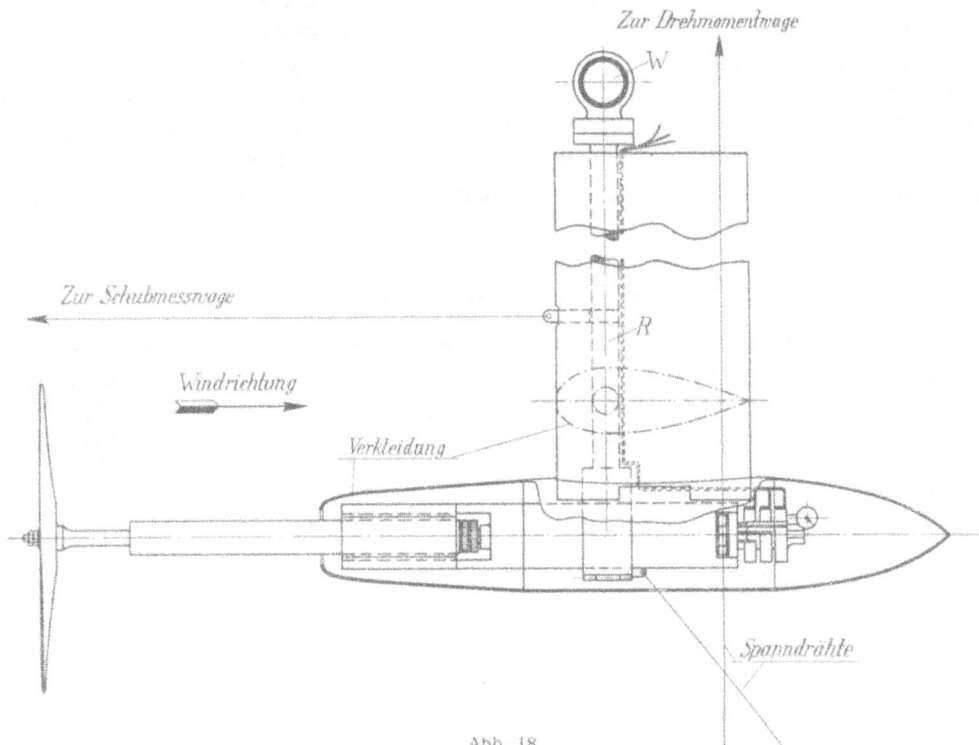

Abb. 18.

Um das am Propeller wirkende Drehmoment zu messen, ist der ganze Motor mittels der beiden Kugellager K_1 und K_2 (s. Abb. 16) drehbar gelagert. Die Strom zuführende Verbindung zwischen dem drehbaren Motor und dem festen Teil der Leitung ist durch dünne biegsame Kupferbänder gebildet, welche die Beweglichkeit des Motors nicht stören. Ein am Motor befestigter Hebel gestattet dann, mittels eines zu einer Wage geführten Drahtes das um diese Achse wirkende Moment zu messen. Am hinteren Ende des Motors ist der Tourenzähler angebracht. Dieser besteht aus einem kleinen doppelten Schneckengetriebe, welches die Drehzahl des Motors, im Verhältnis 400 : 1 ins Langsame untersetzt, auf ein kleines Scheibchen mit Zeigermarke überträgt. Die Drehzahl dieses Scheibchens kann dann unter Verwendung einer Stoppuhr durch Abzählen einer geeigneten Anzahl Umdrehungen ermittelt werden. Die ganze Anordnung, bestehend aus dem drehbar gelagerten Motor, dem Getriebe und der Propellerwelle, ist in einem besonderen Gehäuse untergebracht und kann z. B. in einen Flugzeugrumpf eingebaut werden (in Abb. 16 gestrichelt angedeutet). Dabei ist die durch das Getriebe bedingte exzentrische Lage der Propellerwelle meistens ganz erwünscht.

Der Propellerschub wird bei dieser Einrichtung nicht direkt gemessen, sondern nur der um den Schub verminderte Widerstand des ganzen Modelles. Dieser letztere Wert ist aber auch der, welcher für die wirtschaftliche Beurteilung einer Propelleranordnung in Frage kommt; denn die durch den Versuch zu lösende Frage lautet: Wieviel Motorleistung ist erforderlich, um ein gegebenes Flugzeug vorwärtszubewegen? Für den horizontalen Flug z. B. würde das die Leistung bei jenem Fortschrittsgrad sein, bei dem der resultierende Widerstand (Differenz zwischen Widerstand und Schub) gerade verschwindet; für den Steigflug müßte ein der Gewichtskomponente des Flugzeuges entsprechender Überschuß an Schub vorhanden sein. Die erforderliche Leistung ergibt sich aus der Drehmoment- und Drehzahlmessung.

Eine etwas andere Anordnung, wie sie hauptsächlich für die Untersuchung der Propeller allein verwandt wird, zeigt Abb. 18. Hierbei ist das äußere feststehende Gehäuse (gegenüber der Zeichnung Abb. 16 um 90⁰ gedreht) an einem Rohr R befestigt, welches um die Welle W pendeln kann. Vor dem Motor bzw. Getriebe auf einer verlängerten Welle sitzt der Propeller. Der Wind und der Propellerstrahl werden durch eine gegen das Wagengestell festverspannte Blechverkleidung vom Motor und vom Rohr R abgeschirmt, so daß sie dort möglichst wenig Widerstände hervorrufen, die man als Berichtigung bei der Schubmessung einführen müßte. Die Schubmessung erfolgt genau so wie sonst die Widerstandsmessung durch einen horizontalen Draht, der oberhalb des Propellerkreises an dem Rohr R angreift. Er wird gestrafft durch einen zweiten Draht, der vom Motor aus schräg nach hinten führt, über eine Rolle läuft und ein Spanngewicht trägt.

Die Drehmoment- und Drehzahlmessung geschieht in gleicher Weise wie bei der Anordnung im Flugzeug.

2. Wirbelstrombremse.

Als die Aufgabe an die Versuchsanstalt herantrat, Windmühlenräder auf ihre aerodynamischen Eigenschaften zu untersuchen, wurde zum Abbremsen der Leistung zunächst eine einfache Schnurscheibe benützt. Eine darüber gelegte Schnur, deren Enden senkrecht herabhingen und mit Gewichten belastet werden konnten, diente zum Messen des Drehmomentes. Obwohl diese sehr ein-

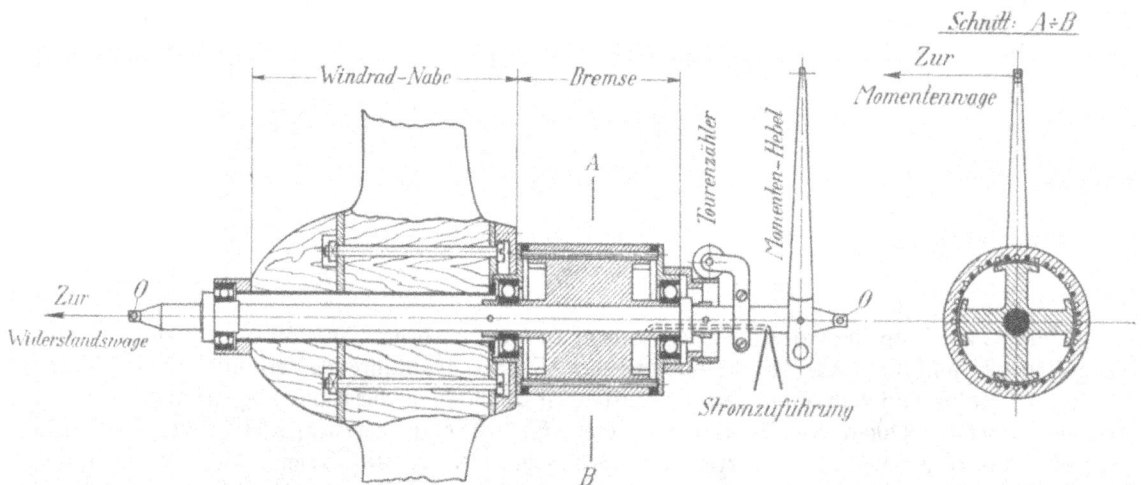

Abb. 19.

fache Einrichtung verhältnismäßig recht zuverlässige Messungen gestattete, so war es doch wünschenswert, als derartige Messungen öfters vorkamen, eine in der Handhabung bequemere Einrichtung zu besitzen. Der Hauptnachteil der Messung mit Bremsscheibe und Schnur war der, daß bei starkem Winde und geringer Belastung die Schnur leicht von der Scheibe abfiel und daß auch sonst die Ausführung der Messung etwas unbequem war.

Es wurde deshalb für diesen Zweck eine Wirbelstrombremse gebaut, die sich gut bewährt hat; sie ist in Abb. 19 dargestellt. Um einen feststehenden vierpoligen Elektromagneten läuft ein mit eingelegten Kupferstäben versehener Eisenring um. Die Kupferstäbe sind an den Enden durch zwei Kupferringe verbunden, so daß die darin induzierten Ströme mit wenig Widerstand kurzgeschlossen sind (von den in der Zeichnung dargestellten Bohrungen ist nur nur jeder zweite mit einem Kupferstabe versehen, die Hälfte der Bohrungen ist leer). Der Zusammenbau der Bremse mit dem Windrad ist gleichfalls aus Abb. 19 zu ersehen. Wenn die Nabe des Windrades nicht groß genug ist, um die feststehende Welle hindurchgehen zu lassen, so kann die Bremse unter Zwischenschaltung eines besonderen Flansches mit einem Kugellager K in der in Abb. 20 dargestellten Weise angeordnet werden. Dabei wird der vom Wind in axialer Richtung aus-

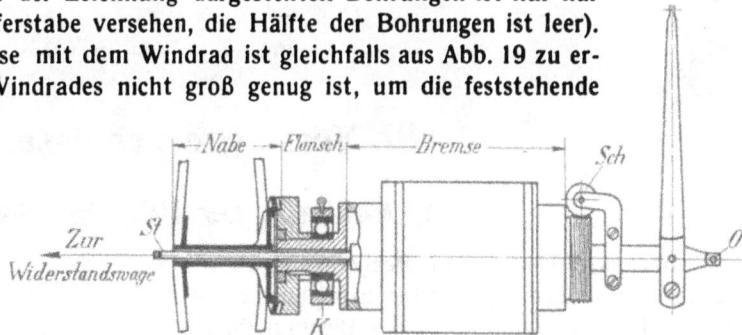

Abb. 20.

geübte Schub durch das dünne Stängelchen St auf den zur Wage führenden Draht übertragen. Die Hindurchführung dieses Stängelchens durch die Nabe des Windrades bietet meist keine Schwierigkeiten. Die feststehende Welle ist in den beiden Ösen O (Abb. 19) bzw. in dem Kugellager K und der Öse O (Abb. 20) drehbar aufgehängt. Die Drehung wird durch den mit der Welle verbundenen Momentenhebel verhindert, der selber wieder durch einen Draht gehalten ist. Dieser Draht führt zu einer Wage und gestattet, das Drehmoment zu messen, welches gleich der im Draht wirkenden Kraft multipliziert mit der Länge des Hebels ist. Die Größe des Drehmomentes kann durch Regulierung des elektrischen Stromes, welcher den Magnetismus der vier Pole erregt, nach Bedarf eingestellt werden. Über die Abhängigkeit des Drehmomentes M vom Erregerstrom J und von der Drehzahl n gibt Abb. 21

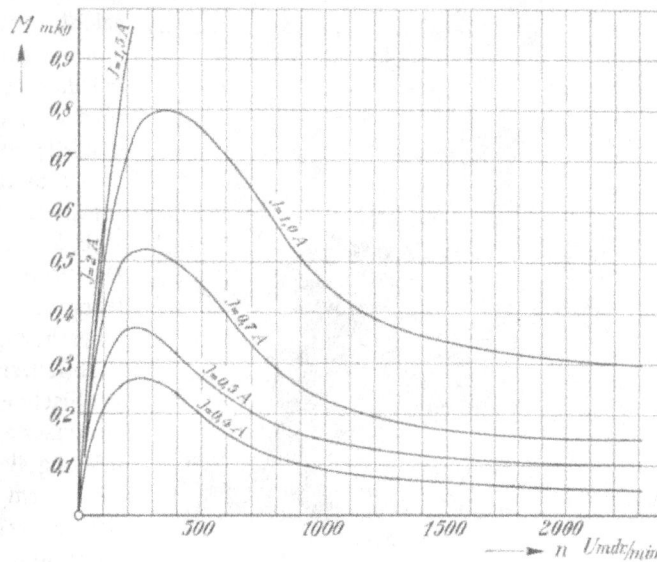

Abb. 21.

Auskunft. Die Drehzahl wird durch Beobachten der Umdrehungen des mittels einer Schnecke ins Langsame untersetzten Scheibchens Sch (Abb. 20) gemessen.

III. Versuchsergebnisse.

1. Aufmaße der Flügelprofile.

Vielfachen Wünschen entsprechend, haben wir uns entschlossen, außer den Ergebnissen der Profiluntersuchungen in dieser Lieferung auch die Koordinaten der untersuchten Profile zu bringen. Diese wurden durch Aufmessen der Blechschablonen, mittels derer die Normalflügel für die Windkanaluntersuchung hergestellt worden sind, ermittelt. Man hätte natürlich auch die zeichnerischen Entwürfe, die der Anfertigung der Modelle zugrunde lagen, vermessen können; es schien aber richtiger, die Profilangaben so zu machen, daß sie möglichst den Modellen, wie sie im Windkanal gemessen wurden, entsprechen, und das konnte am besten durch Aufmessen der Schablonen er-

Abb. 22.

reicht werden. Die Aufmessung erfolgte mittels eines besonderen Apparates, der uns in liebenswürdiger Weise von der Herstellerin, der Firma Karl Zeiß in Jena, geschenkweise überlassen worden ist; wir möchten nicht versäumen, auch an dieser Stelle der Firma nochmals unseren Dank für dieses Geschenk zum Ausdruck zu bringen. Abb. 22 zeigt diesen Aufmeßapparat im Bilde. Die Profilschablone wird auf einer von unten beleuchteten Mattglasscheibe, die sich auf einem längs beweglichen Schlitten befindet, durch zwei Stahlfedern festgeklemmt und zwar so, daß die Profilsehne bzw. die für die Messung in Frage kommende Bezugslinie parallel zur Schlittenführung liegt. Ein über der Glasplatte befindlicher Arm trägt einen zweiten kleinen Schlitten, der senkrecht zum ersten Schlitten läuft. Dieser trägt ein schwach vergrößerndes Ablesemikroskop, in dem zwei gekreuzte Skalen sichtbar sind, die — auf die zugehörige Objektgröße bezogen — 5 mm lang sind und in Zehntel-Millimeter geteilt sind; hundertstel-Millimeter können dabei geschätzt werden. Die Genauigkeit geht also über die hier vorliegenden Bedürfnisse etwas hinaus. Die beiden Schlitten können durch Handräder bewegt werden; die sehr genau gearbeiteten Schraubenspindeln haben eine Steigung von 5 mm. Eine Feder an dem Handrad, die in eine Kerbe einschnappt, gestattet genau von 5 zu 5 mm weiterzuschalten; die Bruchteile dieses Intervalls werden an den Okularskalen abgelesen.

In den folgenden Zahlentafeln sind nun die auf diese Weise ermittelten Koordinaten („Aufmaße") der untersuchten Profile wiedergegeben und zwar sowohl diejenigen der in der I. Lieferung veröffentlichten als auch der im folgenden Abschnitt mitgeteilten neuen Profile. Die Wahl der Koordinaten erfolgte dem amerikanischen Brauch entsprechend; hierzu sei auf die Berichte des National Advisory Committee for Aeronautics (U.S.A.), Report 93, 124 und 182, verwiesen. In den Tafeln bedeutet also X die Abszisse der gemessenen Profilpunkte, Y_0 die Ordinate auf der Profiloberseite, Y_u diejenige auf der Unterseite, sämtlich in Prozenten der Profiltiefe t ausgedrückt (wobei also $t = 100$ gesetzt ist). Dabei sind die Koordinaten, da das Schätzen der Hundertstel-Millimeter am Aufmeßapparat immerhin etwas unsicher ist, auf halbe Zehntel abgerundet, was für die Praxis auch als vollkommen genügend anzusehen ist. Die Bezugslinie für die Ordinaten ist im allgemeinen die Profilsehne; bei Profilen mit gerader und nach außen gewölbter Druckseite ist es die Druckseite selbst bzw. eine Tangente an dieselbe, bei symmetrischen Profilen die Mittellinie. Die jeweilige Bezugslinie ist in den Profilbildern im nächsten Abschnitt entsprechend eingezeichnet, sie ist gleichzeitig die Null-Linie für die Anstellwinkel. Die Joukowsky-Profile wurden nicht aufgemessen; die Konstruktionsdaten dieser Profile sind in Zahlentafel 2 unter Nr. I, 4 enthalten.

Profilaufmaße.

X	0	1,25	2,5	5,0	7,5	10	15	20	30	40	50	60	70	80	90	95	100
335 Y_o	0,75	2,35	3,25	4,55	5,50	6,35	7,50	8,25	8,65	8,35	7,75	6,70	5,30	3,70	2,10	1,10	0,00
335 Y_u	0,75	0,05	0,00	0,15	0,35	0,60	1,05	1,40	1,95	2,15	2,00	1,70	1,30	0,85	0,45	0,25	0,00
359 Y_o	0,75	2,50	3,60	5,30	6,55	7,45	8,75	9,55	10,25	10,00	9,15	7,85	6,25	4,40	2,50	1,50	0,15
359 Y_u	0,75	0,00	0,00	0,20	0,45	0,75	1,30	1,75	2,45	2,65	2,55	2,35	1,85	1,25	0,60	0,30	0,15
360 Y_o	1,15	3,25	4,35	6,05	7,40	8,45	10,00	10,95	11,65	11,25	10,30	8,75	6,95	4,70	2,45	1,35	0,00
360 Y_u	1,15	0,00	0,15	0,50	0,80	1,05	1,35	1,60	1,85	1,90	1,75	1,40	1,05	0,70	0,35	0,15	0,00
361 Y_o	0,85	2,55	3,40	4,90	6,05	6,95	8,30	8,95	9,35	9,00	8,20	7,00	5,60	4,00	2,15	1,20	0,10
361 Y_u	0,85	0,00	0,10	0,40	0,75	1,10	1,75	2,15	2,85	3,15	3,25	3,05	2,60	2,00	1,05	0,50	0,10
362 Y_o	0,60	2,65	3,55	4,75	5,55	6,40	7,50	8,20	8,75	8,50	7,85	6,75	5,40	3,80	2,00	1,05	0,00
362 Y_u	0,60	0,10	0,00	0,05	0,25	0,55	1,05	1,60	2,35	2,80	2,95	2,80	2,30	1,80	0,90	0,45	0,00
363 Y_o	1,35	3,85	5,20	7,35	8,75	9,75	11,00	11,70	12,00	11,65	10,75	9,45	7,55	5,30	2,75	1,40	0,00
363 Y_u	1,35	0,55	0,30	0,15	0,00	0,00	0,35	0,70	1,30	1,50	1,50	1,40	1,25	0,90	0,45	0,20	0,00
364 Y_o	0,85	4,05	5,45	7,30	8,60	9,65	11,00	11,85	12,50	12,10	11,10	9,50	7,55	5,35	2,90	1,55	0,10
364 Y_u	0,85	0,00	0,05	0,35	0,55	0,65	1,05	1,30	1,70	1,85	1,80	1,55	1,25	0,90	0,45	0,20	0,10
365 Y_o	1,05	3,70	4,90	6,80	8,00	9,00	10,25	11,00	11,70	11,55	10,80	9,45	7,45	5,25	2,80	1,50	0,00
365 Y_u	1,05	0,10	0,00	0,00	0,00	0,00	0,00	0,00	0,00	0,00	0,00	0,00	0,00	0,00	0,00	0,00	0,00
366 Y_o	1,25	4,40	5,90	7,90	9,40	10,60	12,35	13,60	14,60	14,45	13,40	11,85	9,65	6,90	3,70	2,00	0,10
366 Y_u	1,25	0,00	0,05	0,35	0,55	0,75	1,10	1,30	1,60	1,70	1,60	1,40	1,15	0,85	0,45	0,20	0,10
367 Y_o	4,20	7,15	8,35	10,00	11,35	12,40	14,15	15,35	16,50	16,25	15,15	13,45	11,15	8,40	5,20	3,50	1,95
367 Y_u	4,20	2,55	1,80	1,05	0,75	0,65	0,50	0,35	0,15	0,05	0,00	0,00	0,05	0,25	0,90	1,35	1,95
368 Y_o	1,70	3,05	4,15	5,60	6,65	7,40	8,15	8,45	8,35	7,70	6,80	5,55	4,30	2,90	1,60	0,95	0,00
368 Y_u	1,70	1,15	0,70	0,25	0,00	0,05	0,45	1,00	1,65	1,80	1,60	1,30	0,95	0,65	0,35	0,20	0,00
369 Y_o	0,10	2,50	3,50	4,95	5,60	6,25	7,15	7,80	8,35	8,25	7,50	6,25	4,80	3,30	1,80	0,95	0,00
369 Y_u	0,10	0,00	0,25	0,60	1,00	1,35	1,85	2,30	2,50	2,65	2,45	2,05	1,50	1,00	0,50	0,20	0,00
370 Y_o	0,55	1,75	2,40	3,50	4,40	5,15	6,35	7,15	8,05	8,30	7,85	7,00	5,60	3,95	2,15	1,15	0,00
370 Y_u	0,55	0,00	0,00	0,20	0,55	0,95	1,85	2,50	3,45	3,85	3,60	3,00	2,30	1,40	0,55	0,25	0,00
371 Y_o	0,75	2,50	3,40	4,60	5,50	6,20	7,15	7,80	8,50	8,35	7,80	6,95	5,55	3,95	2,15	1,15	0,10
371 Y_u	0,75	0,00	0,00	0,10	0,25	0,45	0,80	1,10	1,55	1,85	1,95	1,85	1,55	1,15	0,60	0,30	0,10
372 Y_o	1,25	2,25	2,95	4,05	4,95	5,60	6,65	7,15	8,00	8,05	7,50	6,65	5,35	3,80	2,10	1,15	0,10
372 Y_u	1,25	0,35	0,10	0,00	0,15	0,35	0,80	1,20	1,80	2,15	2,20	2,00	1,65	1,20	0,60	0,30	0,10
373 Y_o	1,00	2,65	3,75	5,15	6,15	6,90	7,90	8,60	9,00	8,70	7,85	6,75	5,30	3,70	2,00	1,05	0,00
373 Y_u	1,00	0,00	0,30	0,65	1,00	1,30	1,75	2,15	2,50	2,65	2,50	2,25	1,85	1,25	0,65	0,30	0,00
374 Y_o	0,55	2,30	3,35	4,75	5,70	6,35	7,30	7,85	8,15	7,75	7,05	6,00	4,85	3,40	1,80	0,95	0,05
374 Y_u	0,55	0,15	0,40	0,70	0,95	1,15	1,35	1,55	1,70	1,70	1,50	1,30	1,00	0,65	0,30	0,10	0,05
375 Y_o	0,55	2,65	3,75	5,25	6,25	6,90	7,70	8,05	8,15	7,70	6,95	6,00	4,75	3,25	1,80	1,00	0,10
375 Y_u	0,55	0,15	0,50	0,95	1,10	1,25	1,40	1,55	1,65	1,60	1,50	1,30	1,00	0,60	0,35	0,15	0,10
376 Y_o	0,80	2,40	3,40	4,85	5,90	6,70	7,65	8,35	8,75	8,50	7,80	6,80	5,40	3,90	2,20	1,25	0,00
376 Y_u	0,80	0,00	0,15	0,55	0,90	1,15	1,60	1,95	2,20	2,30	2,20	1,85	1,35	0,85	0,40	0,20	0,00

X		0	1,25	2,5	5,0	7,5	10	15	20	30	40	50	60	70	80	90	95	100
377	Y_0	0,75	2,20	3,00	4,10	5,00	5,65	6,60	7,15	7,60	7,55	7,05	6,25	5,15	3,75	2,05	1,15	0,15
	Y_u	0,75	0,00	0,00	0,10	0,25	0,40	0,65	0,90	1,15	1,25	1,05	0,75	0,55	0,30	0,10	0,05	0,15
379	Y_0	0,45	1,95	2,85	4,25	5,30	6,20	7,40	8,20	8,80	8,65	7,95	6,90	5,50	3,85	2,05	1,10	0,10
	Y_u	0,45	0,05	0,00	0,25	0,60	0,95	1,50	1,95	2,35	2,45	2,20	1,75	1,25	0,65	0,15	0,00	0,10
380	Y_0	0,25	2,05	3,05	4,65	5,80	6,65	7,80	8,55	9,05	8,85	8,05	7,00	5,15	4,00	2,15	1,10	0,00
	Y_u	0,25	0,00	0,00	0,30	0,75	1,25	1,75	2,15	2,50	2,50	2,20	1,80	1,25	0,70	0,15	0,05	0,00
381	Y_0	0,50	2,25	3,30	5,00	6,30	7,20	8,30	8,90	9,35	9,05	8,35	7,20	5,70	3,95	2,05	1,05	0,00
	Y_u	0,50	0,00	0,15	0,55	1,15	1,65	2,25	2,50	2,85	2,85	2,50	2,05	1,40	0,80	0,30	0,10	0,00
382	Y_0	5,70	9,85	11,40	13,80	15,40	16,70	18,55	19,80	20,65	19,95	18,10	15,20	11,95	8,25	4,25	2,20	0,00
	Y_u	5,65	4,25	3,55	2,85	2,45	2,05	1,45	1,05	0,50	0,20	0,00	0,00	0,00	0,00	0,00	0,00	0,00
383	Y_0	8,70	11,95	13,35	15,25	16,75	17,95	19,65	20,75	21,20	20,25	18,35	15,45	12,00	8,30	4,35	2,25	0,15
	Y_u	8,70	6,10	5,40	4,40	3,70	3,20	2,40	1,80	0,95	0,45	0,10	0,00	0,00	0,00	0,00	0,00	0,15
384	Y_0	4,15	7,25	8,95	11,45	13,40	14,95	17,15	18,55	19,70	19,15	17,55	14,95	11,80	8,05	4,15	2,15	0,00
	Y_u	4,15	2,25	1,55	1,10	0,80	0,55	0,30	0,15	0,00	0,00	0,00	0,00	0,00	0,00	0,00	0,00	0,00
385	Y_0	1,00	3,25	4,25	5,60	6,70	7,50	8,75	9,50	10,05	9,85	9,00	7,75	6,15	4,45	2,50	1,50	0,00
	Y_u	1,00	0,20	0,05	0,00	0,00	0,00	0,00	0,00	0,00	0,00	0,00	0,00	0,00	0,00	0,00	0,00	0,00
386	Y_0	6,20	10,10	11,75	13,95	15,60	16,85	18,65	19,65	20,10	19,30	17,40	14,80	11,70	8,20	4,35	2,30	0,00
	Y_u	6,20	4,00	3,10	2,10	1,50	1,00	0,50	0,25	0,10	0,00	0,00	0,00	0,00	0,00	0,00	0,00	0,00
387	Y_0	3,20	6,25	7,65	7,50	10,85	11,95	13,40	14,40	15,05	14,60	13,35	11,35	8,90	6,15	3,25	1,75	0,15
	Y_u	3,20	1,50	1,05	0,55	0,25	0,10	0,00	0,00	0,20	0,40	0,45	0,50	0,45	0,30	0,15	0,05	0,15
388	Y_0	1,40	3,40	4,45	5,95	7,25	8,30	9,70	10,55	11,30	11,20	10,35	9,05	7,15	5,00	2,50	1,40	0,00
	Y_u	1,40	0,25	0,05	0,00	0,00	0,10	0,35	0,65	1,20	1,45	1,65	1,55	1,30	0,95	0,50	0,25	0,00
389	Y_0	1,85	3,95	4,85	6,20	7,30	8,10	9,20	9,90	10,50	10,20	9,20	7,90	6,25	4,40	2,30	1,20	0,00
	Y_u	1,85	0,95	0,65	0,35	0,15	0,10	0,00	0,10	0,30	0,45	0,50	0,50	0,40	0,25	0,20	0,10	0,00
390	Y_0	4,40	8,60	10,50	13,05	14,90	16,30	18,25	19,50	20,30	19,75	18,05	15,45	12,25	8,45	4,45	2,30	0,15
	Y_u	4,40	2,45	1,75	1,00	0,55	0,25	0,00	0,00	0,20	0,35	0,50	0,65	0,65	0,50	0,30	0,15	0,15
391	Y_0	0,50	1,80	2,30	3,15	3,75	4,25	5,00	5,45	5,90	6,10	5,90	5,45	4,75	3,55	2,05	1,15	0,10
	Y_u	0,50	0,05	0,15	0,25	0,40	0,55	0,75	1,00	1,05	1,05	0,95	0,75	0,55	0,35	0,20	0,10	0,10
392	Y_0	1,40	2,50	3,25	4,65	5,75	6,70	8,25	9,40	10,45	10,50	9,90	8,60	6,95	5,00	2,85	1,55	0,00
	Y_u	1,40	0,85	0,70	0,45	0,25	0,15	0,00	0,00	0,30	0,95	1,00	1,15	1,20	1,00	0,65	0,30	0,00
396	Y_0	0,40	1,65	2,40	3,60	4,50	5,15	6,25	7,10	8,10	8,35	7,90	7,00	5,70	4,00	2,20	1,20	0,10
	Y_u	0,40	0,00	0,05	0,25	0,55	0,95	1,70	2,40	3,40	3,80	3,55	2,95	2,30	1,50	0,75	0,30	0,10
397	Y_0	0,75	2,05	2,55	3,45	4,10	4,65	5,55	6,25	6,90	6,95	6,55	5,60	4,45	3,05	1,65	0,90	0,10
	Y_u	0,75	0,00	0,00	0,20	0,40	0,65	1,10	1,40	1,80	1,95	1,80	1,55	1,15	0,75	0,35	0,15	0,10
398	Y_0	3,00	6,40	7,50	9,05	10,30	11,30	12,60	13,35	13,85	13,35	12,30	10,60	8,45	5,95	3,25	1,80	0,20
	Y_u	3,00	1,75	1,25	0,70	0,40	0,20	0,00	0,00	0,00	0,20	0,25	0,35	0,35	0,25	0,15	0,05	0,20
399	Y_0	0,95	2,50	3,45	4,25	5,10	5,80	6,95	7,65	8,30	8,15	7,60	6,60	5,25	3,75	2,05	1,10	0,15
	Y_u	0,95	0,15	0,00	0,05	0,25	0,20	0,75	1,05	1,40	1,55	1,55	1,45	1,10	0,80	0,40	0,20	0,15
400	Y_u	1,25	2,90	3,65	4,85	5,75	6,45	7,45	8,05	8,50	8,20	7,35	6,10	4,75	3,25	1,80	1,05	0,00
	Y_u	1,25	0,05	0,00	0,05	0,35	0,75	1,60	2,15	2,85	3,05	2,90	2,50	2,00	1,30	0,65	0,30	0,00
401	Y_u	1,25	3,15	4,05	5,30	6,35	7,20	8,35	9,00	9,35	8,85	8,05	6,90	5,45	3,85	2,20	1,35	0,20
	Y_0	1,25	0,05	0,00	0,15	0,45	0,80	1,50	2,00	2,25	2,20	1,95	1,55	1,20	0,80	0,40	0,20	0,20
402	Y_0	0,60	2,60	3,65	5,05	6,30	7,00	8,35	9,10	9,55	9,20	8,30	7,00	5,40	3,80	2,10	1,15	0,00
	Y_u	0,60	0,15	0,30	0,70	1,05	1,35	1,80	2,30	2,85	2,95	2,65	2,25	1,75	1,20	0,60	0,30	0,00
403	Y_0	1,05	2,10	2,85	4,00	4,95	5,75	6,85	7,60	8,25	8,05	7,35	6,40	5,10	3,50	1,90	1,00	0,00
	Y_u	1,05	0,25	0,05	0,00	0,10	0,30	0,70	1,05	1,60	1,85	1,90	1,70	1,35	0,95	0,50	0,25	0,00

X	0	1,25	2,5	5,0	7,5	10	15	20	30	40	50	60	70	80	90	95	100
404 Y_o	3,10	6,10	7,45	9,25	10,55	11,45	12,65	13,45	13,80	13,05	11,65	9,90	7,50	5,50	2,90	1,50	0,15
404 Y_u	3,10	1,00	0,45	0,00	0,00	0,15	0,30	0,45	0,65	0,70	0,65	0,50	0,40	0,30	0,15	0,05	0,15
405 Y_o	1,60	3,70	4,80	6,50	7,95	9,15	10,85	11,95	13,00	12,95	12,20	10,75	8,70	6,25	3,30	1,75	0,00
405 Y_u	1,60	0,60	0,30	0,05	0,00	0,10	0,60	1,10	1,90	2,05	1,95	1,70	1,40	1,00	0,55	0,30	0,00
406 Y_o	1,50	4,30	5,45	7,15	8,40	9,50	11,05	12,00	12,80	12,65	11,85	10,35	8,40	6,35	4,00	2,85	0,75
406 Y_u	1,50	0,30	0,00	0,10	0,35	0,55	0,95	1,20	1,35	1,30	1,15	1,05	0,85	0,90	0,35	0,15	0,75
407 Y_o	1,50	3,65	4,65	6,15	7,30	8,15	9,45	10,25	11,00	10,90	10,15	8,90	7,40	5,60	3,65	2,65	0,75
407 Y_u	1,50	0,30	0,05	0,10	0,30	0,55	0,90	1,20	1,40	1,35	1,25	1,05	0,80	0,55	0,25	0,05	0,75
408 Y_o	1,15	2,95	3,80	5,00	6,00	6,70	7,70	8,40	9,05	8,95	8,40	7,45	6,25	4,95	3,45	2,50	0,75
408 Y_u	1,15	0,25	0,00	0,20	0,40	0,65	1,00	1,20	1,30	1,30	1,20	1,05	0,85	0,60	0,30	0,10	0,75
409 Y_o/Y_u	0,00	1,85	2,50	3,45	4,10	4,70	5,40	5,85	6,35	6,35	5,85	5,15	4,20	3,00	1,50	0,65	0,00
410 Y_o/Y_u	0,00	2,60	3,65	5,05	5,90	6,50	7,25	7,80	8,05	7,45	6,30	5,00	3,60	2,20	1,00	0,45	0,00
411 Y_o/Y_u	0,00	1,05	1,80	3,05	3,80	4,60	5,50	6,05	6,60	6,55	6,05	5,30	4,50	3,20	1,80	0,95	0,00
412 Y_o	2,50	5,00	6,10	7,75	8,95	9,90	11,30	12,30	13,35	13,35	12,45	11,05	8,95	6,40	3,35	1,70	0,10
412 Y_u	2,50	1,30	0,90	0,40	0,15	0,00	0,00	0,05	0,30	0,40	0,50	0,55	0,40	0,35	0,20	0,10	0,10
413 Y_o	6,00	8,85	10,05	11,80	13,10	13,95	15,35	16,10	16,55	15,80	14,15	12,00	9,15	5,95	2,90	1,55	0,00
413 Y_u	6,00	3,15	2,30	1,50	0,95	0,50	0,10	0,00	0,15	0,60	1,00	1,25	1,35	1,25·	0,80	0,40	0,00
414 Y_o	2,85	4,80	5,90	7,50	8,80	9,90	11,50	12,55	13,70	13,55	12,60	11,00	8,95	6,45	3,50	1,75	0,00
414 Y_u	2,85	1,65	1,20	0,65	0,40	0,20	0,00	0,00	0,25	0,45	0,55	0,55	0,40	0,25	0,15	0,05	0,00
415 Y_o	0,80	2,50	3,55	5,10	6,15	6,95	7,95	8,45	8,55	8,10	7,25	6,15	4,90	3,40	1,85	1,00	0,05
415 Y_u	0,80	0,35	0,25	0,15	0,10	0,00	0,00	0,00	0,30	0,85	0,80	0,65	0,80	0,50	0,30	0,15	0,05
417 Y_o	0,65	2,50	3,75	5,05	6,25	7,05	8,15	8,85	9,30	9,15	8,55	7,55	6,25	4,50	2,40	1,20	0,00
417 Y_u	0,65	0,05	0,25	0,70	1,10	1,50	2,20	2,55	3,65	3,90	3,65	3,20	2,50	1,70	0,80	0,40	0,00
418 Y_o	3,70	7,10	8,25	9,85	10,90	11,65	12,75	13,45	13,75	13,10	11,75	9,85	7,70	5,35	2,70	1,40	0,00
418 Y_u	3,70	1,75	0,95	0,20	0,00	0,10	0,40	0,75	1,30	1,50	1,50	1,35	1,05	0,80	0,40	0,20	0,00
419 Y_o	0,50	1,35	1,90	2,95	3,80	4,45	5,50	6,25	7,00	7,05	6,70	5,90	4,90	3,50	2,00	1,20	0,00
419 Y_u	0,50	0,05	0,00	0,10	0,30	0,50	0,90	1,25	1,70	1,75	1,55	1,30	0,95	0,60	0,30	0,15	0,00
420 Y_o	8,05	10,75	12,20	13,95	15,15	16,10	17,50	18,30	18,75	17,90	16,30	13,90	10,95	7,45	3,70	1,85	0,00
420 Y_u	8,05	5,25	4,40	3,30	2,50	1,85	1,00	0,40	0,00	0,10	0,35	0,55	0,75	0,65	0,55	0,40	0,00
421 Y_o	4,10	7,45	9,10	11,55	13,40	14,85	17,00	18,45	19,60	19,55	18,50	16,55	13,60	9,85	9,35	2,80	0,00
421 Y_u	4,10	2,50	1,90	1,00	0,50	0,20	0,00	0,15	0,80	1,55	1,85	1,95	1,80	1,30	0,70	0,35	0,00
422 Y_o	3,70	7,25	8,60	10,55	12,10	13,30	15,10	16,30	17,20	16,90	15,75	13,80	11,20	8,10	4,35	2,25	0,00
422 Y_u	3,70	1,60	1,15	0,60	0,35	0,15	0,00	0,00	0,20	0,40	0,50	0,55	0,50	0,45	0,30	0,20	0,00
423 Y_o	5,10	7,50	8,55	10,10	11,35	12,40	14,15	15,25	16,65	16,45	15,35	13,50	11,15	8,30	5,70	3,60	1,70
423 Y_u	5,10	2,45	1,75	0,95	0,65	0,50	0,30	0,15	0,05	0,00	0,00	0,10	0,30	0,70	0,95	1,30	1,70
424 Y_o	9,65	12,50	13,90	15,85	17,40	18,50	20,10	21,25	21,70	20,75	18,55	15,60	12,40	8,70	4,55	2,25	0,00
424 Y_u	9,65	7,85	7,30	6,30	5,50	4,85	3,65	2,75	1,40	0,70	0,30	0,10	0,00	0,00	0,00	0,00	0,00
425 Y_o	5,05	7,75	8,90	10,50	11,70	12,65	14,10	15,10	16,00	15,40	13,85	11,50	8,80	6,15	3,20	1,65	0,00
425 Y_u	5,05	3,55	3,10	2,40	1,90	1,55	1,00	0,60	0,10	0,00	0,20	0,55	0,65	0,50	0,25	0,15	0,00
426 Y_o	3,50	5,60	6,65	8,20	9,40	10,35	11,85	12,85	13,60	13,15	11,75	9,90	7,65	5,25	2,60	1,25	0,00
426 Y_u	3,50	1,60	1,35	1,05	0,75	0,60	0,35	0,15	0,00	0,15	0,35	0,65	0,85	0,90	0,60	0,35	0,00
427 Y_o	0,45	1,90	2,50	3,60	4,40	5,10	6,15	6,95	7,75	7,85	7,40	6,70	5,55	4,10	2,30	1,20	0,00
427 Y_u	0,45	0,00	0,05	0,35	0,65	1,05	1,75	2,35	3,20	3,55	3,30	2,90	2,15	1,45	0,70	0,35	0,00

X		0	1,25	2,5	5,0	7,5	10	15	20	30	40	50	60	70	80	90	95	100
428	Y_0	1,25	2,75	3,50	4,80	6,05	6,50	7,55	8,20	8,55	8,35	7,80	6,80	5,50	4,20	2,15	1,20	0,00
	Y_u	1,25	0,30	0,20	0,10	0,00	0,00	0,05	0,15	0,30	0,40	0,40	0,35	0,25	0,15	0,05	0,00	0,00
436	Y_0	2,50	4,70	5,70	7,00	8,10	8,90	10,05	10,25	11,00	10,45	9,55	8,20	6,60	4,60	2,45	1,25	0,00
	Y_u	2,50	1,00	0,20	0,10	0,05	0,00	0,00	0,00	0,00	0,00	0,00	0,00	0,00	0,00	0,00	0,00	0,00
437	Y_0	0,70	2,15	2,95	4,30	5,30	6,10	7,30	8,10	8,70	8,55	7,85	6,90	5,50	3,85	2,15	1,10	0,00
	Y_u	0,70	0,15	0,00	0,00	0,10	0,35	0,80	1,20	1,65	1,90	2,00	1,85	1,55	1,05	0,50	0,25	0,00
438	Y_0	0,90	2,25	3,15	4,50	5,50	6,30	7,60	8,40	9,20	9,10	8,35	7,30	5,80	4,10	2,20	1,15	0,00
	Y_u	0,90	0,15	0,00	0,00	0,20	0,45	0,90	1,25	1,70	2,20	2,00	1,85	1,50	1,10	0,55	0,30	0,00
439	Y_0	0,80	2,50	3,35	4,85	5,90	6,80	8,10	8,95	9,60	9,40	8,65	7,50	5,95	4,20	2,25	1,15	0,00
	Y_u	0,80	0,20	0,50	0,05	0,15	0,40	0,85	1,20	1,70	2,00	2,10	1,95	1,60	1,10	0,60	0,35	0,00
440	Y_0	0,10	0,80	1,85	5,90	9,10	11,20	14,50	15,20	17,10	16,65	15,35	13,30	10,25	7,75	4,10	2,15	0,00
	Y_u	0,10	0,00	0,00	0,10	0,15	0,30	0,60	1,00	1,95	3,05	3,70	4,15	4,15	3,50	2,35	1,30	0,00
441	Y_0	2,00	5,00	6,45	8,85	10,65	12,20	14,40	15,35	17,00	16,50	15,05	13,10	10,45	7,40	3,90	2,05	0,10
	Y_u	2,00	0,80	0,35	0,00	0,00	0,05	0,40	0,80	1,70	2,50	3,45	3,90	3,85	3,35	2,10	1,15	0,10
442	Y_0	0,90	3,00	3,95	5,30	6,20	6,80	7,70	8,30	8,65	8,30	7,55	6,65	5,45	4,00	2,21	1,15	0,00
	Y_u	0,90	0,20	0,00	0,00	0,10	0,15	0,35	0,60	1,15	1,45	1,55	1,45	1,15	0,80	0,32	0,15	0,00
443	Y_0 Y_u	0,00	0,60	0,85	1,15	1,45	1,60	1,90	2,15	2,50	2,50	2,35	2,05	1,60	1,15	0,65	0,30	0,00
444	Y_0 Y_u	0,00	0,80	0,95	1,35	1,65	1,90	2,35	2,55	2,80	2,85	2,75	2,25	1,95	1,40	0,80	0,65	0,00
445	Y_0 Y_u	0,00	0,70	1,05	1,55	1,90	2,20	2,65	2,90	3,05	3,20	2,95	2,55	2,10	1,50	0,90	0,45	0,00
446	Y_0	1,90	4,70	5,80	7,50	8,85	9,90	11,50	12,70	13,95	14,00	13,25	11,80	9,60	6,85	3,65	1,90	0,10
	Y_u	1,90	0,60	0,20	0,00	0,00	0,10	0,45	0,75	1,25	1,45	1,50	1,40	1,20	0,85	0,20	0,20	0,10
447	Y_0	1,75	4,45	5,95	7,65	9,15	10,35	12,15	13,45	15,00	15,35	14,60	12,95	10,50	7,40	3,90	2,05	0,00
	Y_u	1,75	0,35	0,10	0,00	0,20	0,45	1,00	1,50	2,45	2,90	2,90	2,60	2,05	1,35	0,65	0,30	0,00
448	Y_0	1,70	4,45	5,90	8,20	10,00	11,45	13,70	15,45	17,45	17,90	17,15	15,30	12,45	8,90	4,80	2,50	0,00
	Y_u	1,70	0,15	0,00	0,20	0,70	1,20	2,15	3,15	4,50	5,20	5,20	4,70	3,80	2,60	1,40	0,70	0,00
449	Y_0	5,60	8,65	10,00	11,85	13,20	14,20	15,70	16,65	17,50	17,20	15,90	13,95	11,20	7,85	4,10	2,10	0,00
	Y_u	5,60	3,75	3,05	2,25	1,80	1,50	1,10	0,85	0,55	0,30	0,20	0,00	0,00	0,00	0,10	0,15	0,00
450	Y_0	1,20	2,80	3,60	4,95	5,90	6,80	8,10	9,00	10,00	10,10	9,60	8,50	7,00	5,00	2,65	1,40	0,00
	Y_u	1,20	0,15	0,00	0,10	0,25	0,35	0,70	0,95	1,40	1,65	1,70	1,85	1,45	0,85	0,40	0,20	0,00
451	Y_0	0,30	1,50	2,10	3,20	4,00	4,80	5,95	6,75	7,65	7,90	7,55	6,70	5,40	3,90	2,15	1,55	0,00
	Y_u	0,30	0,10	0,25	0,60	0,95	1,25	2,00	2,50	3,25	3,60	3,50	3,10	2,50	1,80	0,90	0,60	0,00
456	Y_0	0,85	2,10	2,90	4,25	5,30	6,15	7,30	8,05	9,00	9,25	8,75	7,75	6,40	4,60	2,50	1,35	0,10
	Y_u	0,85	0,50	0,30	0,05	0,00	0,10	0,85	1,00	1,80	2,25	2,35	2,25	2,00	1,50	0,75	0,45	0,10
458	Y_0	0,10	2,85	3,80	4,95	5,90	6,60	7,45	7,95	8,25	7,90	7,25	6,40	5,25	3,85	2,10	1,05	0,00
	Y_u	0,10	0,15	0,00	0,00	0,05	0,15	0,50	0,80	1,15	1,15	1,10	1,05	0,90	0,65	0,35	0,15	0,00
461	Y_0	1,25	5,90	7,60	9,70	10,95	11,90	12,80	13,50	13,55	12,65	11,40	9,75	7,75	5,60	3,15	1,85	0,20
	Y_u	1,25	0,00	0,00	0,30	1,25	2,20	3,85	5,20	6,95	7,65	7,75	7,30	6,20	4,50	2,35	1,15	0,20
462	Y_0	0,75	3,40	5,40	8,60	10,80	12,45	14,60	15,70	16,05	15,15	13,45	11,35	8,90	6,10	3,20	1,75	0,00
	Y_u	0,75	0,10	0,00	0,15	0,65	1,50	4,35	7,80	11,75	12,05	11,00	9,35	7,30	5,00	2,50	1,30	0,00
464	Y_0	0,70	4,05	5,55	7,45	8,80	9,80	11,20	12,10	12,70	12,30	11,25	9,65	7,50	5,30	2,75	1,45	0,00
	Y_u	0,70	0,35	0,10	0,15	1,10	2,90	5,55	6,85	8,10	8,30	7,70	6,65	5,20	3,45	1,55	0,60	0,00
481	Y_0	4,80	7,65	9,10	11,05	12,35	13,40	14,75	15,65	16,25	15,80	14,60	12,95	10,95	8,45	5,15	3,05	0,10
	Y_u	4,80	1,85	1,05	0,30	0,05	0,00	4,35	6,80	7,90	7,70	7,05	6,10	4,80	3,25	1,60	0,75	0,10

X	0	1,25	2,5	5,0	7,5	10	15	20	30	40	50	60	70	80	90	95	100
481a Y_o	4,80	7,65	9,10	11,05	12,35	13,40	14,75	15,65	16,25	15,80	14,60	12,95	10,95	8,45	5,15	3,05	0,10
Y_u	4,80	1,85	1,05	0,30	0,05	0,00	0,35	0,60	0,95	1,10	1,15	1,00	0,85	0,55	0,25	0,10	0,10
482 Y_o	2,50	5,55	7,15	9,70	11,70	13,25	15,45	16,95	18,20	17,85	16,45	14,05	11,05	7,50	3,90	1,95	0,00
Y_u	2,50	0,95	0,30	0,00	0,00	0,05	0,40	0,80	1,70	2,60	3,45	3,90	3,85	3,30	2,05	1,10	0,00
483 Y_o	0,50	1,95	2,80	4,15	5,15	5,95	7,10	7,85	8,50	8,40	7,75	6,80	5,40	3,70	1,90	0,95	0,00
Y_u	0,50	0,05	0,00	0,15	0,45	0,85	1,65	2,50	3,65	3,85	3,55	2,90	2,20	1,50	0,80	0,40	0,00
484 Y_o	1,25	2,95	3,55	4,40	5,15	5,80	6,85	7,55	8,40	8,70	8,30	7,50	6,30	4,70	2,65	1,45	0,05
Y_u	1,25	0,05	0,00	0,00	0,20	0,45	1,05	1,65	2,75	3,50	3,90	3,95	3,60	2,90	1,65	0,85	0,05
490 Y_o	2,00	3,60	4,60	5,95	7,00	7,70	8,65	9,20	9,60	9,05	8,55	7,45	6,05	4,40	2,50	1,45	0,15
Y_u	2,00	0,85	0,50	0,15	0,00	0,00	0,20	0,40	0,95	0,80	0,80	0,60	0,40	0,15	0,00	0,05	0,15
491 Y_o	0,80	2,20	2,75	3,65	4,30	4,80	5,45	5,85	6,05	5,70	5,25	4,60	3,80	2,85	1,75	1,20	0,40
Y_u	0,80	0,20	0,00	0,05	0,25	0,45	0,75	1,00	1,20	1,15	0,85	0,45	0,20	0,00	0,00	0,10	0,40
492 Y_o	1,25	2,20	2,70	3,45	4,10	4,60	5,45	6,15	7,00	7,20	6,90	6,15	5,15	3,75	2,00	1,05	0,00
Y_u	1,25	0,50	0,25	0,10	0,00	0,00	0,05	0,15	0,50	0,85	1,10	1,20	1,15	1,00	0,50	0,25	0,00
493 Y_o	7,05	9,10	9,90	11,10	12,00	12,75	13,85	14,65	15,20	14,90	13,80	12,05	9,75	6,90	3,60	1,85	0,00
Y_u	7,05	5,40	4,60	3,50	2,75	2,20	1,40	0,85	0,20	0,00	0,10	0,30	0,45	0,55	0,40	0,25	0,00
494 Y_o	0,75	1,90	2,45	3,35	4,15	4,75	5,65	6,30	7,20	7,60	7,45	6,85	5,65	4,20	2,30	1,25	0,05
Y_u	0,75	0,00	0,00	0,10	0,25	0,45	0,85	1,35	2,35	3,15	3,55	3,60	3,25	2,45	1,40	0,95	0,05
495 Y_o	1,15	2,80	3,50	4,55	5,35	6,00	6,95	7,70	8,55	8,75	8,35	7,50	6,20	4,45	2,45	1,30	0,00
Y_u	1,15	0,35	0,15	0,00	0,00	0,10	0,45	0,85	1,65	2,35	2,80	2,95	2,75	2,15	1,20	0,65	0,00
496 Y_o	2,50	4,45	5,35	6,65	7,65	8,45	9,60	10,25	11,00	10,95	10,20	8,95	7,25	5,20	2,85	1,50	0,00
Y_u	2,50	1,10	0,65	0,25	0,00	0,00	0,10	0,35	1,05	1,75	2,30	2,50	2,50	2,00	1,25	0,65	0,00
497 Y_o	3,70	6,15	7,25	8,70	9,75	10,60	11,90	12,65	13,40	13,10	12,25	10,70	8,65	6,10	3,20	1,64	0,00
Y_u	3,70	2,10	1,45	0,75	0,35	0,15	0,00	0,10	0,70	1,45	2,10	2,40	2,35	2,00	1,25	0,70	0,00
498 Y_o	4,95	8,55	9,70	11,30	12,50	13,50	14,75	15,65	16,25	15,80	14,50	12,55	10,05	7,20	3,80	2,00	0,00
Y_u	4,95	3,05	2,25	1,35	0,85	0,45	0,10	0,00	0,35	0,95	1,55	2,05	2,15	1,85	1,15	0,65	0,00
499 Y_o	1,25	2,45	3,15	4,30	5,20	5,90	7,20	8,10	9,25	9,45	9,15	8,45	7,15	5,20	2,80	1,45	0,00
Y_u	1,25	0,20	0,05	0,00	0,05	0,25	0,75	1,35	2,45	3,20	3,80	4,05	3,80	3,00	1,70	0,90	0,00
500 Y_o	2,05	4,15	5,00	6,30	7,35	8,20	9,55	10,50	11,60	11,65	11,05	9,85	8,10	5,85	3,10	1,60	0,00
Y_u	2,05	0,85	0,45	0,10	0,00	0,05	0,30	0,70	1,60	2,40	3,00	3,30	3,15	2,45	1,45	0,75	0,00
501 Y_o	2,95	5,65	6,80	8,35	9,75	10,35	11,85	12,90	13,85	13,80	12,90	11,40	9,30	6,65	3,50	1,70	0,00
Y_u	2,95	1,45	0,85	0,35	0,10	0,00	0,10	0,35	1,15	2,05	2,65	3,05	3,00	2,45	1,50	1,80	0,00
502 Y_o	5,05	7,95	9,20	10,90	12,20	13,20	14,65	15,70	16,65	16,35	15,10	13,20	10,60	7,65	4,05	2,15	0,00
Y_u	5,05	2,50	1,75	1,05	0,50	0,20	0,00	0,10	0,80	1,60	2,25	2,50	2,50	2,10	1,30	0,95	0,00
503 Y_o	2,75	5,50	6,95	9,10	10,85	12,25	14,15	15,40	16,55	16,35	15,10	13,15	10,60	7,75	4,40	2,50	0,40
Y_u	2,75	1,50	1,00	0,40	0,10	0,00	0,05	0,35	0,95	1,25	1,00	0,40	0,00	0,00	0,10	0,25	0,40
504 Y_o	5,50	7,75	9,10	11,25	12,95	14,25	16,10	17,20	18,00	17,50	16,00	13,75	10,90	7,65	4,00	2,00	0,00
Y_u	5,50	4,00	3,45	2,50	1,85	1,35	0,55	0,15	0,00	0,00	0,00	0,00	0,00	0,00	0,00	0,00	0,00
505 Y_o	3,00	5,15	6,55	8,75	10,35	11,65	13,30	14,30	14,90	14,65	13,85	12,50	10,50	7,70	4,50	2,60	0,70
Y_u	3,00	1,35	0,90	0,35	0,10	0,00	0,05	0,35	0,95	1,30	1,05	0,50	0,10	0,00	0,25	0,40	0,70
506 Y_o	5,40	7,75	9,00	11,05	12,50	13,75	15,15	16,15	16,50	15,95	14,85	13,45	10,95	7,90	4,15	2,20	0,10
Y_u	5,40	4,05	3,50	2,60	1,90	1,30	0,50	0,20	0,00	0,00	0,00	0,00	0,00	0,00	0,00	0,00	0,10
509 Y_o	1,45	4,05	5,05	6,85	8,10	9,15	10,45	11,30	12,00	11,60	10,80	9,65	7,95	6,00	3,60	2,20	0,95
Y_u	1,45	0,55	0,25	0,05	0,00	0,00	0,05	0,25	0,95	1,25	0,95	0,35	0,00	0,00	0,20	0,40	0,95
510 Y_o	2,10	4,95	6,55	8,85	10,40	11,55	13,20	14,20	14,95	14,55	13,60	12,05	10,10	7,65	4,70	2,90	0,90
Y_u	2,10	0,60	0,40	0,15	0,05	0,00	0,15	0,50	1,35	1,60	1,10	0,45	0,05	0,05	0,35	0,65	0,90

X		0	1,25	2,5	5,0	7,5	10	15	20	30	40	50	60	70	80	90	95	100
511	Y_0	2,00	6,25	8,05	10,60	12,50	13,90	15,85	17,15	17,95	17,40	16,00	14,20	11,90	9,20	5,50	3,35	1,05
	Y_u	2,00	0,75	0,40	0,15	0,00	0,00	0,10	0,55	1,45	1,70	1,20	0,30	0,05	0,00	0,25	0,55	1,05
512	Y_0	2,50	5,60	6,95	9,05	10,55	11,65	13,20	14,00	14,60	14,15	13,20	11,70	9,90	7,65	4,90	3,20	1,35
	Y_u	2,50	1,45	1,00	0,55	0,30	0,10	0,00	0,10	0,95	0,95	0,70	0,20	0,00	0,05	0,40	0,80	1,35
513	Y_0	4,20	7,40	9,00	11,25	12,90	14,15	15,80	16,65	17,20	16,65	15,40	13,90	11,75	9,30	6,20	4,30	2,45
	Y_u	4,20	2,45	1,90	1,25	0,75	0,40	0,00	0,05	0,60	0,80	0,50	0,10	0,00	0,35	0,95	1,50	2,45
514	Y_0	3,55	6,75	8,35	10,70	12,45	13,70	15,55	16,70	17,40	16,90	15,85	14,15	12,00	9,20	5,60	3,60	1,40
	Y_u	3,55	2,35	1,70	0,90	0,45	0,10	0,00	0,15	0,95	1,40	1,00	0,20	0,00	0,10	0,55	0,90	1,40
518	Y_0	2,00	6,35	8,30	10,80	12,60	13,95	16,00	17,30	18,00	17,45	16,20	14,35	12,05	9,05	5,40	3,25	1,00
	Y_u	2,00	0,75	0,45	0,20	0,05	0,05	0,05	0,00	0,00	0,00	0,00	0,00	0,05	0,10	0,35	0,60	1,00
522	Y_0	8,75	12,10	13,60	15,80	17,35	18,65	20,50	21,40	21,90	20,95	18,95	16,40	13,15	9,30	4,85	2,45	0,00
	Y_u	8,75	5,60	4,75	3,30	2,40	1,75	0,90	0,30	0,00	0,15	0,50	0,85	1,05	1,05	0,80	0,45	0,00
523	Y_0	2,00	5,70	7,45	9,90	11,65	13,20	15,55	17,00	18,35	18,25	17,20	15,30	12,80	9,45	5,20	2,70	0,00
	Y_u	2,00	0,65	0,30	0,05	0,00	0,05	0,40	0,80	1,90	3,05	4,25	5,35	5,90	5,25	3,25	1,80	0,00
527	Y_0	3,70	7,05	8,50	10,55	12,10	13,20	14,85	15,80	16,55	16,05	14,50	12,30	9,60	6,60	3,40	1,75	0,00
	Y_u	3,70	2,05	1,45	0,80	0,50	0,35	0,10	0,00	0,00	0,10	0,25	0,35	0,35	0,30	0,15	0,15	0,00
528	Y_0	1,50	4,50	5,70	7,40	8,70	9,85	11,45	12,45	13,30	13,00	11,85	10,20	8,05	5,55	2,90	1,55	0,00
	Y_u	1,50	0,40	0,15	0,00	0,00	0,05	0,20	0,40	0,85	1,20	1,40	1,35	1,20	0,90	0,45	0,25	0,00
529	Y_0	1,25	3,30	4,40	5,95	7,20	8,10	9,60	10,55	11,40	11,20	10,30	8,70	6,90	4,80	2,55	1,35	0,10
	Y_u	1,25	0,25	0,05	0,00	0,15	0,35	0,80	1,20	1,70	1,95	1,90	1,65	1,35	0,95	0,55	0,35	0,10
530	Y_0	2,50	5,90	7,10	8,70	9,90	10,95	12,35	13,10	13,60	13,15	12,15	10,55	8,50	6,15	3,55	2,30	1,05
	Y_u	2,50	0,85	0,30	0,00	0,05	0,10	0,25	0,45	0,70	0,75	0,75	0,50	0,25	0,00	0,15	0,50	1,05
531	Y_0	3,25	6,50	8,15	10,35	12,15	13,70	16,25	18,35	21,10	22,65	22,50	20,50	16,65	11,60	6,00	3,00	0,00
	Y_u	3,25	0,75	0,20	0,15	0,75	1,45	3,00	4,70	7,60	9,60	10,20	9,25	7,00	4,25	1,65	0,60	0,00
532	Y_0	2,45	5,85	7,05	8,55	9,65	10,55	11,60	12,25	12,75	12,05	10,70	9,00	7,10	4,90	2,60	1,40	0,10
	Y_u	2,45	1,15	0,80	0,50	0,30	0,15	0,00	0,00	0,25	0,65	1,05	1,35	1,50	1,35	0,80	0,45	0,10
533	Y_0	3,20	6,05	7,20	8,80	10,05	11,10	12,40	13,25	13,70	13,05	11,65	9,65	7,50	5,20	2,70	1,40	0,00
	Y_u	3,20	1,75	1,35	0,95	0,65	0,50	0,25	0,10	0,00	0,15	0,60	1,10	1,40	1,35	0,85	0,45	0,00
534	Y_0	3,50	7,30	8,85	10,70	11,90	12,75	13,80	14,25	14,15	13,10	11,50	9,60	7,10	5,00	2,65	1,40	0,05
	Y_u	3,50	1,95	1,30	0,50	0,25	0,10	0,00	0,15	0,85	1,75	2,50	2,75	2,45	1,70	0,80	0,35	0,05
535	Y_0	4,30	8,35	9,75	11,55	12,90	13,95	15,30	16,05	16,30	15,35	13,75	11,65	9,22	6,55	3,55	1,90	0,15
	Y_u	4,30	2,30	1,55	0,80	0,50	0,30	0,05	0,00	0,25	1,15	2,20	3,00	3,00	2,50	1,45	0,65	0,15
546	Y_0	2,90	4,95	5,65	6,75	7,55	8,20	9,20	9,80	10,40	10,25	9,55	8,33	6,80	4,80	2,55	1,40	0,00
	Y_u	2,90	1,70	1,30	0,90	0,65	0,45	0,20	0,00	0,00	0,20	0,50	0,70	0,75	0,65	0,45	0,25	0,00
547	Y_0	2,95	4,55	5,40	6,55	7,45	8,10	9,20	9,90	10,65	10,80	10,30	9,15	7,55	5,45	3,00	1,65	0,00
	Y_u	2,95	1,50	1,10	0,65	0,45	0,25	0,00	0,00	0,15	0,40	0,70	0,90	0,90	0,65	0,35	0,20	0,00
548	Y_0	6,55	8,25	8,85	9,75	10,40	10,95	11,65	12,10	12,50	12,15	11,25	9,90	8,00	5,95	3,15	1,80	0,15
	Y_u	6,55	5,25	4,95	3,90	3,25	2,75	1,95	1,40	0,65	0,25	0,05	0,00	0,00	0,10	0,10	0,10	0,15
549	Y_0	3,45	5,70	6,80	8,45	9,65	10,70	12,25	13,20	13,85	13,40	12,05	10,05	7,90	5,35	2,70	1,40	0,00
	Y_u	3,45	1,95	1,60	1,10	0,75	0,55	0,25	0,05	0,00	0,10	0,30	0,55	0,65	0,55	0,30	0,15	0,00
559	Y_0	0,00	0,55	1,15	2,30	3,40	4,45	6,25	7,60	9,00	8,85	7,90	6,65	5,15	3,65	1,90	1,00	0,00
	Y_u	0,00	-0,15	-0,30	-0,60	-0,85	-1,10	-1,55	-1,85	-2,15	-2,10	-1,85	-1,55	-1,20	-0,85	-0,45	-0,25	0,00
561	Y_0	2,50	7,50	9,90	13,55	16,25	18,30	21,50	23,50	24,95	24,30	22,00	18,95	15,30	11,25	6,85	4,65	1,60
	Y_u	2,50	0,35	0,05	0,05	0,05	0,05	0,05	0,00	0,00	0,00	0,00	0,05	0,15	0,30	0,45	0,60	1,60
562	Y	1,25	3,70	5,00	6,90	8,55	9,95	12,20	13,40	14,45	14,10	12,80	10,95	8,90	6,65	4,30	3,00	0,90
	Y	1,25	0,20	0,00	0,00	0,00	0,00	0,10	0,15	0,35	0,45	0,45	0,45	0,40	0,30	0,20	0,10	0,90

X	0	1,25	2,5	5	7,5	10	15	20	30	40	50	60	70	80	90	95	100
570 Y_o	0,00	5,20	8,00	12,10	15,30	17,85	21,40	23,95	26,35	26,25	24,45	21,40	17,20	12,30	6,70	3,75	0,00
570 Y_u	0,00	-2,25	-3,65	-4,90	-5,15	-5,80	-6,95	-7,15	-7,35	-6,90	-6,05	-5,10	-4,15	-3,10	-2,00	-1,40	0,00
571 Y_o	3,50	7,50	9,95	13,60	16,40	18,65	21,70	23,55	25,00	24,10	21,80	18,45	14,65	10,60	6,25	3,85	0,75
571 Y_u	3,50	1,20	0,80	0,55	0,40	0,35	0,20	0,10	0,05	0,00	0,00	0,00	0,00	0,05	0,10	0,15	0,75
572 Y_o	1,50	4,60	6,35	9,10	11,25	13,05	16,25	17,55	18,90	18,05	16,10	13,60	10,80	7,80	4,60	2,95	0,75
572 Y_u	1,50	0,55	0,25	0,05	0,00	0,00	0,05	0,15	0,30	0,45	0,50	0,40	0,20	0,00	0,00	0,00	0,75
573 Y_o	1,25	3,70	4,95	6,95	8,60	9,95	12,05	13,40	14,65	14,20	12,85	10,95	8,80	6,45	4,00	2,70	0,80
573 Y_u	1,25	0,20	0,00	0,00	0,05	0,15	0,35	0,40	0,55	0,65	0,55	0,40	0,25	0,10	0,05	0,00	0,80
574 Y_o	1,00	2,50	3,40	4,85	6,05	7,15	8,70	9,75	10,90	10,70	9,90	8,70	7,20	5,50	3,70	2,50	0,50
574 Y_u	1,00	0,20	0,10	0,00	0,00	0,05	0,25	0,40	0,65	0,75	0,75	0,60	0,45	0,25	0,10	0,00	0,50
575 Y_o	3,75	6,55	7,80	9,30	10,40	11,25	12,35	13,05	13,50	13,25	12,55	11,50	10,20	8,70	6,55	5,00	2,10
575 Y_u	3,75	2,05	1,40	0,95	0,40	0,20	0,10	0,15	0,15	0,15	0,10	0,00	0,00	0,00	0,15	0,25	2,10
587 Y_o	0,60	1,65	2,10	2,90	3,60	4,15	5,15	5,85	6,55	6,60	6,10	5,40	5,50	3,45	2,35	1,80	1,05
587 Y_u	0,60	0,10	0,00	0,05	0,15	0,30	0,60	0,70	0,85	0,80	0,45	0,20	0,00	0,05	0,55	0,85	1,05
590 Y_o	0,50	1,60	2,15	3,05	3,80	4,50	5,60	6,45	7,35	7,20	6,40	5,40	4,15	2,95	1,70	1,10	0,45
590 Y_u	0,50	0,00	0,00	0,15	0,40	0,65	1,10	1,40	1,65	1,55	1,00	0,50	0,05	0,00	0,05	0,20	0,45
592 Y_o	2,25	5,90	7,20	9,15	10,45	11,55	13,30	14,50	15,80	15,90	15,00	13,20	10,70	7,55	3,80	1,80	0,00
592 Y_u	2,25	0,80	0,30	0,00	0,10	0,25	0,85	1,00	1,55	1,80	1,85	1,80	1,55	1,10	0,65	0,35	0,00
593 Y_o	3,00	5,50	6,50	7,85	8,90	9,75	10,95	11,50	12,00	11,70	10,85	9,45	7,65	5,50	3,00	1,65	0,00
593 Y_u	3,00	1,80	1,35	0,85	0,55	0,40	0,25	0,15	0,10	0,00	0,00	0,00	0,00	0,00	0,00	0,00	0,00
595 Y_o	2,80	4,45	5,15	6,20	7,10	7,80	8,75	9,25	9,70	9,40	8,75	7,75	6,35	4,60	2,45	1,30	0,00
595 Y_u	2,80	1,95	1,65	1,15	0,90	0,70	0,45	0,30	0,15	0,00	0,00	0,00	0,00	0,00	0,00	0,00	0,00

2. Neuere Profiluntersuchungen.

Im Anschluß an die Profiluntersuchungen, die in der I. Lieferung veröffentlicht wurden, werden im nachfolgenden als Fortsetzung dieser Veröffentlichung wiederum eine Reihe Profilmessungen mitgeteilt. Die Flügel, die lediglich zur Ermittlung der Profileigenschaften dienten, waren wieder Normalflügel von rechteckigem Grundriß und einem Seitenverhältnis von 1:5 (Spannweite 100 cm und Flügeltiefe 20 cm); nur die Profile 509 bis 514, 518, 522 und 559 wurden bei einem Seitenverhältnis von 1:6 (Spannweite 120 cm, Tiefe 20 cm) untersucht, die Werte jedoch nachher auf das Seitenverhältnis 1:5 umgerechnet (siehe die Umrechnungsformeln S. 37 der I. Lieferung, Nr. II, 3). Die Messungen wurden bei einer Windgeschwindigkeit von 30 m/s ausgeführt, so daß der Kennwert der gleiche war wie bei den früheren Untersuchungen (vgl. I. Lieferung, Nr. IV, 5); die Aufhängung der Flügel in der Dreikomponentenwage war im wesentlichen die normale, wie sie schon in der I. Lieferung der „Ergebnisse"[1] beschrieben ist, nur wurden jetzt anstelle des einen nach vorn gehenden Drahtes zwei V-förmig zusammenlaufende Widerstandsdrähte verwandt (vgl. auch Abb. 52 d. Lief.).

Die Untersuchungen fanden fast ausschließlich im Auftrage von Flugzeugfirmen, Flugvereinen oder Privatpersonen statt. Die Reihenfolge der Profile entspricht der zeitlichen Folge der einzelnen Untersuchungen, ohne daß die einzelnen Profile im allgemeinen einen inneren Zusammenhang besitzen. Nur bei einer kleinen Anzahl von Profilen, auf die etwas näher eingegangen werden soll, ist eine gewisse Systematik vorhanden, indem bei einigen Profilreihen ein Profil unter verschiedenen Gesichtspunkten abgeändert wurde.

[1] s. S. 27, Abb. 19.

Diese Profilreihen sind folgende:

1. Profil Nr. 492 und 493.

Die beiden Profile sind aus symmetrischen Profilen entstanden und zwar dadurch, daß ihre Mittellinien nach einem Kreisbogen gekrümmt wurden; dabei haben beide Mittellinien die gleiche Wölbung. Das dünne Profil 492 besitzt in dem Anstellwinkelbereich von 0 bis 2^0 einen sehr geringen Profilwiderstand, der aber mit zunehmenden Anstellwinkeln schnell zunimmt; das dicke Profil zeigt einen flacheren Verlauf der Polarkurve sowie ein größeres $c_{a\,max}$.

2. Profil Nr. 494 bis 502.

Diese Profile sind ebenfalls aus symmetrischen Profilen entstanden, jedoch dadurch, daß ihre Mittellinien nach einem Parabelbogen gekrümmt wurden. Dabei besitzen die Profile 494 bis 498 gleiche mittlere Wölbung bei verschiedener Dicke, desgleichen die Profile 499 bis 502. Außerdem haben je gleiche Dicke bei verschiedener mittlerer Wölbung die Profile 495 und 499, 496 und 500, 497 und 501, 498 und 502. Auch hier ist ein Zunehmen der $c_{a\,max}$-Werte sowie ein flacherer Verlauf der Polarkurven mit zunehmender Profildicke zu erkennen.

3. Profil Nr. 503 bis 506.

Die Profile 503 und 504 besitzen gleiche Saugseite, jedoch verschiedene Druckseite, desgleichen die Profile 505 und 506; umgekehrt haben je gleiche Druckseite, aber verschiedene Saugseite, die Profile 503 und 505, sowie 504 und 506. Die Polarkurven zeigen, daß die Strömung bei den Profilen 504 und 506 mit gerader Druckseite früher abreißt als bei 503 und 505 mit konkaver Druckseite.

4. Profil Nr. 509 bis 514, 518, 522.

Unter Benutzung von Profil 509 als Ausgangsprofil wurden zunächst die Ordinaten der Saug- und Druckseite von der Sehne aus um 25% und darauf um 50% vergrößert. Die so entstandenen Profile sind 510 und 511; sie haben also größere Dicke und größere mittlere Wölbung. Sodann wurden von der gekrümmten Mittellinie des Profils 509 aus die Ordinaten der Saug- und Druckseite nach oben bzw. unten um 25% und darauf um 50% vergrößert. Hierdurch ergaben sich die Profile 512 und 513, die also bei gleicher mittlerer Wölbung wie 509 verschiedene Dicke besitzen. Profil 514 ferner hat dieselbe Form wie 511, jedoch etwas verkürzte und hochgezogene Profilnase. Durch Abändern der Druckseite am Profil 511 sind schließlich die Profile 518 mit gerader Druckseite und 522 mit stark konvex gewölbter Druckseite entstanden.

Zu den Polarkurven ist folgendes zu sagen: Die erste Profilgruppe 509 bis 511 zeigt mit zunehmender Wölbung und Dicke vergrößerten Widerstand und höheres Auftriebsmaximum; geringer ist der Unterschied in den Polaren bei der zweiten Gruppe 509, 512 und 513. Durch Hochziehen der Profilnase (514) ist das schroffe Abreißen bei negativen Anstellwinkeln beseitigt. Bei der dritten Gruppe Profil 511, 518 und 522 fallen die Polaren im mittleren Anstellwinkelbereich ziemlich genau aufeinander und zeigen nur bei größeren positiven und negativen Anstellwinkeln Abweichungen.

5. Profil Nr. 527 bis 529.

Bei verschiedener Dicke haben alle drei Profile die gleiche mittlere Wölbung. In dem mittleren Anstellwinkelbereich stimmen die Polarkurven ziemlich genau überein, nur bei extremen Anstellwinkeln zeigen sich größere Unterschiede.

6. Profil Nr. 532 und 533.

Diese beiden Profile besitzen ebenfalls verschiedene Dicke bei gleicher mittlerer Wölbung. Auch hier fallen die Polarkurven zwischen 14^0 und -4^0 Anstellwinkel fast genau aufeinander und weichen nur außerhalb dieses Winkelbereiches voneinander ab.

7. Profil Nr. 561 und 562, 570 bis 575.

Die Profile sind Propellerprofile mit stark abgerundeten Hinterkanten.

Zu den besonderen Profilen gehören schließlich noch Profil 417 a, 481 und 481 a. Die Fläche mit Profil 417 a war eine einfache 3 mm starke Zinkplatte, deren Wölbung der mittleren Wölbung von Profil 417 (vgl. I. Lieferung der Ergebnisse, S. 78), einem an und für sich schon dünnen Profil, entsprach. So ist der Unterschied in der Polarkurve auch nicht beträchtlich; bei annähernd gleichem Auftrieb besitzt die Zinkplatte im allgemeinen namentlich im mittleren Anstellwinkelbereich etwas größeren Widerstand, nur bei negativen Anstellwinkeln ist er kleiner als beim Profil 417. Profil 481 a ist aus 481 entstanden durch Ausfüllen der Druckseite (im Profilbild auf S. 37 gestrichelt angedeutet). Auffallend ist der große Profilwiderstand von 481 besonders bei kleinen Anstellwinkeln, ferner das schroffe Abreißen bei Profil 481 a im unteren und oberen Abreißgebiet.

Auf S. 36 bis 51 sind die Polarkurven der neuen Profiluntersuchungen und Seite 52 bis 59 die entsprechenden Zahlentafeln in der üblichen Weise wiedergegeben. In Abweichung von der früheren Darstellung sind jedoch jetzt, um Verwechselungen und Irrtümer zu vermeiden, an Stelle der Buchstaben C_a, C_w und C_m die Ausdrücke $100\,c_a$, $100\,c_w$ bzw. $100\,c_m$ gesetzt; die Werte selbst ändern sich dadurch natürlich nicht, da nach einer früheren Definition[1] $C_a = 100\,c_a$, $C_w = 100\,c_w$ und $C_m = 100\,c_m$ ist. Die gleiche Abänderung ist auch bei allen weiteren Versuchsergebnissen vorgenommen. In den unterhalb der Diagramme befindlichen Schattenbildern der Profile ist jedesmal die Bezugslinie für die Anstellwinkel bzw. Profilaufmessung mit eingezeichnet.

Auf die Joukowsky-Profile, deren Untersuchungen mehr theoretisches Interesse haben, wird im nächsten Abschnitt noch besonders eingegangen.

---

[1] Vgl. I. Lieferung der „Ergebnisse", S. 32.

a) Polar- und Momentenkurven.

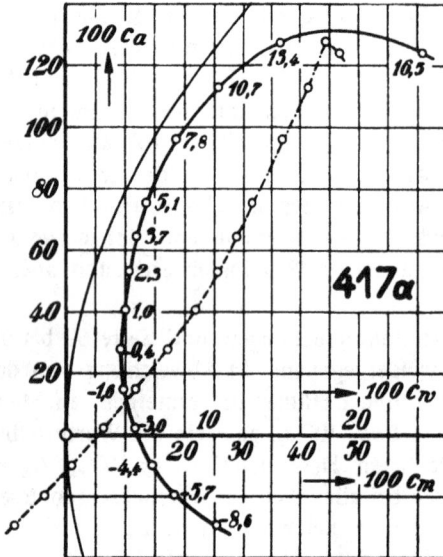

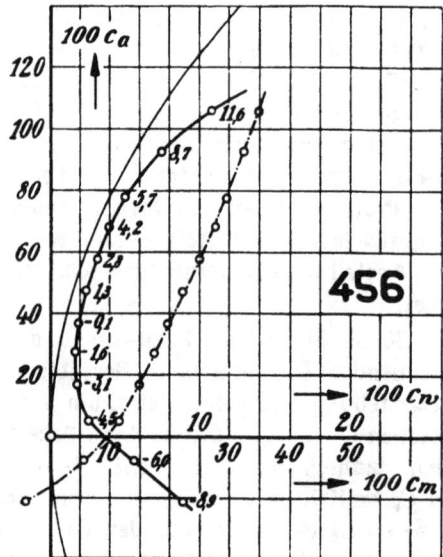

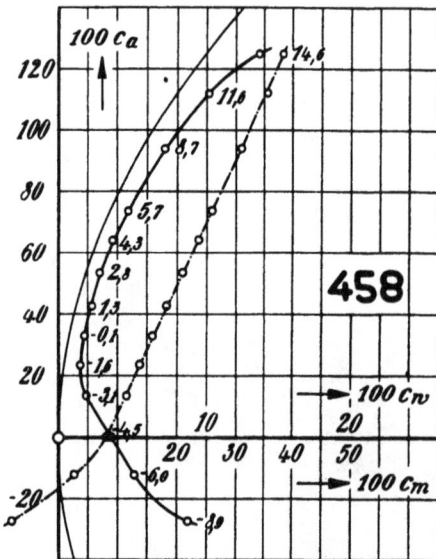

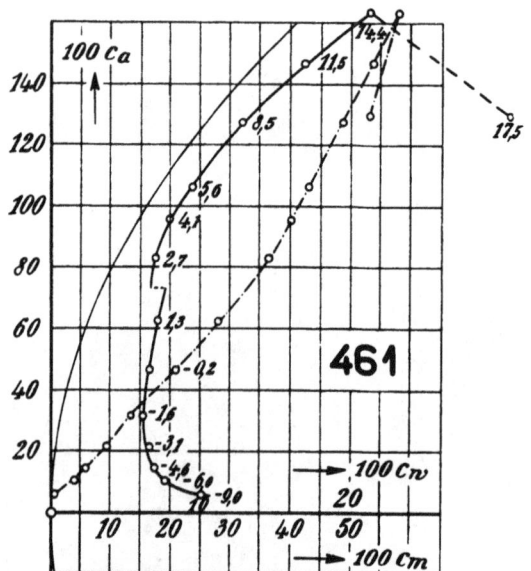

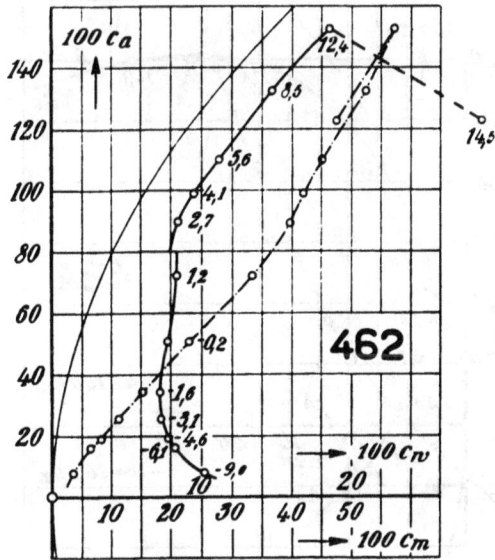

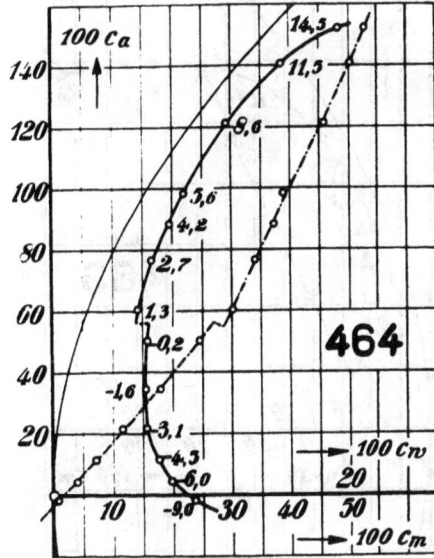

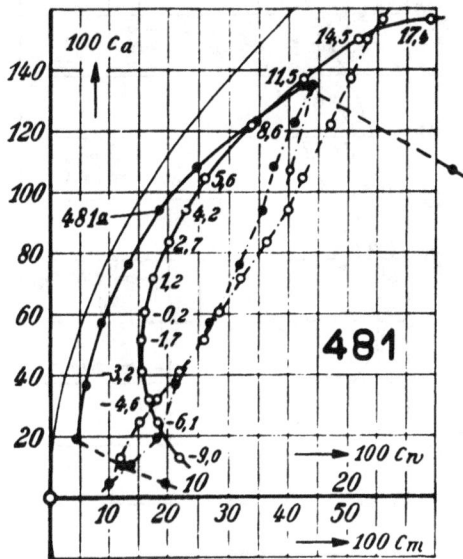

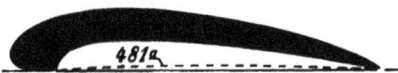

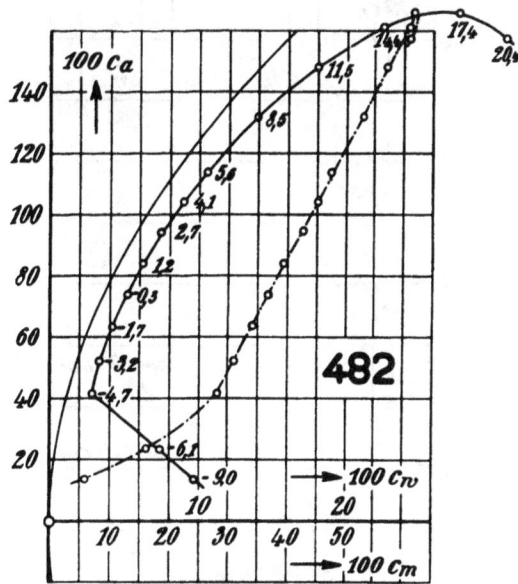

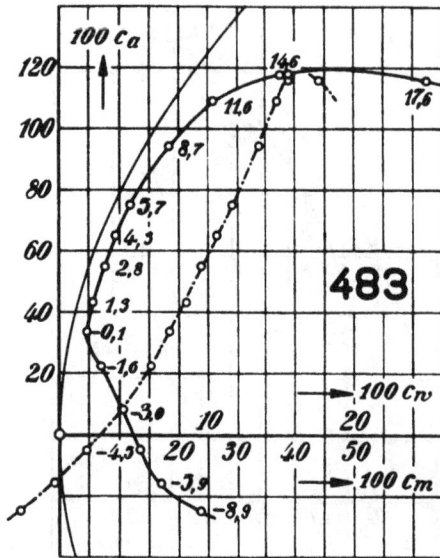

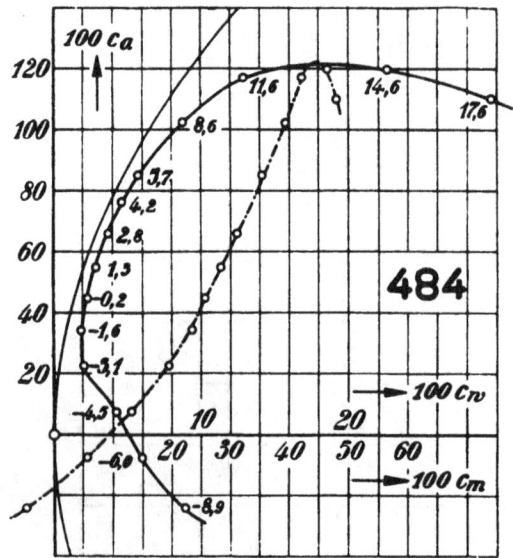

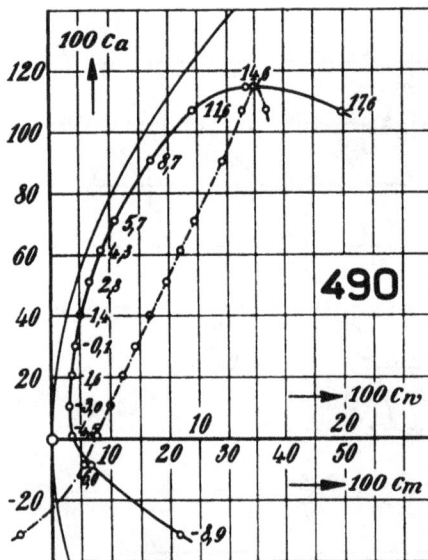

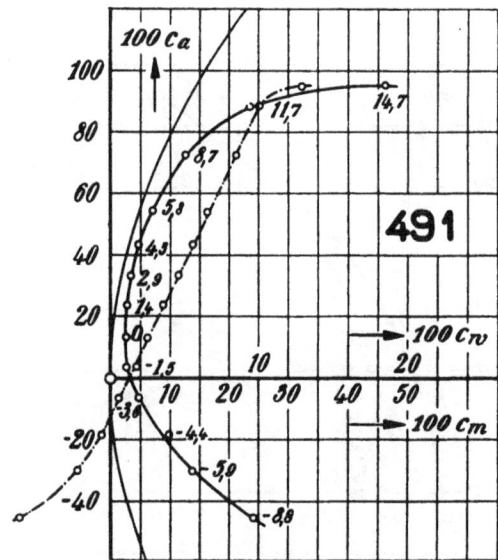

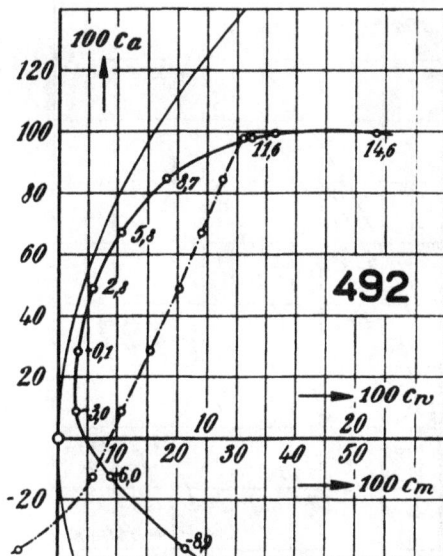

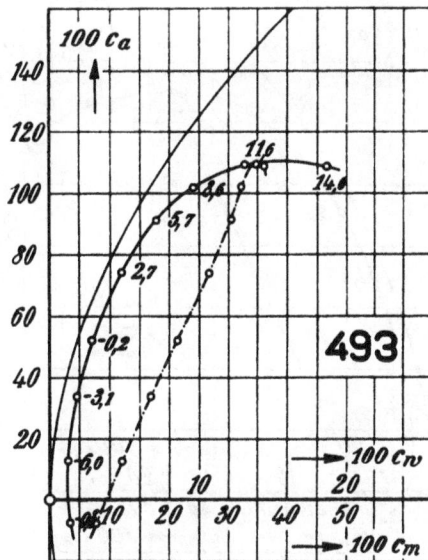

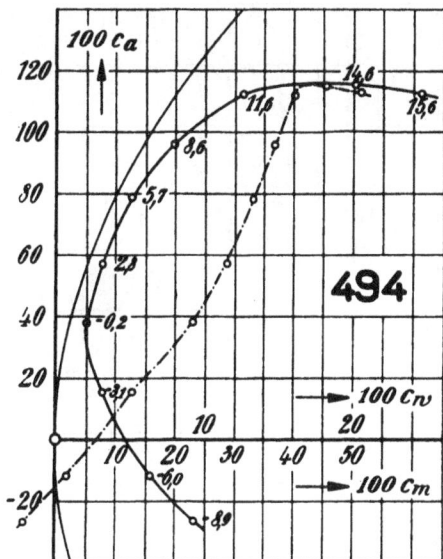

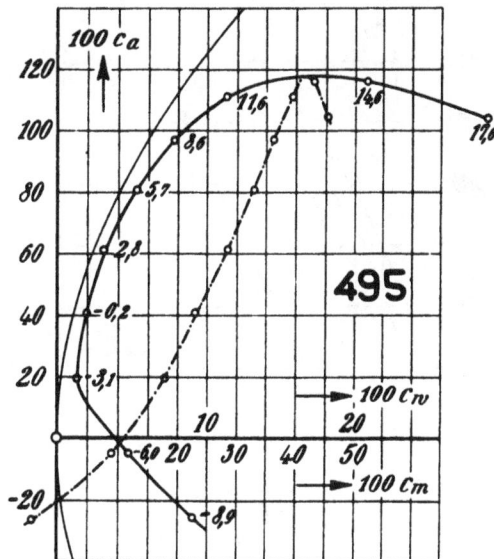

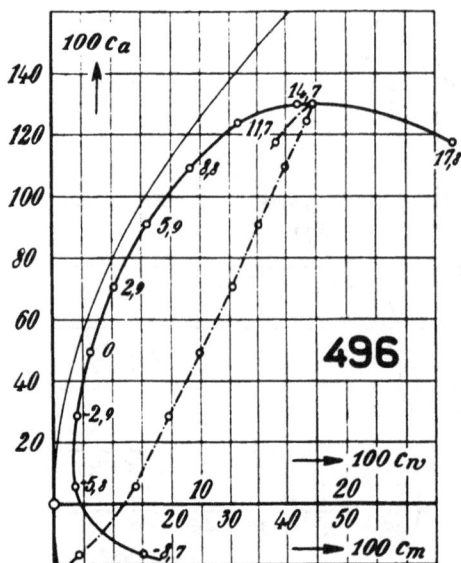

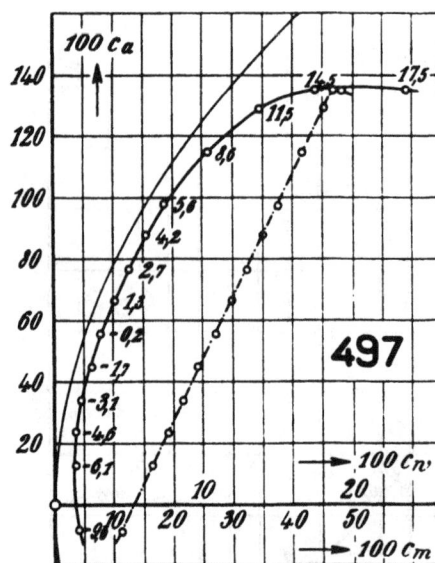

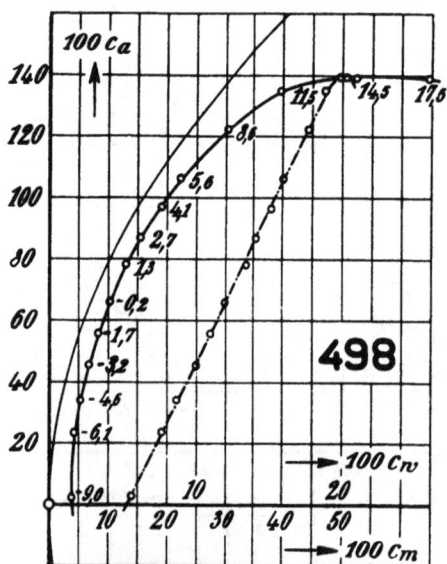

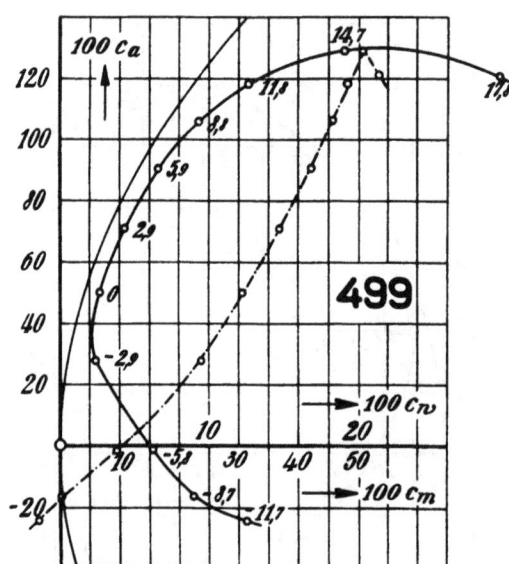

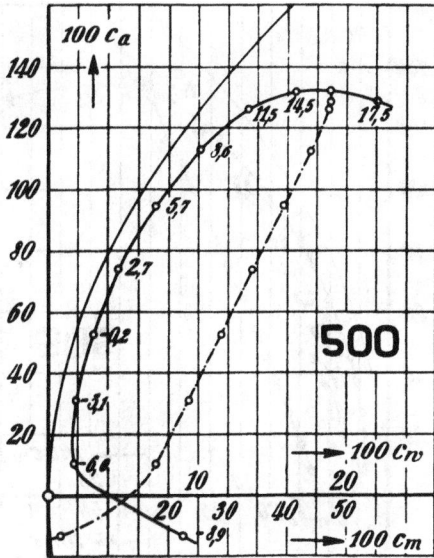

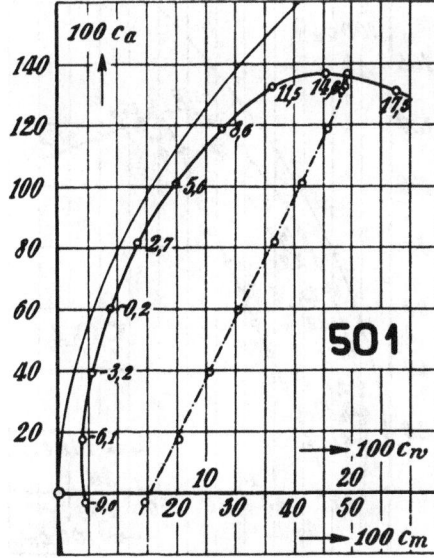

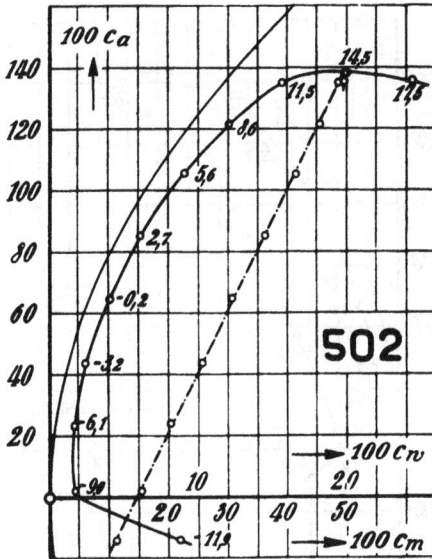

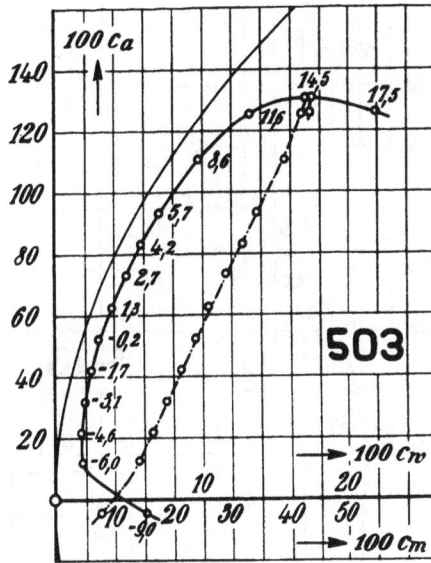

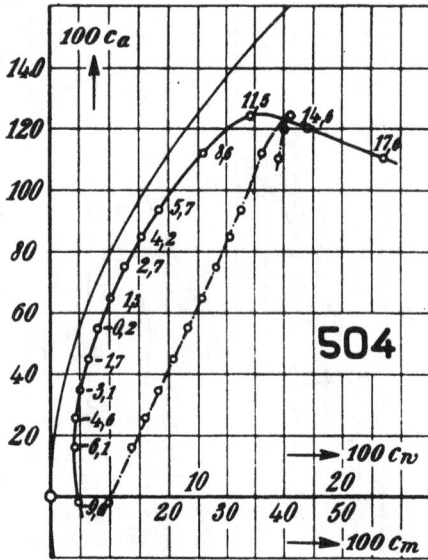

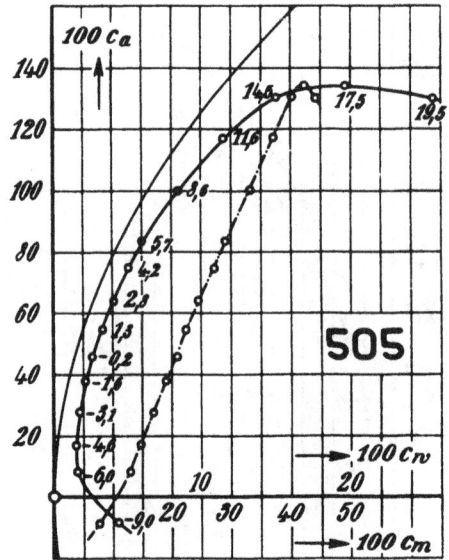

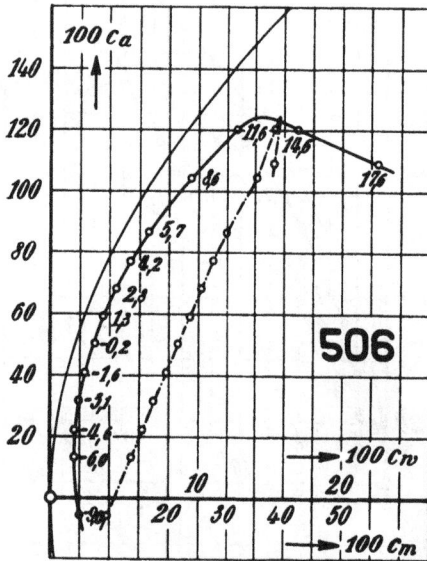

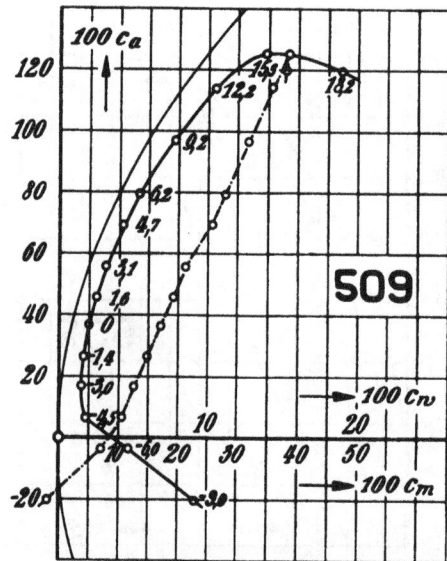

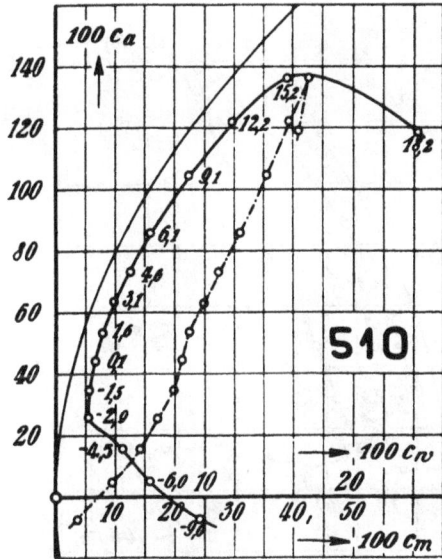

S10

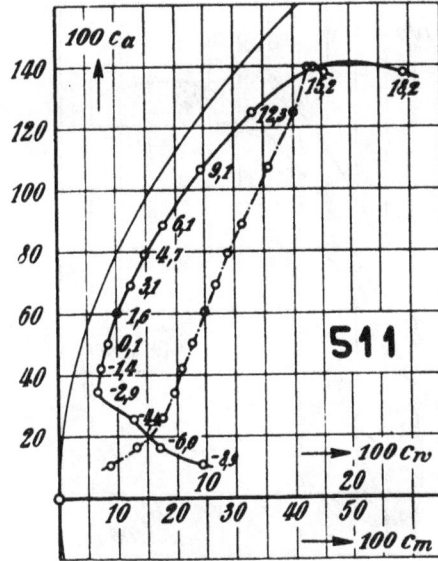

S11

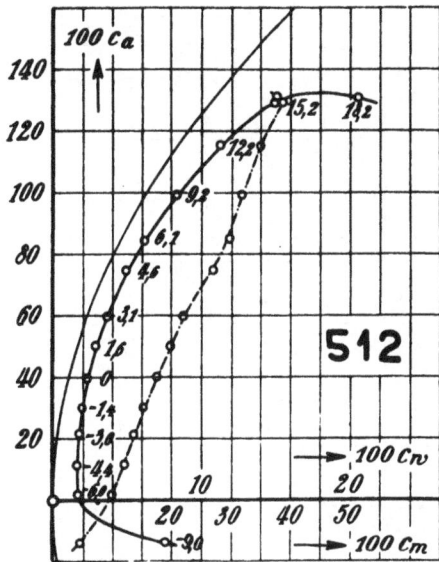

S12

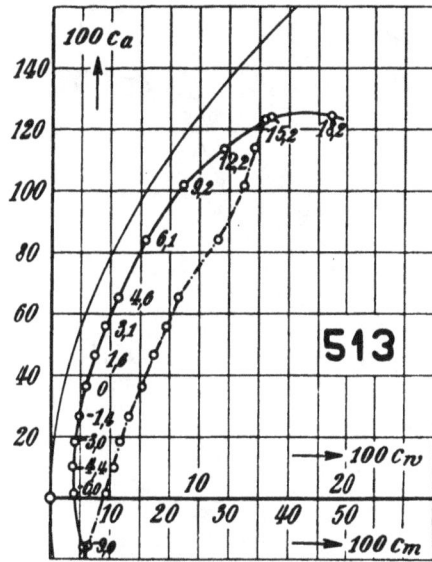

S13

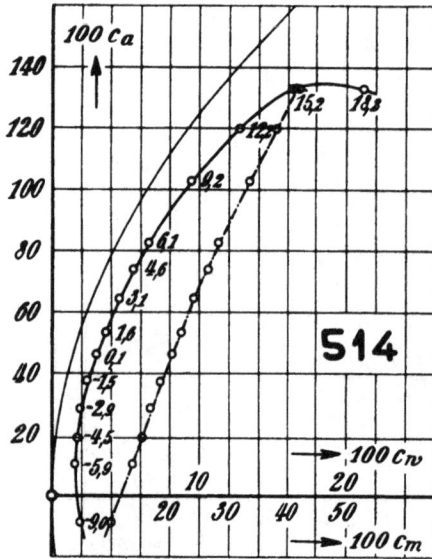

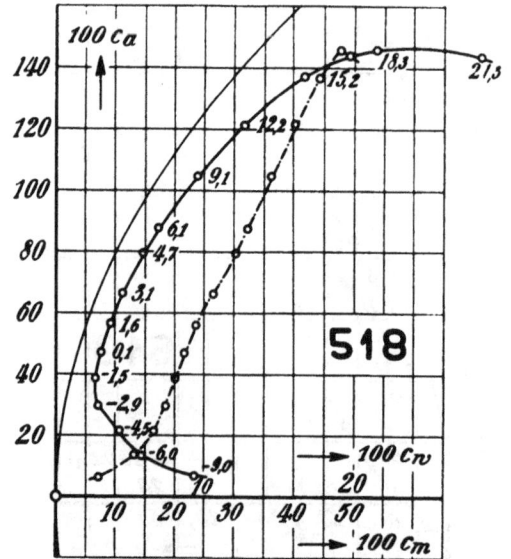

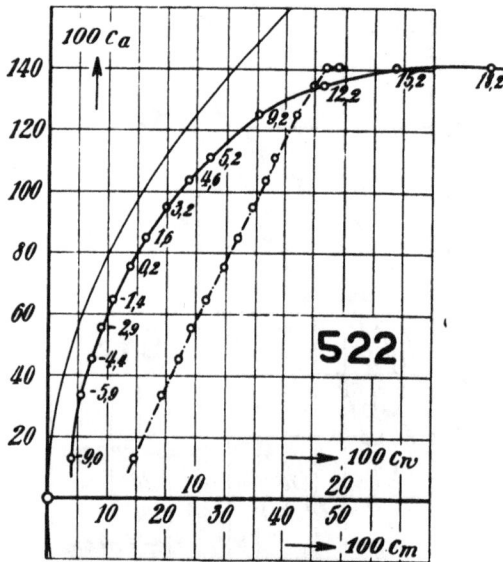

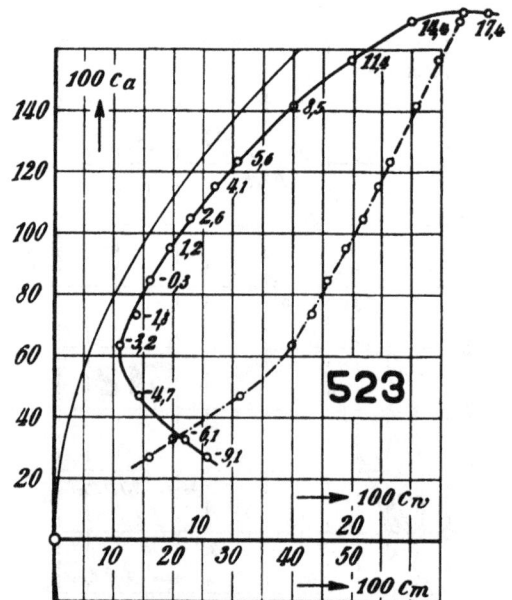

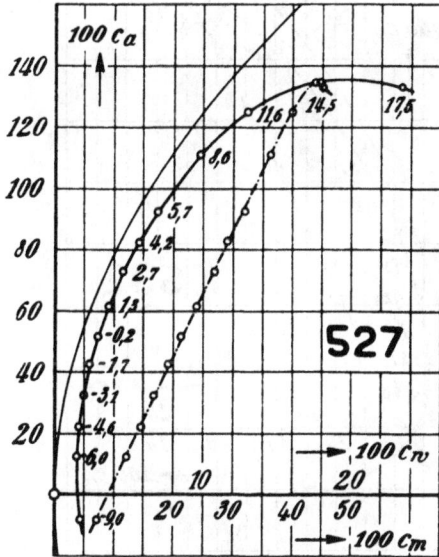

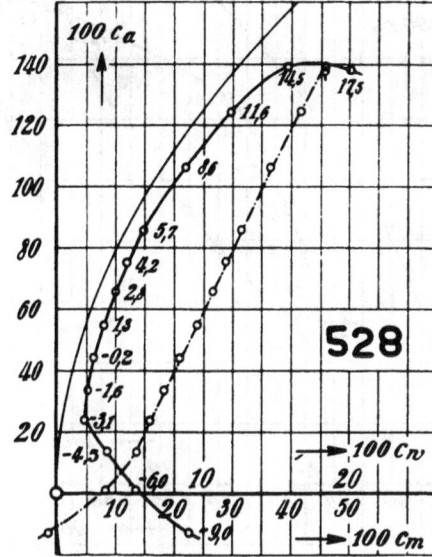

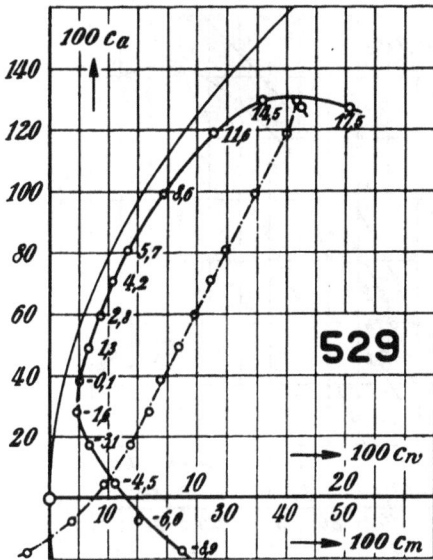

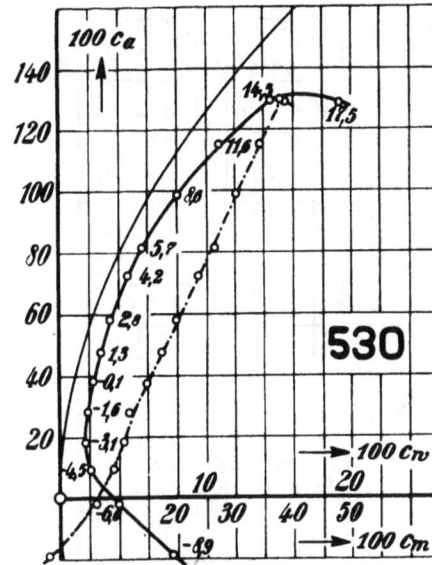

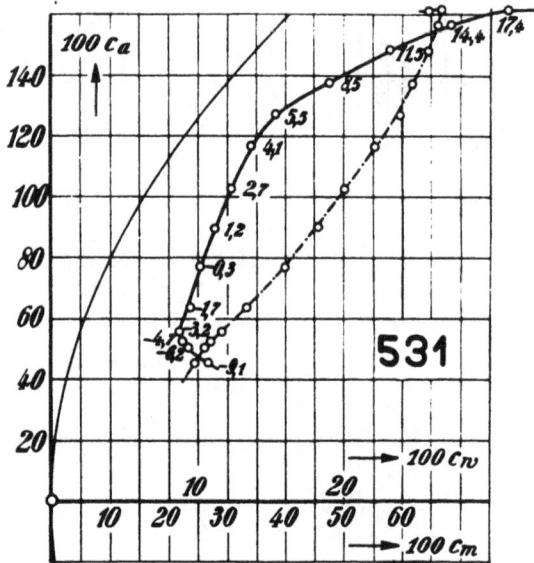

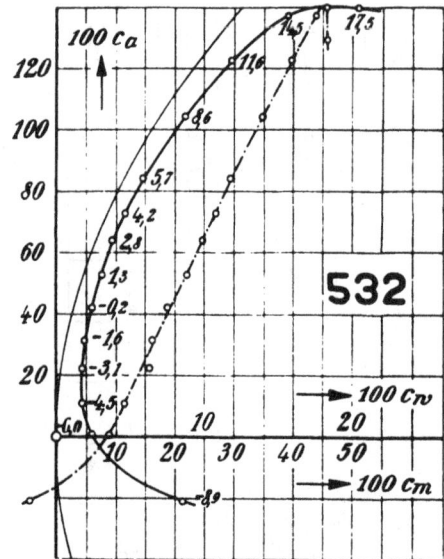

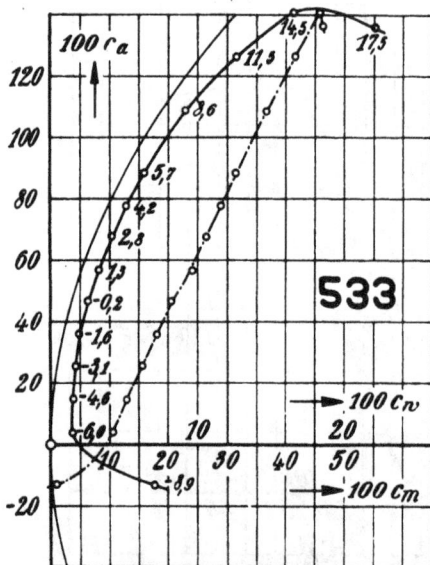

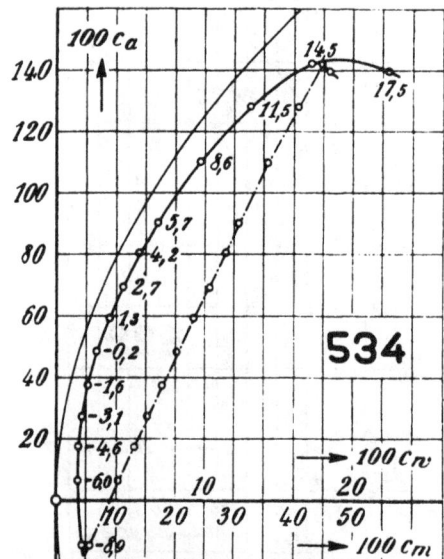

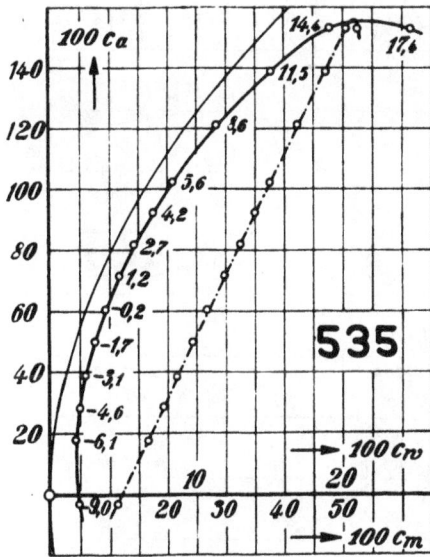

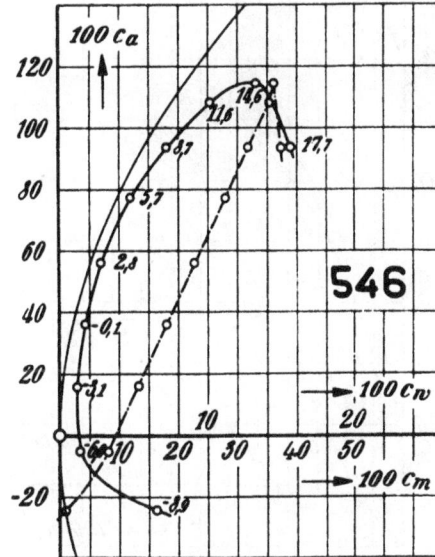

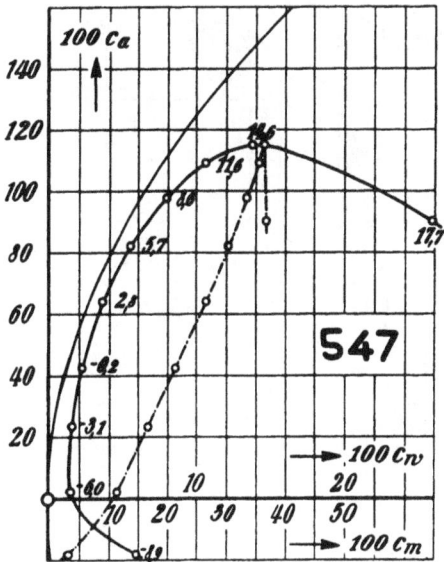

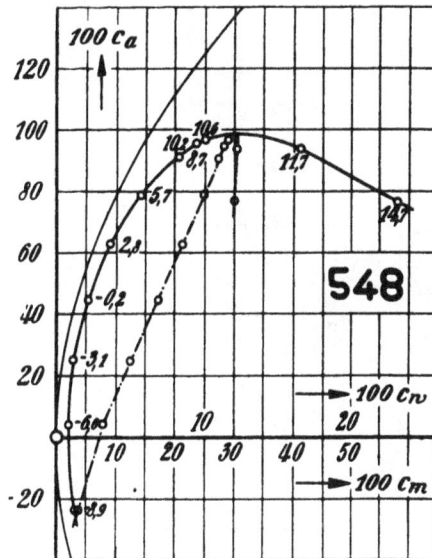

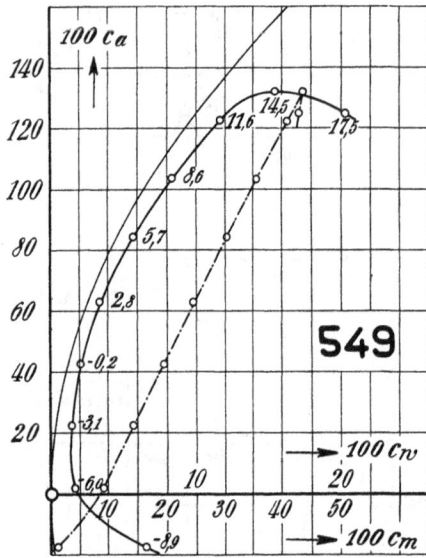
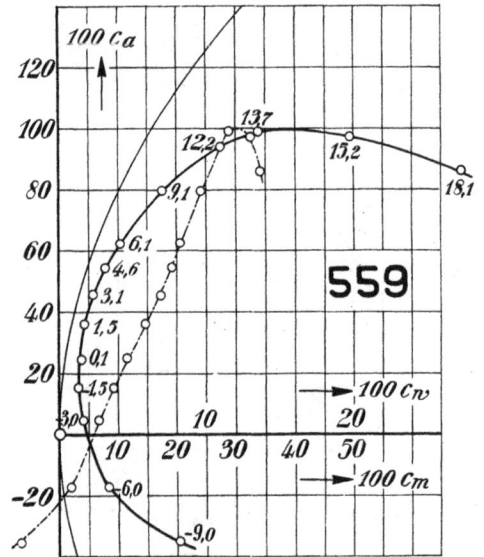
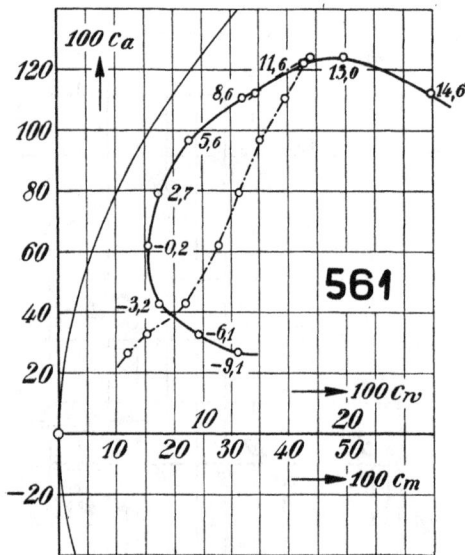
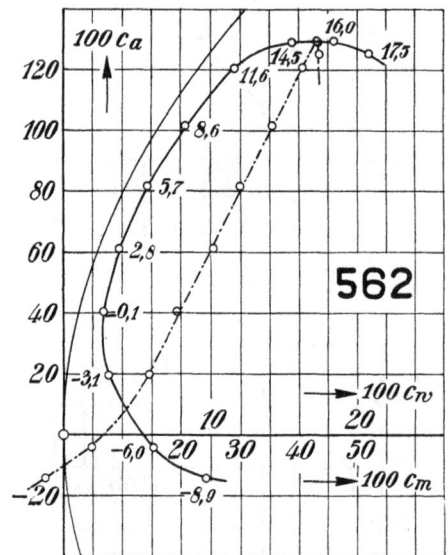

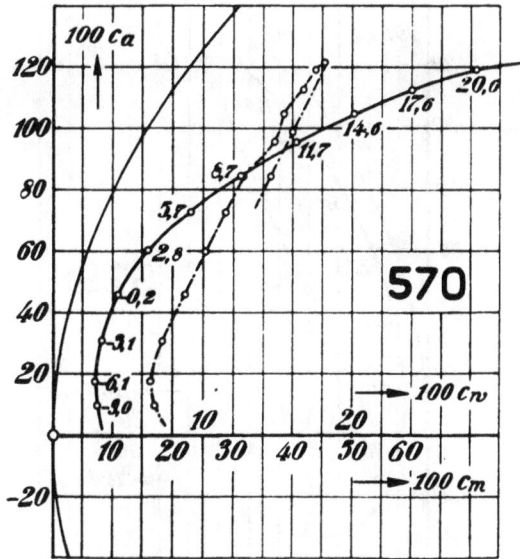

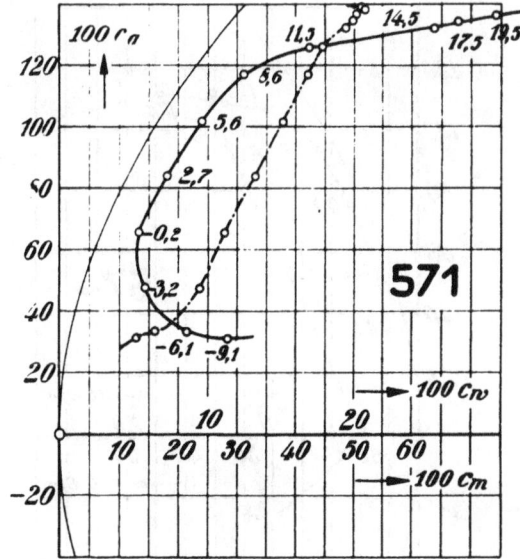

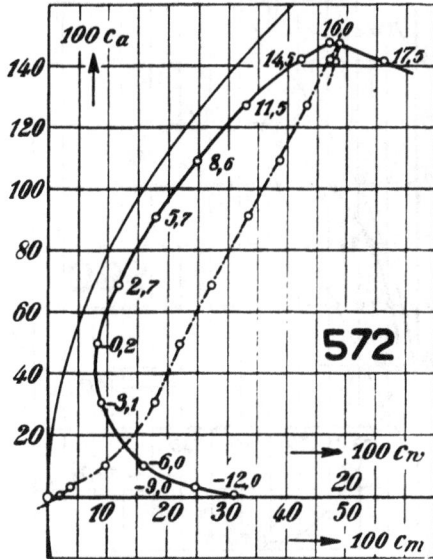

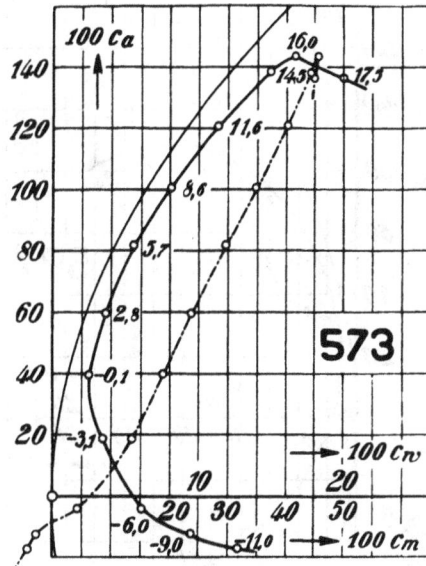

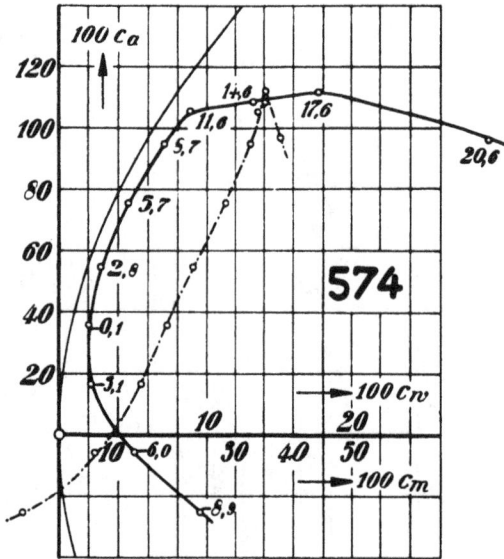

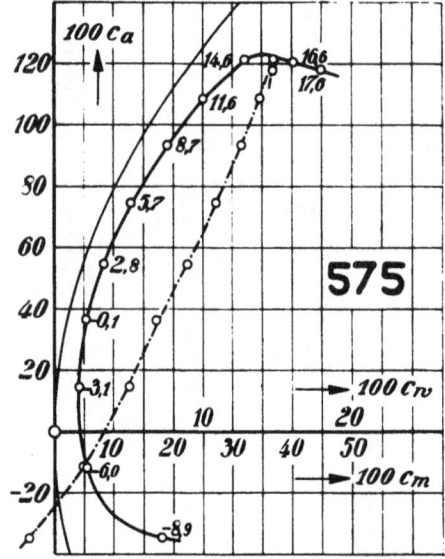

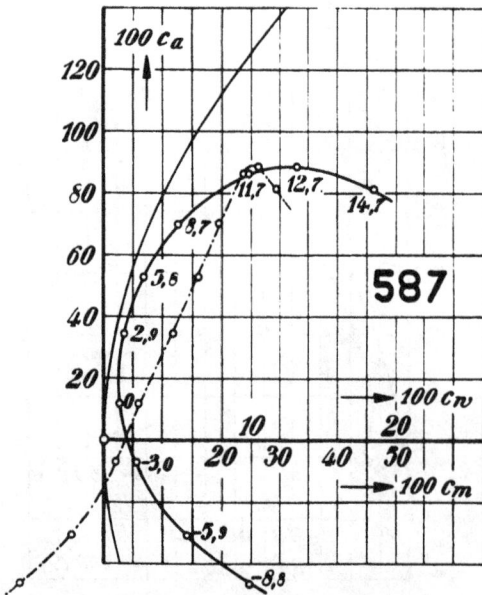

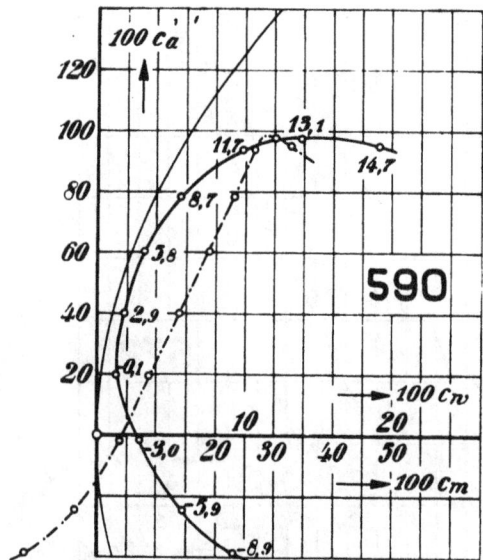

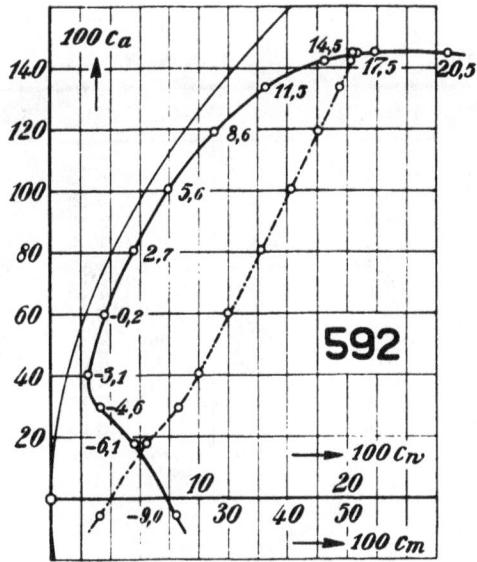

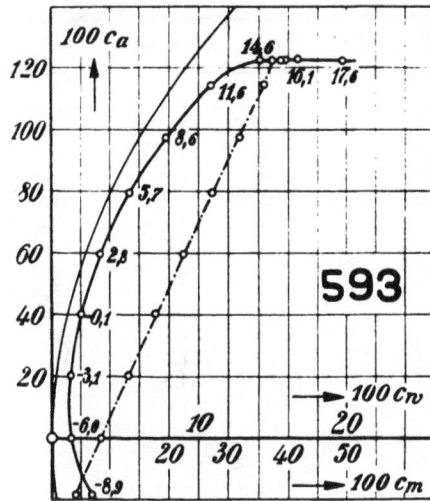

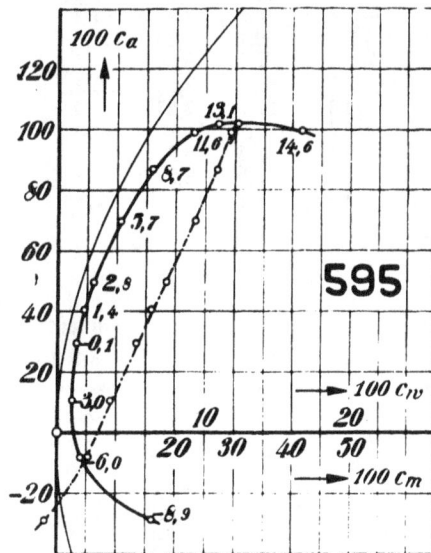

b) Zahlentafeln.

Zahlentafel 4.
Profil Nr. 417 a.

α	$100\,c_a$	$100\,c_w$	$100\,c_m$
— 8,6°	— 29,3	10,2	— 8,6
— 5,7	— 19,8	7,28	— 3,5
— 4,4	— 10,0	5,81	+ 1,1
— 3,0	+ 2,1	4,68	6,4
— 1,6	14,8	3,91	11,8
— 0,4	27,7	3,74	17,2
+ 1,0	40,5	4,02	21,8
2,3	53,0	4,28	25,7
3,7	64,3	4,78	28,9
5,1	75,1	5,42	31,6
7,8	96,0	7,45	37,1
10,7	112,9	10,3	41,5
13,4	127,4	14,6	44,3
16,5	124,1	24,4	47,8

Zahlentafel 5.
Profil Nr. 456.

α	$100\,c_a$	$100\,c_w$	$100\,c_m$
— 8,9°	— 21,3	8,90	— 4,4
— 6,0	— 7,9	5,63	+ 5,6
— 4,5	+ 5,0	3,55	11,6
— 3,1	17,0	1,82	14,8
— 1,6	27,3	1,64	17,4
— 0,1	37,0	1,90	19,7
+ 1,3	47,3	2,42	22,2
2,8	57,7	3,17	25,0
4,2	68,0	3,95	27,7
5,7	77,8	4,97	29,7
8,7	93,0	7,50	32,4
11,6	106,0	10,8	34,9

Zahlentafel 6.
Profil Nr. 458.

α	$100\,c_a$	$100\,c_w$	$100\,c_m$
— 8,9°	— 27,6	8,73	— 7,8
— 6,0	— 12,4	5,18	+ 2,7
— 4,5	+ 1,1	3,59	8,3
— 3,1	13,4	1,92	11,5
— 1,6	23,6	1,52	13,8
— 0,1	32,8	1,75	15,8
+ 1,3	42,6	2,24	18,3
2,8	53,6	2,78	21,0
4,3	64,0	3,66	23,7
5,7	73,5	4,77	26,0
8,7	93,9	7,15	31,0
11,6	112,2	10,1	35,7
14,6	125,0	13,7	38,6

Zahlentafel 7.
Profil Nr. 461.

α	$100\,c_a$	$100\,c_w$	$100\,c_m$
— 9,0°	6,0	10,1	0,6
— 6,0	10,1	7,69	4,2
— 4,6	14,6	6,96	5,9
— 3,1	21,5	6,59	9,6
— 1,6	31,5	6,18	13,5
— 0,2	46,4	6,65	21,0
+ 1,3	62,5	7,21	28,2
2,7	83,0	7,03	36,5
4,1	95,5	7,99	40,2
5,6	106,1	9,51	42,9
8,5	127,4	12,9	48,7
11,5	146,6	16,9	53,7
14,4	163,0	21,3	58,0
17,5	129,3	30,6	53,2

Zahlentafel 8.
Profil Nr. 462.

α	$100\,c_a$	$100\,c_w$	$100\,c_m$
— 9,0°	8,1	10,2	3,6
— 6,1	16,0	8,30	6,4
— 4,6	19,3	7,89	8,2
— 3,1	25,8	7,36	11,2
— 1,6	34,2	7,26	15,2
— 0,2	50,7	7,83	23,1
+ 1,2	72,0	8,38	33,5
2,7	89,3	8,51	39,9
4,1	99,0	9,57	42,0
5,6	110,0	11,2	45,0
8,5	132,3	14,7	52,4
12,4	152,6	18,5	57,2
14,5	122,7	28,9	47,7

Zahlentafel 9.
Profil Nr. 464.

α	$100\,c_a$	$100\,c_w$	$100\,c_m$
— 9,0°	— 1,9	9,46	0,7
— 6,0	+ 4,5	7,91	4,0
— 4,5	11,3	7,07	7,1
— 3,1	21,5	6,31	11,7
— 1,6	34,6	6,19	17,9
— 0,2	50,1	6,29	24,6
+ 1,3	60,2	5,71	30,2
2,7	76,4	6,62	34,0
4,2	88,1	7,82	37,3
5,6	98,1	8,80	38,9
8,6	121,0	11,7	45,8
11,5	140,1	15,4	50,2
14,5	152,0	19,3	52,8

Zahlentafel 10.
Profil Nr. 481.

α	$100\,c_a$	$100\,c_w$	$100\,c_m$
— 9,0°	12,8	8,78	11,8
— 6,1	24,4	7,29	15,2
— 4,6	31,8	6,70	18,1
— 3,2	41,0	6,21	21,9
— 1,7	51,1	6,18	25,8
— 0,2	60,3	6,45	28,4
+ 1,2	71,5	6,97	31,8
2,7	83,3	8,02	36,2
4,2	94,0	9,16	39,9
5,6	104,6	10,4	42,2
8,6	121,8	13,5	46,8
11,5	137,0	17,0	50,3
14,5	150,0	20,6	53,1
17,4	156,4	25,6	55,7

Zahlentafel 11.
Profil Nr. 481a.

α	$100\,c_a$	$100\,c_w$	$100\,c_m$
— 9,0°	4,4	7,75	10,0
— 7,5	10,4	4,87	13,7
— 6,1	19,1	1,76	18,3
— 3,1	36,6	2,41	21,4
— 0,2	56,9	3,51	27,4
+ 2,7	76,0	5,26	31,8
5,7	93,7	7,41	35,5
8,6	108,0	9,91	37,4
11,6	122,8	13,2	41,0
14,5	134,9	16,9	44,1
17,6	107,0	27,1	40,2

Zahlentafel 12.
Profil Nr. 482.

α	$100\,c_a$	$100\,c_w$	$100\,c_m$
—9,0°	13,3	9,71	5,8
—6,1	23,5	7,35	16,2
—4,7	41,5	2,84	28,1
—3,2	52,0	3,33	31,1
—1,7	63,3	4,14	34,2
—0,3	73,7	5,15	36,8
—1,2	84,0	6,18	39,4
2,7	94,5	7,40	42,7
4,1	104,0	8,79	45,2
5,6	113,8	10,5	47,4
8,5	131,8	13,9	52,9
11,5	148,0	18,0	57,0
14,4	161,1	22,6	60,9
17,4	165,8	27,8	61,6
20,4	157,3	32,9	61,0

Zahlentafel 13.
Profil Nr. 483.

α	$100\,c_a$	$100\,c_w$	$100\,c_m$
—8,9°	—25,0	9,50	—6,6
—5,9	—15,8	6,82	—0,6
—4,5	—5,1	5,36	+4,7
—3,0	+8,2	4,25	10,1
—1,6	22,1	2,77	15,3
—0,1	33,6	1,85	18,5
+1,3	43,0	2,24	21,3
2,8	54,8	3,03	23,8
4,3	64,9	3,76	26,4
5,7	75,0	4,74	29,0
8,7	94,2	7,37	33,9
11,6	108,9	10,3	37,0
14,6	117,4	15,0	38,8
17,6	115,6	24,9	44,2

Zahlentafel 14.
Profil Nr. 484.

α	$100\,c_a$	$100\,c_w$	$100\,c_m$
—8,9°	—24,4	8,94	—4,6
—6,0	—7,4	5,95	+5,7
—4,5	+7,3	4,26	13,1
—3,1	22,4	2,06	19,5
—1,6	34,2	1,86	23,4
—0,2	44,8	2,31	25,6
+1,3	54,9	2,83	28,4
2,8	65,9	3,69	31,3
4,2	76,1	4,60	33,8
5,7	85,0	5,74	35,5
8,6	102,1	8,77	39,4
11,6	117,0	12,9	42,2
14,6	119,7	22,6	46,5
17,6	109,8	29,6	47,9

Zahlentafel 15.
Profil Nr. 490.

α	$100\,c_a$	$100\,c_w$	$100\,c_m$
—8,9°	—31,1	8,60	—5,5
—6,0	—8,9	2,72	+5,5
—4,5	+1,0	1,39	7,6
—3,0	10,9	1,21	9,8
—1,6	20,5	1,42	12,0
—0,1	30,1	1,62	14,3
+1,4	40,4	1,96	16,7
2,8	51,1	2,65	19,6
4,3	61,6	3,38	21,9
5,7	71,0	4,34	24,4
8,7	90,5	6,84	29,2
11,6	107,0	9,56	32,6
14,6	114,5	13,4	34,8
17,6	106,9	19,9	37,0

Zahlentafel 16.
Profil Nr. 491.

α	$100\,c_a$	$100\,c_w$	$100\,c_m$
—8,8°	—45,6	9,65	—15,4
—5,9	—30,2	5,48	—5,6
—4,4	—18,5	3,87	—1,5
—3,0	—6,3	1,86	+1,4
—1,5	+3,5	1,04	4,4
—0,0	13,0	1,07	6,1
+1,4	23,6	1,08	8,7
2,9	33,2	1,35	11,3
4,3	43,5	1,85	13,8
5,8	54,1	2,75	16,3
8,7	72,6	4,97	21,2
11,7	88,7	9,43	25,1
14,7	95,0	18,5	32,2

Zahlentafel 17.
Profil Nr. 492.

α	$100\,c_a$	$100\,c_w$	$100\,c_m$
—8,9°	—36,6	8,55	—6,6
—6,0	—12,4	3,47	+5,8
—3,0	+8,7	1,14	10,8
—0,1	28,6	1,27	15,5
+2,8	49,1	2,26	20,3
5,8	66,9	4,22	23,9
8,7	84,4	7,23	27,5
11,6	97,8	13,00	30,9
14,6	99,6	21,40	36,5

Zahlentafel 18.
Profil Nr. 493.

α	$100\,c_a$	$100\,c_w$	$100\,c_m$
—9,0°	—7,8	1,34	7,6
—6,0	+12,4	1,20	12,0
—3,1	33,5	1,78	16,8
—0,2	52,1	2,77	21,4
+2,7	73,8	4,74	26,7
5,7	90,8	7,06	30,4
8,6	101,7	9,63	32,2
11,6	109,4	13,1	34,7
14,6	108,4	18,6	35,9

Zahlentafel 19.
Profil Nr. 494.

α	$100\,c_a$	$100\,c_w$	$100\,c_m$
—8,9°	—26,8	9,25	—5,4
—6,0	—12,0	6,30	+1,8
—3,1	+15,4	3,06	15,5
—0,2	38,1	2,01	23,0
+2,8	57,0	3,14	28,5
5,7	78,8	5,06	33,2
8,6	95,6	7,93	36,6
11,6	112,2	12,5	40,2
14,6	115,4	20,1	45,0
15,6	122,7	24,5	46,3

Zahlentafel 20.
Profil Nr. 495.

α	$100\,c_a$	$100\,c_w$	$100\,c_m$
—8,9°	—26,6	9,14	—4,3
—6,0	—5,0	4,75	+9,0
—3,1	+19,7	1,33	17,8
—0,2	40,5	1,99	23,0
+2,8	61,0	3,13	28,5
5,7	80,6	5,24	33,0
8,6	96,5	7,83	36,4
11,6	110,8	11,3	39,6
14,6	116,2	20,9	43,0
17,6	104,2	29,1	45,4

Zahlentafel 21.
Profil Nr. 496.

α	$100\,c_a$	$100\,c_w$	$100\,c_m$
$-8,7^0$	$-16,8$	6,01	4,2
$-5,8$	$+5,6$	1,37	14,1
$-2,9$	28,2	1,57	19,7
$+0,0$	49,2	2,48	24,8
2,9	70,6	4,10	30,5
5,9	90,7	6,35	35,2
8,8	109,3	9,26	39,8
11,7	124,0	12,6	43,6
14,7	130,0	16,8	44,6
17,8	117,3	27,2	38,4

Zahlentafel 22.
Profil Nr. 497.

α	$100\,c_a$	$100\,c_w$	$100\,c_m$
$-9,0^0$	$-8,6$	1,58	11,1
$-6,1$	$+12,9$	1,35	16,5
$-4,6$	23,6	1,42	19,2
$-3,1$	33,9	1,83	21,6
$-1,7$	44,9	2,47	24,3
$-0,2$	55,6	3,12	27,1
$+1,3$	66,6	3,98	29,8
2,7	76,5	5,00	32,4
4,2	87,4	6,18	35,0
5,6	97,6	7,42	37,5
8,6	114,6	10,3	41,6
11,5	129,0	13,8	45,4
14,5	135,0	17,5	46,7
17,5	134,6	23,6	48,2

Zahlentafel 23.
Profil Nr. 498.

α	$100\,c_a$	$100\,c_w$	$100\,c_m$
$-9,0^0$	2,1	1,50	14,1
$-6,1$	23,3	1,68	19,2
$-4,6$	33,8	2,06	21,7
$-3,2$	45,2	2,72	25,0
$-1,7$	55,4	3,30	27,4
$-0,2$	65,7	4,14	30,0
$+1,3$	77,9	5,21	33,8
2,7	86,4	6,23	35,4
4,1	96,2	7,65	37,7
5,6	106,0	8,94	40,1
8,6	122,0	12,1	44,5
11,5	134,9	15,9	47,2
14,5	139,0	21,0	49,7
17,5	139,3	25,8	50,7

Zahlentafel 24.
Profil Nr. 499.

α	$100\,c_a$	$100\,c_w$	$100\,c_m$
$-11,7^0$	$-24,2$	12,5	$-3,8$
$-8,7$	$-16,3$	8,90	$+0,2$
$-5,8$	$-1,4$	6,21	9,6
$-2,9$	$+27,8$	2,35	23,7
$-0,0$	49,9	2,61	30,3
$+2,9$	70,6	4,29	36,6
5,9	90,2	6,58	42,1
8,8	106,1	9,29	45,6
11,8	118,3	12,6	48,0
14,7	129,5	19,0	50,6
17,8	121,0	29,6	53,7

Zahlentafel 25.
Profil Nr. 500.

α	$100\,c_a$	$100\,c_w$	$100\,c_m$
$-8,9^0$	$-13,4$	8,99	2,12
$-6,0$	$+10,3$	1,75	18,1
$-3,1$	31,2	1,87	23,5
$-0,2$	52,3	3,08	29,0
$+2,7$	73,5	4,70	34,3
5,7	94,3	7,10	39,5
8,6	112,7	10,1	44,2
11,5	126,0	13,3	46,9
14,5	131,8	16,6	47,4
17,5	128,8	22,1	47,4

Zahlentafel 26.
Profil Nr. 501.

α	$100\,c_a$	$100\,c_w$	$100\,c_m$
$-9,0^0$	$-3,3$	1,83	14,6
$-6,1$	$+17,3$	1,62	20,2
$-3,2$	39,2	2,20	25,6
$-0,2$	59,8	3,57	30,6
$+2,7$	81,4	5,39	36,7
5,6	100,9	7,98	41,4
8,6	118,5	11,1	45,7
11,5	132,3	14,5	48,8
14,6	136,9	18,2	49,4
17,5	131,0	23,1	48,4

Zahlentafel 27.
Profil Nr. 502.

α	$100\,c_a$	$100\,c_w$	$100\,c_m$
$-11,9^0$	$-14,3$	8,80	11,3
$-9,0$	$+1,8$	1,76	15,5
$-6,1$	23,1	1,74	20,4
$-3,2$	43,5	2,49	25,6
$-0,2$	64,2	4,02	30,7
$+2,7$	85,0	6,10	36,1
5,6	105,2	9,00	41,4
8,6	122,2	12,0	45,5
11,5	135,0	15,6	48,5
14,5	138,0	20,0	49,6
17,5	125,7	24,2	49,2

Zahlentafel 28.
Profil Nr. 503.

α	$100\,c_a$	$100\,c_w$	$100\,c_m$
$-9,0^0$	$-4,7$	6,10	7,7
$-6,0$	$+12,0$	1,77	14,2
$-4,6$	21,9	1,71	16,5
$-3,1$	31,7	1,98	18,8
$-1,7$	42,0	2,42	21,4
$-0,2$	52,2	2,99	23,6
$+1,3$	62,1	3,82	25,9
2,7	72,7	4,79	29,0
4,2	83,2	5,80	31,8
5,7	93,0	6,95	34,1
8,6	110,2	9,70	38,8
11,6	125,3	13,2	41,9
14,5	130,3	17,0	43,7
17,5	126,0	21,9	43,2

Zahlentafel 29.
Profil Nr. 504.

α	$100\,c_a$	$100\,c_w$	$100\,c_m$
$-9,0^0$	$-2,3$	1,89	9,9
$-6,1$	$+15,8$	1,61	13,7
$-4,6$	25,3	1,71	16,0
$-3,1$	34,6	2,06	18,2
$-1,7$	44,9	2,63	20,8
$-0,2$	54,7	3,21	23,2
$+1,3$	64,5	4,08	25,6
2,7	74,8	4,97	28,1
4,2	84,5	6,10	30,7
5,7	93,5	7,33	32,7
8,6	111,9	10,3	38,4
11,5	124,0	13,7	41,1
14,6	120,0	17,6	40,2
17,6	110,2	22,8	39,1

Zahlentafel 30.
Profil Nr. 505.

α	$100\,c_a$	$100\,c_w$	$100\,c_m$
−9,0°	− 8,5	4,37	7,8
−6,0	+ 8,3	1,58	13,0
−4,6	17,0	1,54	14,8
−3,1	27,6	1,76	16,9
−1,6	37,7	2,12	19,2
−0,2	45,9	2,60	20,9
+1,3	54,7	3,30	22,4
2,8	64,0	4,05	24,6
4,2	74,5	5,00	27,2
5,7	83,5	6,04	29,2
8,6	100,5	8,50	33,3
11,6	116,8	11,5	37,0
14,5	130,2	15,0	40,3
17,5	134,0	19,6	42,2
19,5	130,0	25,5	44,0

Zahlentafel 31.
Profil Nr. 506.

α	$100\,c_a$	$100\,c_w$	$100\,c_m$
−9,0°	− 5,7	2,00	9,7
−6,0	+13,0	1,62	13,7
−4,6	22,2	1,62	15,5
−3,1	31,3	1,93	17,5
−1,6	40,9	2,38	19,6
−0,2	50,2	3,02	21,6
+1,3	59,1	3,54	23,3
2,8	68,1	4,44	25,4
4,2	77,0	5,40	27,5
5,7	86,4	6,61	29,8
8,6	104,3	9,49	35,2
11,6	120,0	12,7	38,5
14,6	120,0	17,0	38,4
17,6	109,0	22,4	38,2

Zahlentafel 32.
Profil Nr. 509.

α	$100\,c_a$	$100\,c_w$	$100\,c_m$
−9,0°	−20,3	9,19	−1,9
−6,0	− 3,7	4,68	+7,2
−4,5	+ 6,3	1,79	10,6
−3,0	16,4	1,50	12,6
−1,4	26,4	1,66	14,9
0,0	36,4	2,01	17,1
+1,6	45,7	2,51	19,3
3,1	55,9	3,17	21,4
4,7	69,5	4,32	25,8
6,2	79,4	5,36	28,0
9,2	96,7	7,81	31,9
12,2	114,0	10,5	35,6
15,3	125,3	13,8	38,4
18,2	120,0	18,9	38,0

Zahlentafel 33.
Profil Nr. 510.

α	$100\,c_a$	$100\,c_w$	$100\,c_m$
−9,0°	− 7,1	9,71	3,7
−6,0	+ 4,8	6,26	9,5
−4,5	15,7	4,49	14,3
−2,9	25,6	2,23	17,1
−1,5	34,6	2,28	19,8
+0,1	44,4	2,68	21,4
1,6	53,6	3,20	22,7
3,1	63,1	3,98	25,2
4,6	73,1	5,01	27,4
6,1	86,0	6,35	31,2
9,1	104,5	9,00	35,5
12,2	121,8	11,9	39,2
15,2	136,2	15,6	42,7
18,2	116,8	24,3	40,9

Zahlentafel 34.
Profil Nr. 511.

α	$100\,c_a$	$100\,c_w$	$100\,c_m$
−8,9°	10,6	9,72	8,6
−6,0	16,5	6,83	13,2
−4,4	25,6	5,14	17,6
−2,9	34,2	2,65	19,6
−1,4	42,0	2,85	20,9
+0,1	50,6	3,35	22,8
1,6	60,2	4,02	24,8
3,1	69,0	4,90	26,6
4,7	79,1	5,88	28,9
6,1	88,8	7,16	31,3
9,1	107,0	9,77	35,6
12,3	125,0	13,2	40,0
15,2	139,8	17,3	47,5
18,2	138,0	23,6	45,4

Zahlentafel 35.
Profil Nr. 512.

α	$100\,c_a$	$100\,c_w$	$100\,c_m$
−9,0°	−14,0	7,57	4,3
−6,0	+ 1,5	1,58	9,9
−4,4	11,3	1,53	12,0
−3,0	21,2	1,72	13,7
−1,4	30,0	1,97	15,4
+0,0	39,8	2,30	17,7
1,6	50,0	2,86	19,9
3,1	59,5	3,62	22,0
4,6	74,3	4,94	27,0
6,1	84,6	6,13	29,6
9,2	99,2	8,35	31,8
12,2	114,8	11,2	35,0
15,2	129,1	15,0	38,7
18,2	130,8	20,5	37,7

Zahlentafel 36.
Profil Nr. 513.

α	$100\,c_a$	$100\,c_w$	$100\,c_m$
−9,0°	−16,0	2,33	6,2
−6,0	+ 1,7	1,62	9,3
−4,4	10,1	1,53	10,7
−3,0	18,3	1,54	11,6
−1,4	26,6	1,90	13,1
0,0	36,4	2,32	15,3
+1,6	46,7	2,92	17,4
3,1	56,0	3,59	19,5
4,6	65,1	4,42	21,4
6,1	84,0	6,34	28,0
9,2	102,0	8,88	32,5
12,2	113,7	11,6	34,0
15,2	123,2	14,5	35,8
18,2	124,2	18,9	36,8

Zahlentafel 37.
Profil Nr. 514.

α	$100\,c_a$	$100\,c_w$	$100\,c_m$
−9,0°	− 8,2	1,91	10,0
−5,9	+10,3	1,53	13,6
−4,5	18,8	1,64	15,1
−2,9	28,5	1,91	16,7
−1,5	37,4	2,35	18,4
+0,1	46,4	2,95	20,5
1,6	53,6	3,62	22,0
3,1	64,5	4,51	24,0
4,6	74,0	5,42	26,5
6,1	82,5	6,51	28,2
9,2	102,7	9,38	33,4
12,2	119,8	12,6	37,9
15,2	133,2	16,3	41,2
18,2	133,0	21,2	42,0

Zahlentafel 38.
Profil Nr. 518.

α	$100\,c_a$	$100\,c_w$	$100\,c_m$
−9,0°	6,6	9,36	7,3
−6,0	13,4	5,74	13,2
−4,5	21,7	4,32	16,5
−2,9	29,6	2,91	18,4
−1,5	38,4	2,69	20,2
+0,1	47,0	3,04	21,6
1,6	56,2	3,73	23,6
3,1	66,5	4,49	26,5
4,7	79,3	5,81	30,4
6,1	87,6	6,88	32,3
9,1	104,4	9,54	36,1
12,2	121,4	12,6	40,1
15,2	137,0	16,7	44,3
18,3	146,0	21,5	47,7
21,3	144,0	28,6	49,3

Zahlentafel 39.
Profil Nr. 522.

α	$100\,c_a$	$100\,c_w$	$100\,c_m$
— 9,0°	13,0	1,57	14,7
— 5,9	33,5	2,22	19,4
— 4,4	45,4	2,97	22,2
— 2,9	55,4	3,57	24,1
— 1,4	64,5	4,35	26,6
+ 0,2	75,5	5,52	29,6
1,6	85,1	6,58	32,0
3,2	95,0	7,94	34,4
4,6	103,9	9,43	36,6
5,2	111,2	10,9	38,2
9,2	125,3	14,2	42,2
12,2	135,0	18,7	45,0
15,2	141,0	23,5	47,2
18,2	141,0	29,9	49,0

Zahlentafel 40.
Profil Nr. 523.

α	$100\,c_a$	$100\,c_w$	$100\,c_m$
— 9,1°	26,8	10,3	16,0
— 6,1	32,3	8,85	19,9
— 4,7	46,7	5,68	31,4
— 3,2	63,2	4,45	40,0
— 1,8	73,8	5,49	43,0
— 0,3	84,5	6,40	45,8
+ 1,2	95,0	7,75	48,9
2,6	104,7	9,15	51,8
4,1	115,0	10,8	54,4
5,6	123,2	12,3	56,4
8,5	141,3	16,0	60,7
11,4	156,3	19,9	64,6
14,4	169,1	24,2	68,0
17,4	172,0	29,2	68,6
20,4	168,5	33,6	68,0

Zahlentafel 41.
Profil Nr. 527.

α	$100\,c_a$	$100\,c_w$	$100\,c_m$
— 9,0°	— 8,2	1,79	7,1
— 6,0	+12,2	1,52	12,3
— 4,6	22,0	1,71	14,6
— 3,1	32,6	2,05	16,9
— 1,7	42,3	2,37	19,3
— 0,2	51,7	2,98	21,4
+ 1,3	61,5	3,72	24,1
2,7	72,7	4,66	27,0
4,2	82,5	5,80	29,2
5,7	92,2	7,02	32,0
8,6	110,9	9,82	36,4
11,6	124,8	13,0	40,0
14,5	134,5	17,9	44,0
17,5	133,0	23,4	45,1

Zahlentafel 42.
Profil Nr. 528.

α	$100\,c_a$	$100\,c_w$	$100\,c_m$
— 9,0°	— 13,0	8,97	— 1,4
— 6,0	+ 1,0	5,25	+ 8,3
— 4,5	13,3	3,40	13,5
— 3,1	23,9	1,81	16,0
— 1,6	33,5	2,04	18,3
— 0,2	44,2	2,51	20,9
+ 1,3	54,9	3,21	23,9
2,8	65,7	3,98	26,7
4,2	75,2	4,75	28,9
5,7	85,5	5,90	31,6
8,6	106,0	8,75	36,5
11,6	124,0	11,9	41,6
14,5	139,0	15,8	45,7
17,5	138,0	20,1	45,6

Zahlentafel 43.
Profil Nr. 529.

α	$100\,c_a$	$100\,c_w$	$100\,c_m$
— 8,9°	— 17,7	9,00	— 3,7
— 6,0	— 7,4	6,04	+ 3,9
— 4,5	+ 4,9	4,48	9,3
— 3,1	17,3	2,74	13,9
— 1,6	27,9	1,81	16,8
— 0,1	38,6	2,03	18,9
+ 1,3	49,0	2,70	21,9
2,8	59,8	3,44	24,6
4,2	70,6	4,27	27,2
5,7	80,6	5,37	29,8
8,6	99,2	7,79	34,6
11,6	118,7	11,1	40,0
14,5	129,4	14,3	41,7
17,5	217,0	19,3	42,5

Zahlentafel 44.
Profil Nr. 530.

α	$100\,c_a$	$100\,c_w$	$100\,c_m$
— 8,9°	— 18,9	7,72	— 1,8
— 6,0	— 1,5	3,98	+ 6,1
— 4,5	+ 9,3	2,04	9,1
— 3,1	18,4	1,75	10,9
— 1,6	28,4	1,93	12,0
— 0,1	38,0	2,27	15,0
+ 1,3	47,5	2,82	17,4
2,8	58,1	3,42	19,8
4,2	72,1	4,65	23,8
5,7	81,4	5,61	26,6
8,6	98,8	8,05	30,3
11,6	114,9	11,0	34,5
14,5	129,2	14,5	37,8
17,5	128,2	19,2	38,6

Zahlentafel 45.
Profil Nr. 531.

α	$100\,c_a$	$100\,c_w$	$100\,c_m$
— 9,1°	45,2	10,7	24,5
— 6,2	50,0	9,34	26,2
— 4,7	52,2	9,00	27,1
— 3,2	55,5	8,75	29,0
— 1,7	63,6	9,44	33,3
— 0,3	76,5	10,2	39,9
+ 1,2	89,5	11,2	45,5
2,7	102,3	12,3	50,3
4,1	116,0	13,7	55,4
5,5	126,7	15,3	59,7
8,5	137,0	19,0	61,7
11,5	148,0	23,2	64,6
14,4	156,0	27,4	66,2
17,4	161,1	31,4	67,0
20,4	160,8	34,5	64,9

Zahlentafel 46.
Profil Nr. 532.

α	$100\,c_a$	$100\,c_w$	$100\,c_m$
— 8,9°	— 21,0	8,51	— 4,5
— 6,0	+ 0,7	2,34	+ 8,8
— 4,5	10,6	1,73	11,4
— 3,1	22,2	1,72	15,7
— 1,6	31,2	1,91	16,0
— 0,2	42,0	2,38	18,7
+ 1,3	52,8	3,03	22,0
2,8	63,5	4,71	24,6
4,2	73,1	4,60	26,9
5,7	84,1	5,78	29,4
8,6	104,5	8,65	34,8
11,6	122,8	11,8	39,6
14,5	137,2	15,6	43,7
17,5	140,0	20,4	45,5
20,5	129,3	30,5	45,7

Zahlentafel 47.
Profil Nr. 533.

α	$100\,c_a$	$100\,c_w$	$100\,c_m$
— 8,9°	— 17,2	7,07	1,1
— 6,0	+ 3,9	1,59	10,5
— 4,6	14,4	1,59	13,1
— 3,1	25,4	1,74	15,7
— 1,6	35,7	2,01	18,1
— 0,2	46,2	2,56	20,6
+ 1,3	56,6	3,29	24,1
2,8	67,6	4,12	26,5
4,2	77,7	5,15	28,9
5,7	88,0	6,41	31,5
8,6	108,8	9,22	36,7
11,5	126,2	12,6	41,7
14,5	141,0	16,6	45,8
17,5	136,2	22,1	46,4

Zahlentafel 48.

Profil Nr. 534.

α	$100\,c_a$	$100\,c_w$	$100\,c_m$
— 8,9°	— 14,7	1,77	5,6
— 6,0	+ 6,3	1,44	10,5
— 4,6	17,3	1,49	13,1
— 3,1	27,1	1,72	15,2
— 1,6	37,8	2,08	17,7
— 0,2	48,5	2,70	20,2
+ 1,3	59,1	3,55	23,2
2,7	69,6	4,50	25,8
4,2	80,5	5,57	28,6
5,7	90,3	6,82	30,8
8,6	110,1	9,72	35,6
11,5	128,3	13,1	40,8
14,5	142,7	17,2	44,8
17,5	140,0	22,4	46,2

Zahlentafel 49.

Profil Nr. 535.

α	$100\,c_a$	$100\,c_w$	$100\,c_m$
— 9,0°	— 3,5	1,91	11,3
— 6,1	+17,9	1,74	16,6
— 4,6	28,6	1,97	19,3
— 3,1	38,8	2,34	21,6
— 1,7	50,0	2,93	24,4
— 0,2	60,5	3,70	26,8
+ 1,2	71,5	4,65	29,8
2,7	82,0	5,69	32,6
4,2	92,5	6,97	35,0
5,6	102,5	8,37	37,6
8,6	121,1	11,40	42,4
11,5	139,0	15,1	47,2
14,4	153,0	19,1	50,7
17,4	153,5	24,6	52,6

Zahlentafel 50.

Profil Nr. 546.

α	$100\,c_a$	$100\,c_w$	$100\,c_m$
— 8,9°	— 24,6	6,49	1,1
— 6,0	— 5,2	1,38	8,1
— 3,1	+ 15,8	1,17	13,3
— 0,1	36,2	1,68	18,1
+ 2,8	56,1	2,76	22,6
5,7	77,1	4,79	28,0
8,7	93,7	7,20	31,8
11,6	108,1	10,1	35,4
14,6	114,2	13,2	36,0
17,7	93,4	15,6	37,2

Zahlentafel 51.

Profil Nr. 547.

α	$100\,c_a$	$100\,c_w$	$100\,c_m$
— 8,9°	— 18,2	5,85	3,2
— 6,0	+ 2,0	1,37	11,2
— 3,1	23,1	1,49	16,6
— 0,2	42,4	2,16	21,4
+ 2,8	64,0	3,53	26,6
5,7	82,0	5,42	30,2
8,6	97,9	7,91	33,4
11,6	109,1	10,60	35,4
14,6	115,0	13,70	36,1
17,7	90,6	25,8	36,6

Zahlentafel 52.

Profil Nr. 548.

α	$100\,c_a$	$100\,c_w$	$100\,c_m$
— 8,9°	— 23,8	1,32	3,6
— 6,0	+ 4,1	0,94	7,9
— 3,1	25,2	1,19	12,5
— 0,2	44,5	2,12	17,3
+ 2,8	62,7	3,64	21,4
5,7	78,9	5,65	24,9
8,7	91,0	8,24	27,2
10,2	95,4	9,40	28,2
10,6	96,5	10,0	29,0
11,7	93,8	16,5	30,4
14,7	76,8	23,2	30,0

Zahlentafel 53.

Profil Nr. 549.

α	$100\,c_a$	$100\,c_w$	$100\,c_m$
— 8,9°	— 17,5	6,57	1,2
— 6,0	+ 2,0	1,66	9,1
— 3,1	22,8	1,41	14,3
— 0,2	42,8	2,03	19,6
+ 2,8	63,1	3,83	24,5
5,7	84,1	5,67	30,2
8,6	103,7	8,29	35,5
11,6	122,3	11,6	40,8
14,5	132,0	15,5	43,5
17,5	125,0	20,2	42,9

Zahlentafel 54.

Profil Nr. 559.

α	$100\,c_a$	$100\,c_w$	$100\,c_m$
— 9,0°	— 35,2	8,18	— 6,6
— 6,0	— 17,1	3,37	+ 2,0
— 3,0	+ 4,6	1,63	6,7
— 1,5	15,1	1,30	9,3
+ 0,1	24,4	1,53	11,5
1,5	36,0	1,70	14,7
3,1	45,6	2,30	17,3
4,6	54,3	3,12	19,1
6,1	62,3	4,15	20,6
9,1	79,7	7,03	24,2
12,2	93,9	11,0	27,5
13,7	98,8	13,5	28,8
15,2	97,2	19,8	32,5
18,1	86,0	27,5	34,0

Zahlentafel 55.

Profil Nr. 561.

α	$100\,c_a$	$100\,c_w$	$100\,c_m$
— 9,1°	26,7	12,5	11,9
— 6,1	32,7	9,63	15,3
— 3,2	42,9	6,98	21,9
— 0,2	62,0	6,18	27,6
+ 2,7	79,1	6,85	31,4
5,6	96,5	9,09	35,1
8,6	110,5	12,9	39,6
11,6	122,0	17,0	42,8
13,0	124,2	19,8	43,8
14,6	112,2	25,9	34,4

Zahlentafel 56.

Profil Nr. 562.

α	$100\,c_a$	$100\,c_w$	$100\,c_m$
— 8,9°	— 14,6	9,72	— 3,0
— 6,0	— 4,4	6,06	+ 4,8
— 3,1	+ 19,9	3,04	14,7
— 0,1	40,3	2,68	19,3
+ 2,8	61,1	3,78	25,4
5,7	81,5	5,68	30,0
8,6	101,5	8,29	35,3
11,6	120,8	11,6	40,6
14,5	129,0	15,5	43,1
16,0	129,3	18,4	43,0
17,5	125,1	20,8	43,3

Zahlentafel 57.

Profil Nr. 570.

α	$100\,c_a$	$100\,c_a$	$100\,c_m$
— 9,0°	9,6	2,96	17,0
— 6,1	17,2	2,75	16,4
— 3,1	30,2	3,23	18,3
— 0,2	45,8	4,38	21,9
+ 2,8	60,0	6,35	25,3
5,7	72,4	9,09	28,6
8,7	84,7	12,5	31,5
11,7	95,9	16,2	36,8
14,6	104,9	20,1	38,5
17,6	112,8	24,0	41,8
20,6	119,2	28,4	43,8

Zahlentafel 58.

Profil Nr. 571.

α	$100\,c_a$	$100\,c_w$	$100\,c_m$
— 9,1°	31,3	11,3	12,9
— 6,1	33,6	8,50	15,9
— 3,2	47,3	5,64	23,6
— 0,2	65,5	5,27	27,9
+ 2,7	84,0	7,12	33,0
5,6	101,5	9,50	37,8
8,6	117,0	12,4	42,0
11,5	126,0	16,9	44,7
14,5	132,1	25,5	48,4
17,5	134,3	27,1	49,5
19,5	126,2	29,6	50,2
21,5	138,0	33,1	51,7

Zahlentafel 59.

Profil Nr. 572.

α	$100\,c_a$	$100\,c_w$	$100\,c_m$
— 12,0°	0,3	12,4	2,0
— 9,0	2,8	9,80	3,6
— 6,0	10,0	6,36	9,8
— 3,1	30,3	3,55	17,8
— 0,2	49,4	3,27	22,0
+ 2,7	68,6	4,72	27,2
5,7	91,0	7,20	33,2
8,6	109,3	9,92	38,7
11,5	127,1	13,1	43,1
14,5	142,2	16,9	47,2
16,0	147,5	18,8	48,8
17,5	141,2	22,5	48,0

Zahlentafel 60.

Profil Nr. 573.

α	$100\,c_a$	$100\,c_w$	$100\,c_m$
— 11,9°	— 17,4	12,7	— 4,4
— 9,0	— 12,9	9,44	— 2,6
— 6,0	— 4,5	6,07	+ 4,3
— 3,1	+ 18,4	3,42	13,5
— 0,1	39,4	2,54	18,8
+ 2,8	59,7	3,62	23,7
5,7	81,8	5,48	29,7
8,6	100,5	8,08	34,6
11,6	120,7	11,4	40,2
14,5	138,1	14,9	44,5
16,0	143,2	16,6	45,6
17,5	136,4	20,0	45,0

Zahlentafel 61.

Profil Nr. 574.

α	$100\,c_a$	$100\,c_w$	$100\,c_m$
— 8,9°	— 25,7	9,47	— 6,0
— 6,0	— 6,0	5,12	+ 6,4
— 3,1	+ 16,5	2,20	13,7
— 0,1	35,6	2,02	18,1
+ 2,8	54,7	2,89	22,7
5,7	75,5	4,70	28,4
8,7	94,7	7,12	32,8
11,6	105,5	8,83	34,0
14,6	108,3	13,2	35,1
17,6	111,7	17,7	35,4
20,6	96,8	29,3	37,9

Zahlentafel 62.

Profil Nr. 575.

α	$100\,c_a$	$100\,c_w$	$100\,c_m$
— 8,9°	— 34,6	7,15	— 4,4
— 6,0	— 11,2	2,14	+ 5,0
— 3,1	+ 14,7	1,66	12,6
— 0,1	36,4	2,16	17,2
+ 2,8	54,7	3,36	22,5
5,7	74,5	5,20	27,3
8,7	93,2	7,60	31,6
11,6	108,3	10,0	34,7
14,6	121,2	12,9	37,0
16,6	120,2	16,1	37,0
17,6	118,0	18,0	36,9

Zahlentafel 63.

Profil Nr. 587.

α	$100\,c_a$	$100\,c_w$	$100\,c_m$
— 8,8°	— 46,7	9,88	— 14,2
— 5,9	— 30,9	5,57	— 5,5
— 3,0	— 7,5	2,25	+ 2,0
0,0	+ 11,9	1,06	6,1
+ 2,9	34,2	1,38	11,8
5,8	52,6	2,71	16,1
8,7	70,0	5,05	19,5
11,7	86,1	9,85	23,8
12,7	88,1	13,2	26,4
14,7	81,3	18,4	29,3

Zahlentafel 64.

Profil Nr. 590.

α	$100\,c_a$	$100\,c_w$	$100\,c_m$
— 8,9°	— 38,7	9,12	— 12,4
— 5,9	— 24,4	5,71	— 3,8
— 3,0	— 1,9	2,86	+ 3,8
— 0,1	+ 19,5	1,30	8,8
+ 2,9	39,8	1,81	13,8
5,8	60,2	3,20	19,0
8,7	78,4	5,62	23,1
11,7	93,5	9,80	26,7
13,1	97,3	13,9	30,2
14,7	94,8	19,2	32,8

Zahlentafel 65.

Profil Nr. 592.

α	$100\,c_a$	$100\,c_w$	$100\,c_m$
— 9,0°	5,6	8,51	8,1
— 6,1	17,9	5,63	16,1
— 4,6	29,6	3,31	21,8
— 3,1	40,4	2,51	25,2
— 0,2	60,0	3,60	30,1
+ 2,7	80,7	5,55	35,6
5,6	100,3	7,90	40,7
8,6	119,0	11,1	45,3
11,5	133,5	14,5	48,8
14,5	142,0	18,5	50,9
17,5	144,7	21,9	51,0
20,5	144,4	26,8	51,8

| Zahlentafel 66. | | | | Zahlentafel 67. | | | |
| Profil Nr. 593. | | | | Profil Nr. 595. | | | |
α	$100\,c_a$	$100\,c_w$	$100\,c_m$	α	$100\,c_a$	$100\,c_w$	$100\,c_m$
— 8,9°	— 18,5	2,79	4,2	— 8,9°	— 28,9	6,41	— 2,07
— 6,0	0,0	1,33	8,5	— 6,0	— 8,1	1,60	+ 5,2
— 3,1	+ 20,1	1,34	13,2	— 3,0	+ 10,5	1,05	9,1
— 0,1	40,1	2,04	17,8	— 0,1	29,5	1,27	13,4
+ 2,8	59,8	3,36	22,6	+ 1,4	40,4	1,83	16,0
5,7	79,5	5,32	27,4	2,8	49,6	2,46	18,5
8,6	97,5	7,87	31,9	5,7	69,5	4,28	23,4
11,6	114,3	10,9	35,8	8,7	86,5	6,42	27,9
14,6	122,3	14,1	37,4	11,6	99,0	9,23	29,4
16,1	122,6	16,7	38,8	13,1	101,8	10,9	30,7
17,6	122,2	19,8	39,6	14,6	98,3	16,6	29,6

3. Messungen von Joukowsky-Profilen.[1])

Die Versuchsreihe mit den Joukowsky-Profilen (J-Profilen) hatte den doppelten Zweck, einmal die durch die Luftreibung erzeugten Abweichungen der wirklichen Strömung von der reibungslösen theoretischen Strömung systematisch zu untersuchen, und dann auch unabhängig von der Theorie Messungen an einer vollständigen Serie von Profilen zu bekommen, bei welchen unter Beibehaltung des allgemeinen Formcharakters die Dicke und die Wölbung weitgehend verändert sind.

Die untersuchten Flügel waren sämtlich Normalflügel (Rechteck 100 × 20 cm). Sie wurden bei 15 m/s und 30 m/s Windgeschwindigkeit gemessen, damit auch der Kennwerteinfluß einigermaßen festgestellt werden konnte; es ergab sich übrigens gerade in letzterer Beziehung ein noch nicht völlig geklärtes Übereinandergreifen verschiedener Erscheinungen.

Im Rahmen dieser Versuchsreihe wurden auch die schon früher untersuchten J-Profile (vgl. I. Lieferung, Nr. IV, 5) noch einmal gemessen. Die Messungen haben sich insgesamt über einen Zeitraum von mehreren Jahren erstreckt; sie konnten meist nur vereinzelt von Zeit zu Zeit zwischen die laufenden Arbeiten eingeschoben werden. Es waren darum geringe Abweichungen bei den einzelnen Versuchen unvermeidbar, die teils auf die Modellherstellung, teils auf die Messungen selbst zurückgehen. Kleine Unterschiede in den Ergebnissen gegenüber den entsprechenden der I. Lieferung erklären sich durch dieselben Ursachen. Hier kommt noch der Einfluß einer Änderung der Aufhängung (vgl. Nr. III, 2, S. 33) dazu, der etwas auf die Luftströmung am Profil einwirkte. Im übrigen wurde neuerdings mehr Wert darauf gelegt, in der Nähe des unteren Abreißwinkels durch Vergrößern des negativen Anstellwinkels ohne Abstellen des Windes möglichst lange ein Anliegen der Strömung zu erhalten, wie das schon früher bei dem oberen Abreißpunkt üblich war. Bei Profil Nr. 580 sind in die Polarkurve außer den auf diese Weise gewonnenen Punkten auch diejenigen eingetragen, die von größeren negativen Anstellwinkeln kommend erhalten wurden, bei denen die Strömung bereits abgerissen war (in der Abbildung durch entsprechende Pfeile angedeutet). Bei drei Profilen (538 bis 540) erfolgte die Messung in dem oberen Abreißgebiet außer in der üblichen Weise unter Vergrößerung der Anstellwinkel im Winde auch rückwärts nach dem Abreißen der Strömung von größeren Anstellwinkeln kommend. In den Diagrammen sind in diesem Gebiet beide Kurven eingetragen und wieder durch entsprechende Pfeile gekennzeichnet. Außer den gemessenen Polaren und der Parabel des induzierten Widerstandes, der theoretischen „Polaren", sind in den Abbildungen S. 60 bis 67 auch noch die theoretisch gewonnenen Momentenlinien mit eingezeichnet; die zahlenmäßige Wiedergabe der Messungsergebnisse folgt in den Tafeln 68 bis 97 (S. 68 bis 77). Will man die Abhängigkeit des Auftriebs vom Anstellwinkel in der Theorie und im Versuch vergleichen, so muß man natürlich noch nach der üblichen Methode der Tragflügeltheorie[2]) die Versuchswerte auf das Seitenverhältnis 1 : ∞ oder die theoretischen Werte auf 1 : 5 umrechnen.

---

[1]) Siehe auch Abschnitt I, 4: „Theoretisches über die Joukowsky-Profile".
[2]) s. I. Lieferung der „Ergebnisse", S. 37.

a) Polar- und Momentenkurven.

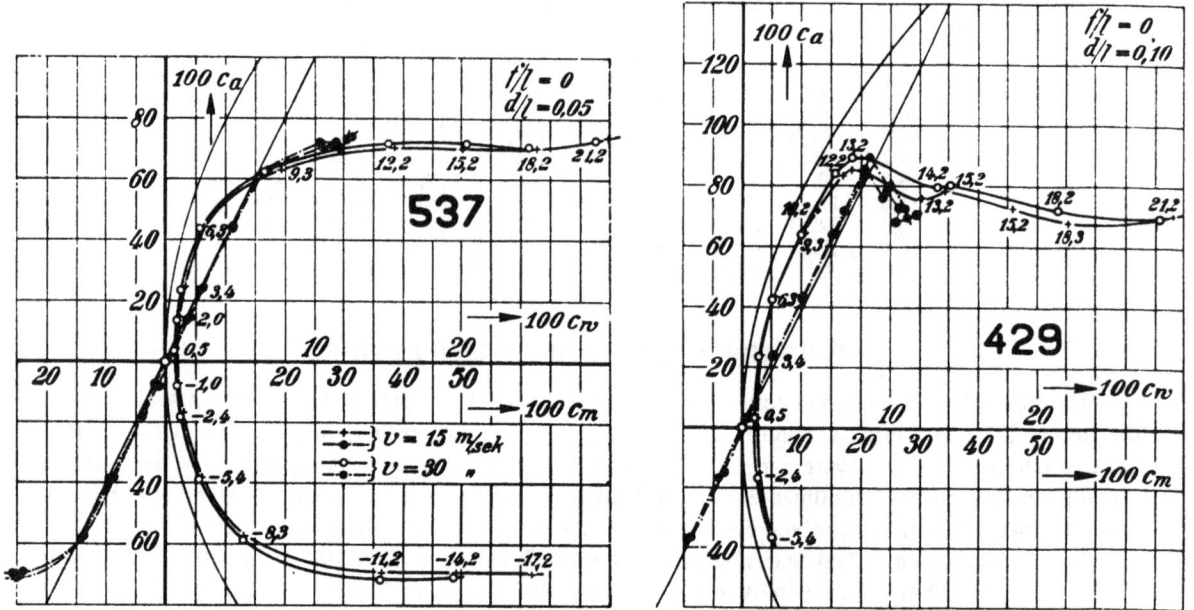

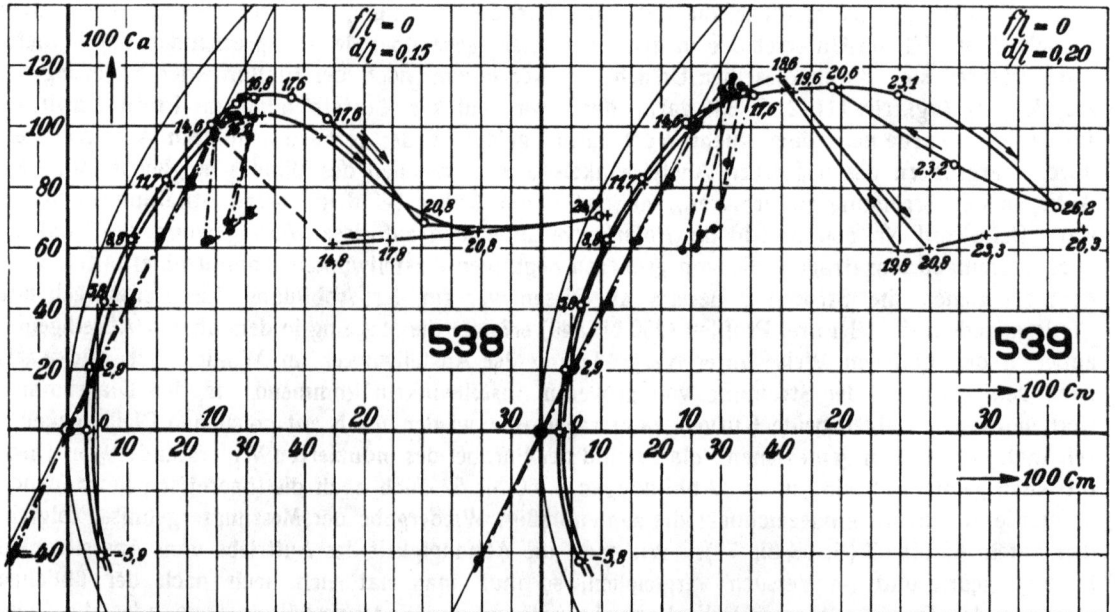

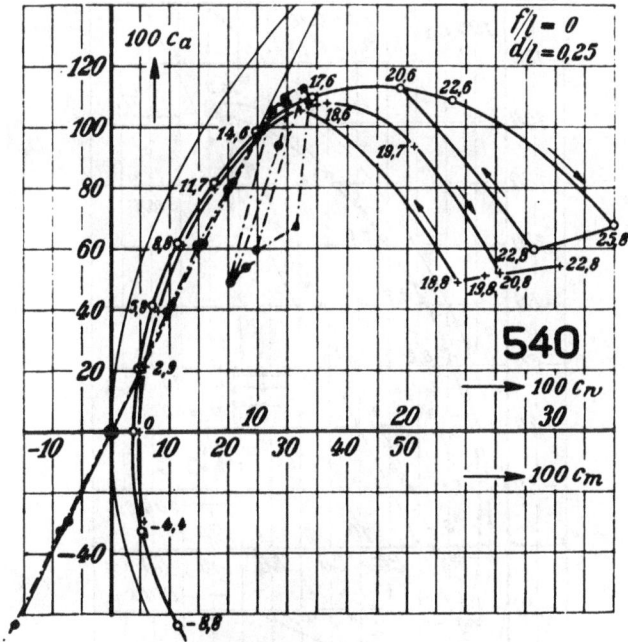

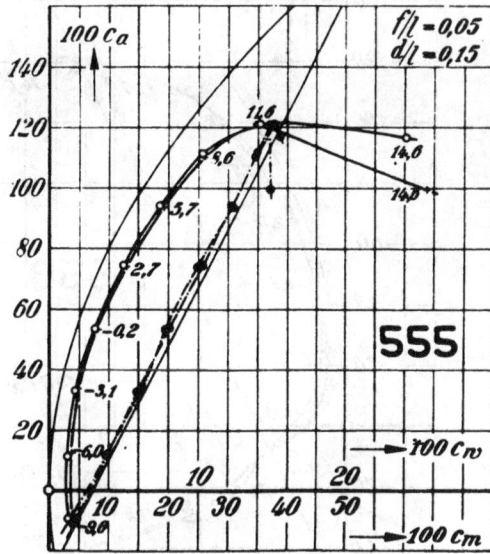

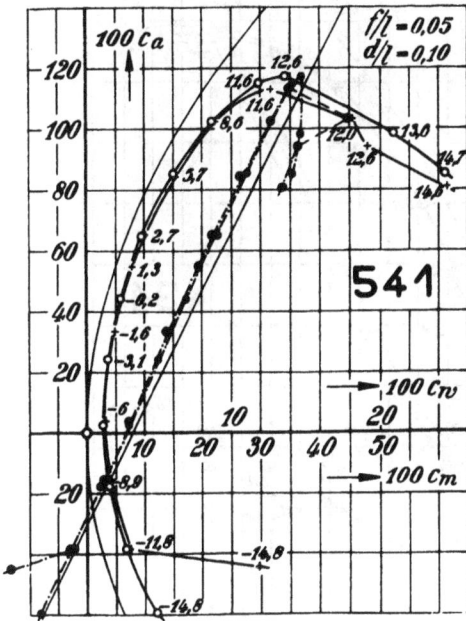

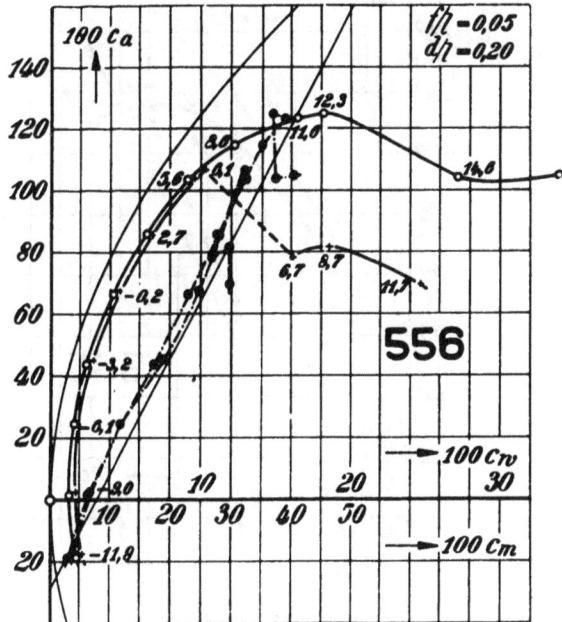

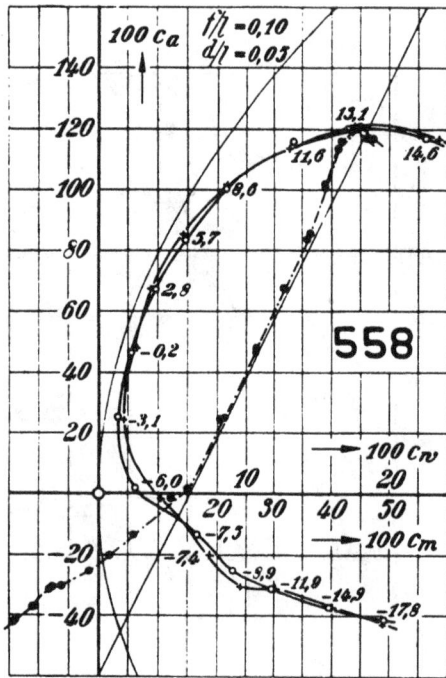

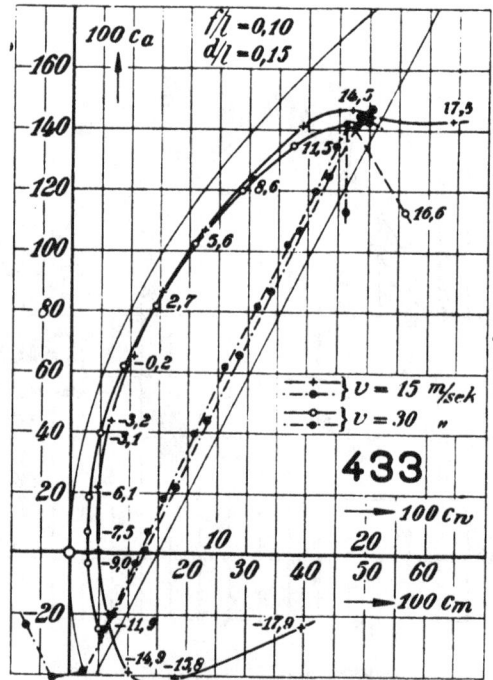

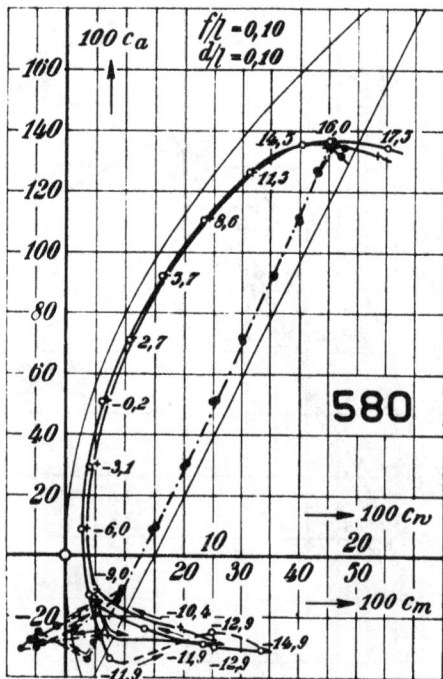

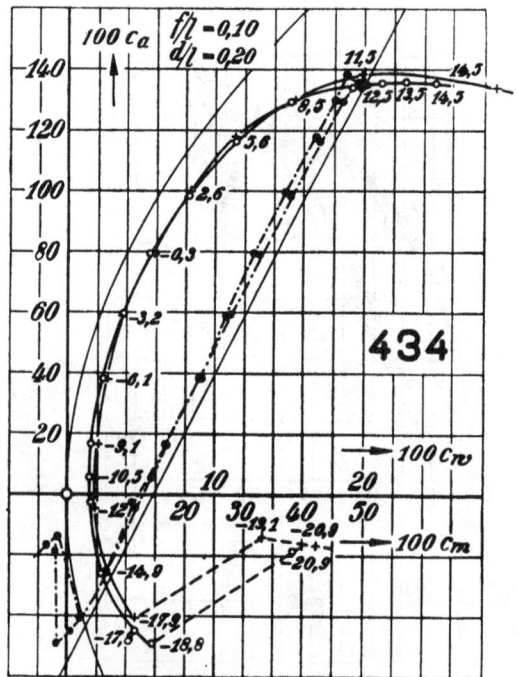

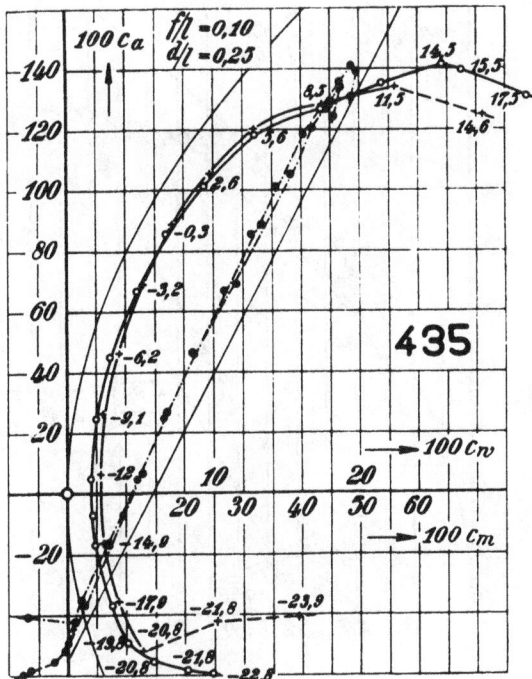

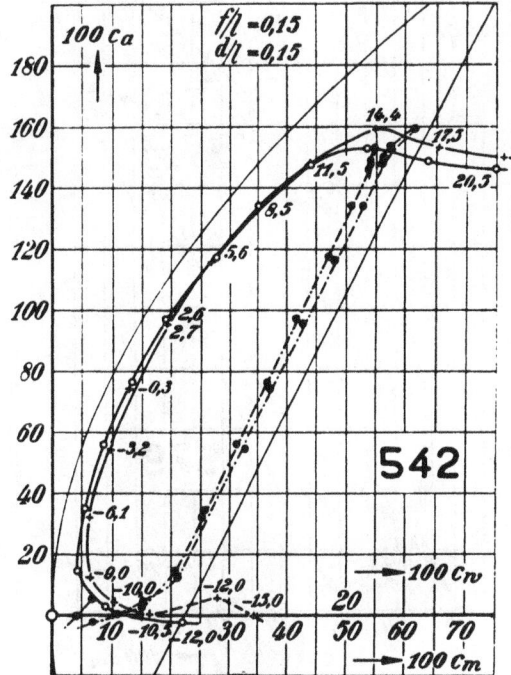

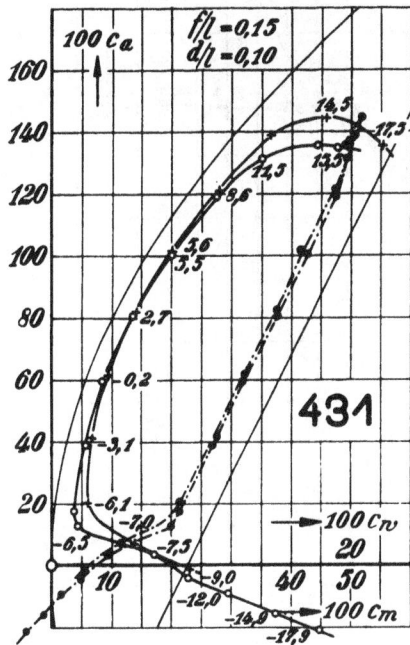

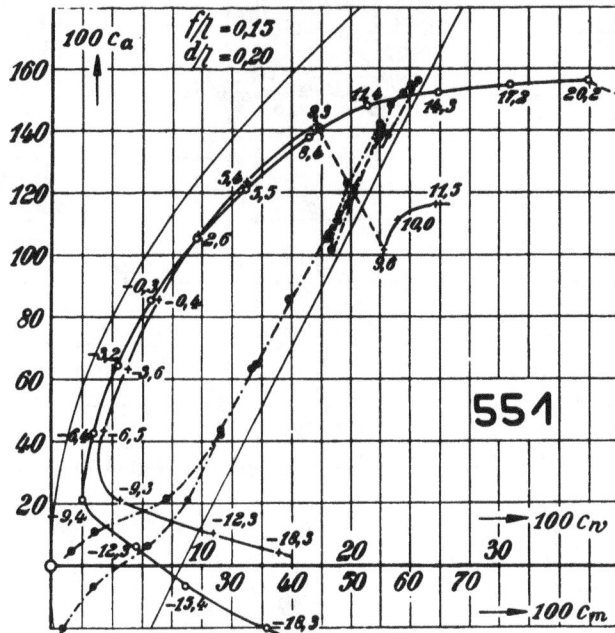

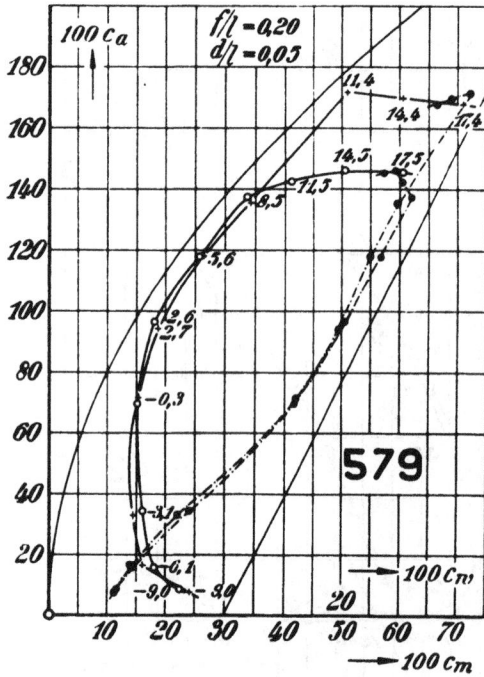

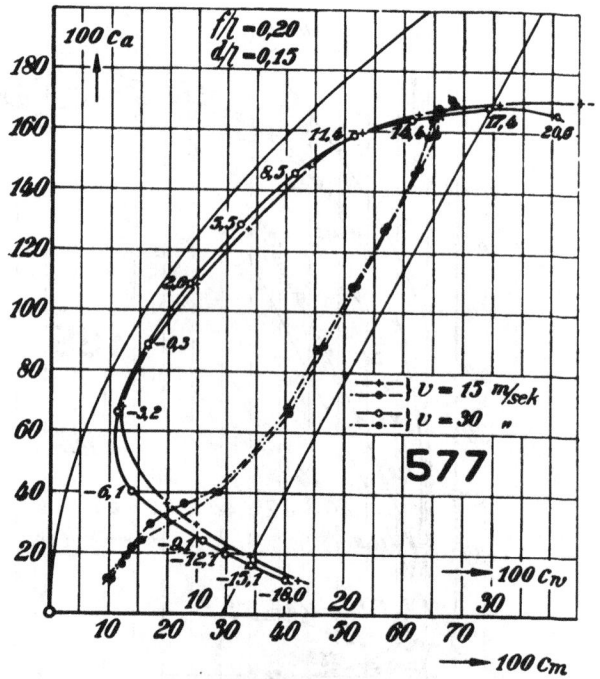

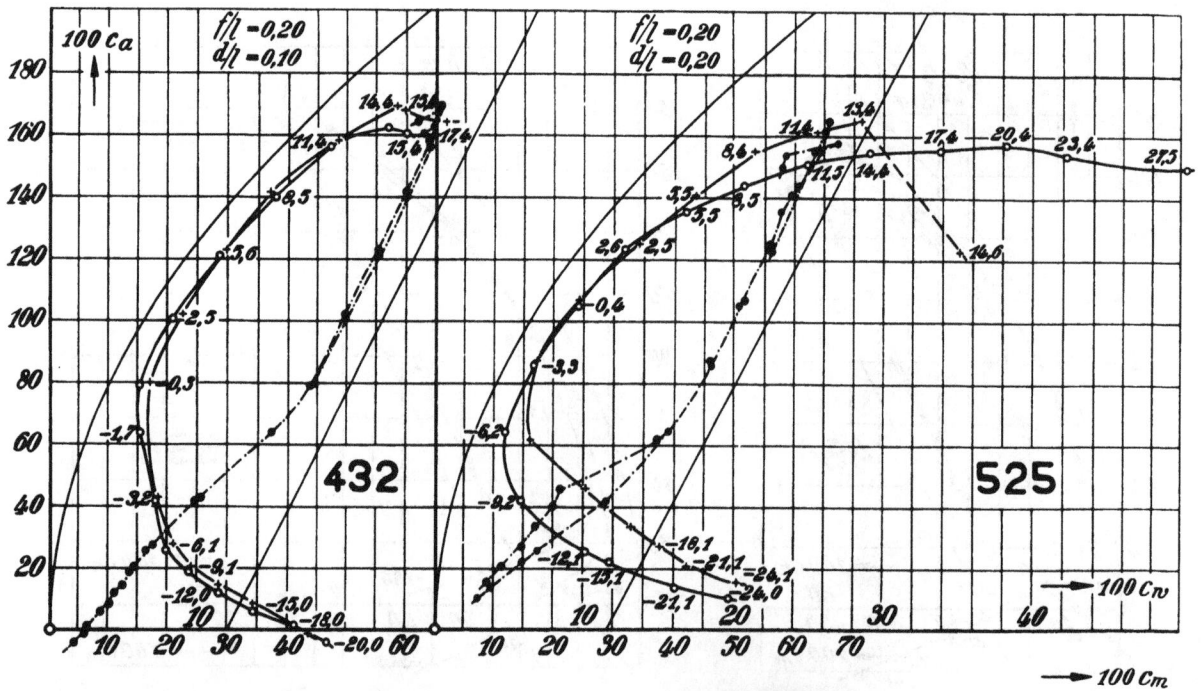

$f/t = 0,20$
$d/t = 0,03$

579

$f/t = 0,20$
$d/t = 0,15$

$v = 15$ m/sek
$v = 30$ „

577

$f/t = 0,20$
$d/t = 0,10$

432

$f/t = 0,20$
$d/t = 0,20$

525

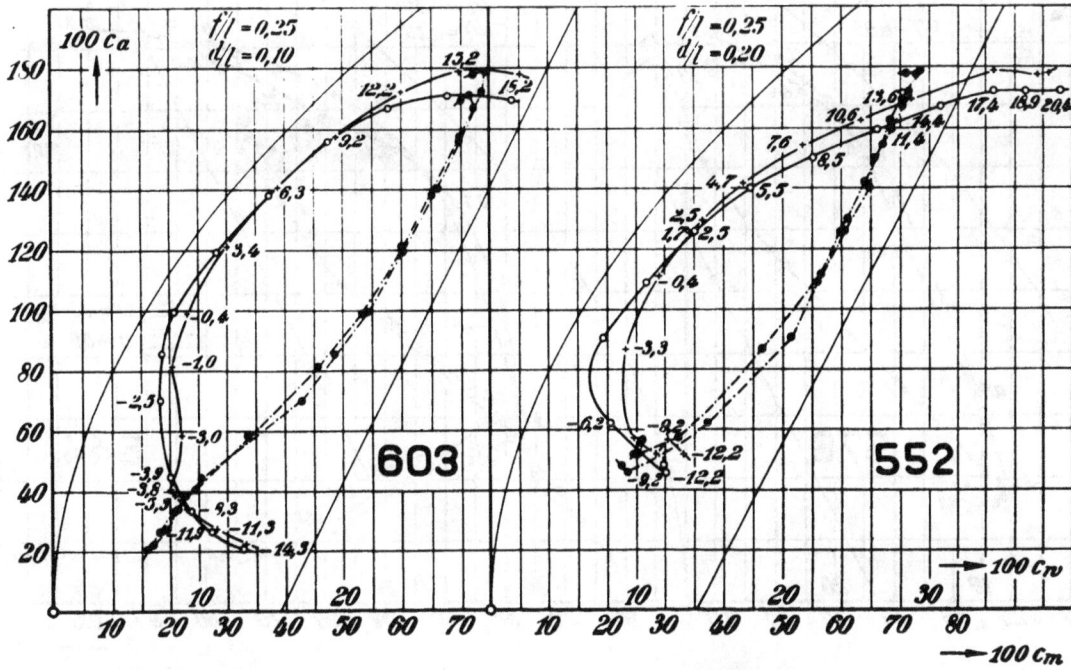

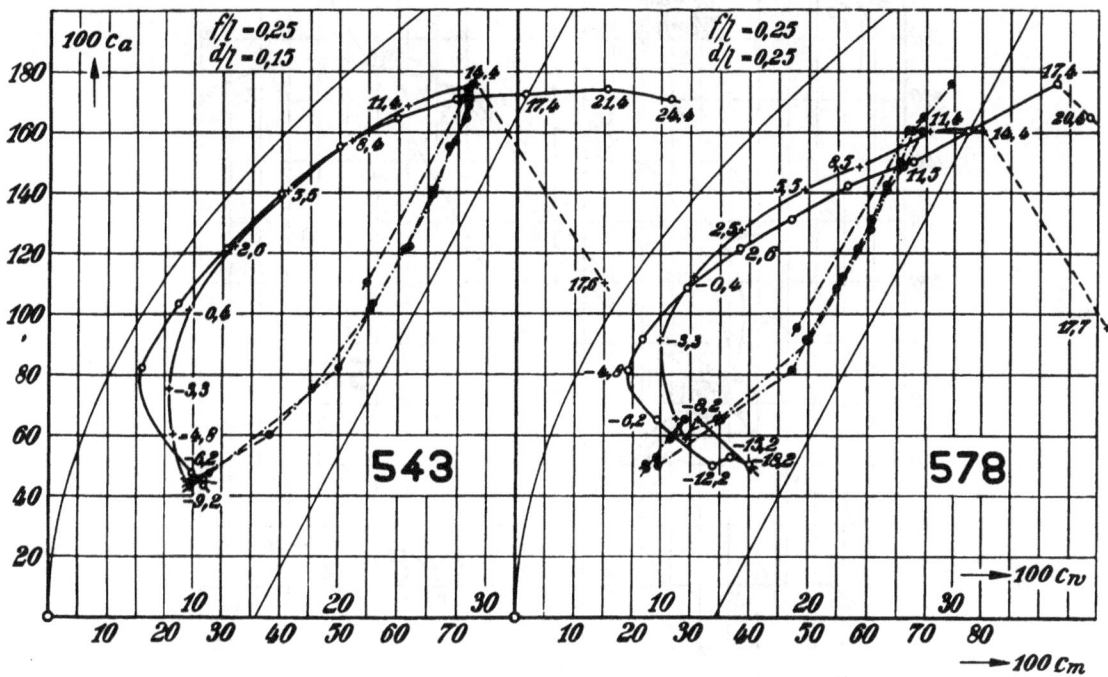

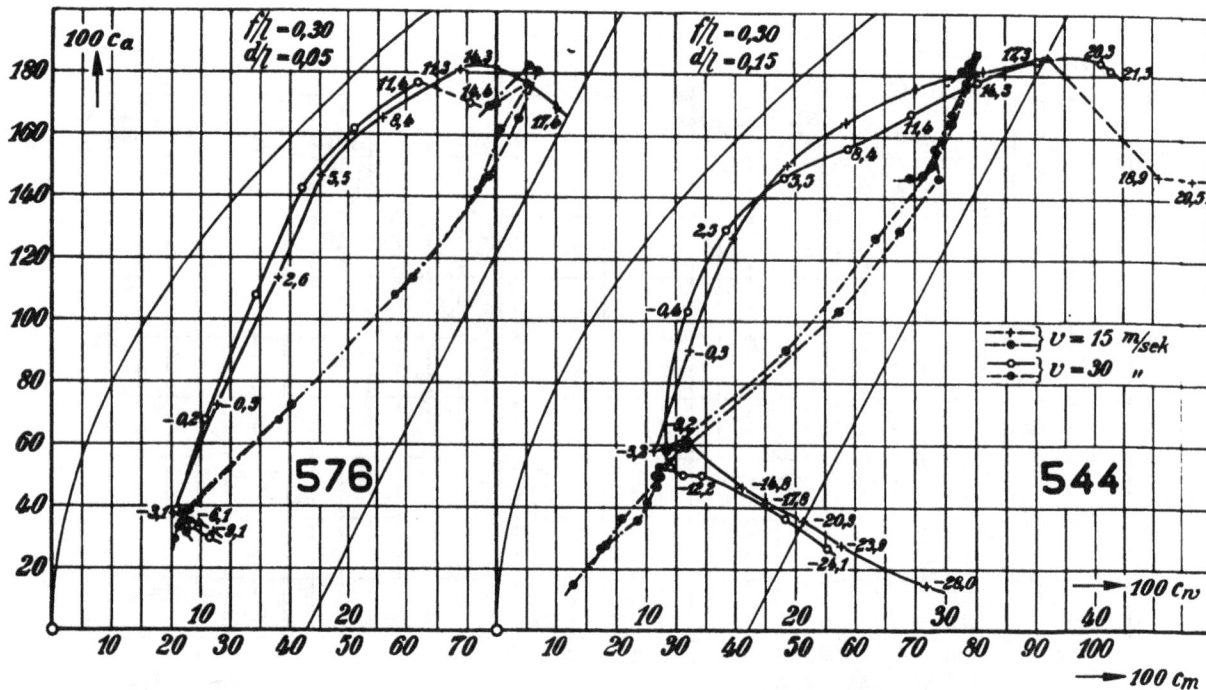

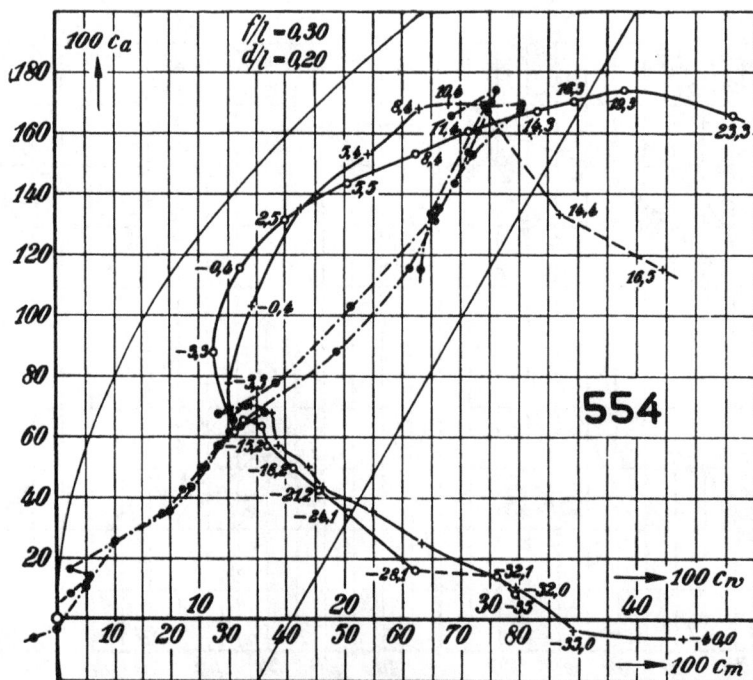

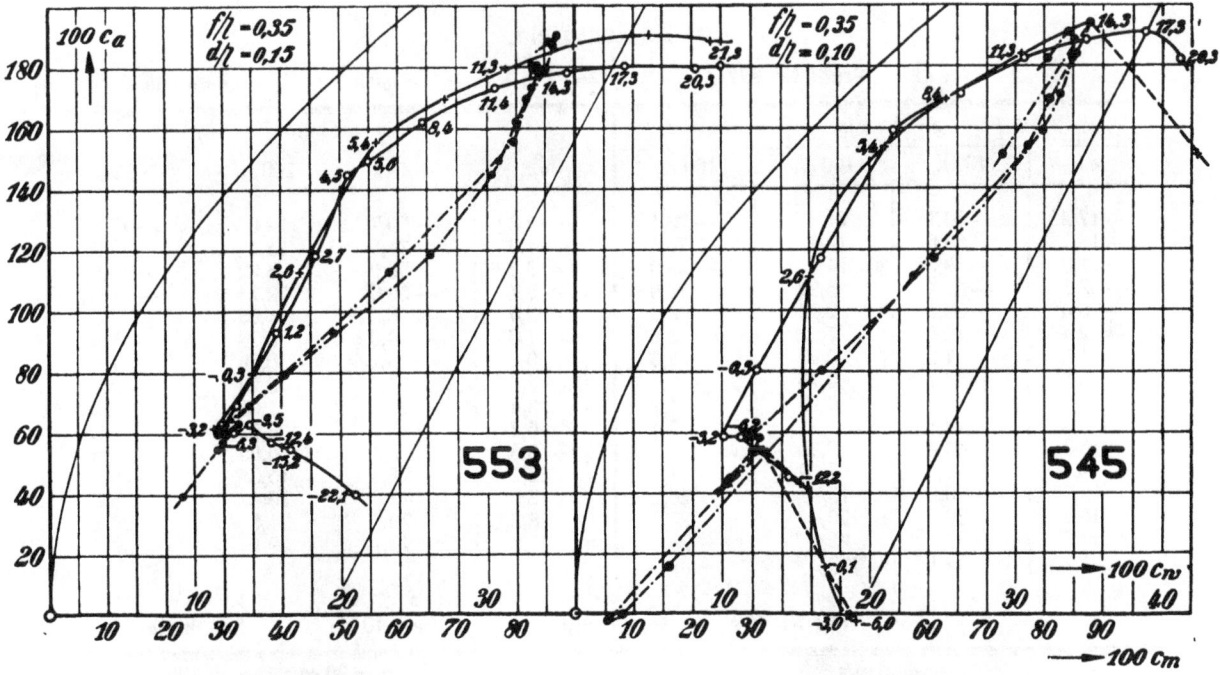

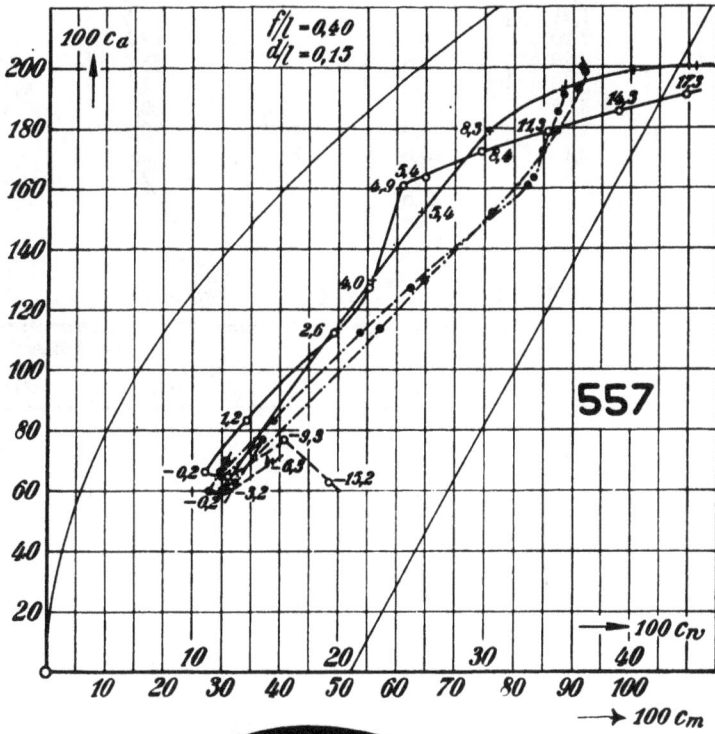

b) Zahlentafeln.

Profil Nr. 537 $f/l = 0$ $d/l = 0,05$ Zahlentafel 68.

	$v = 15$ m/s				$v = 30$ m/s		
α	$100\,c_a$	$100\,c_w$	$100\,c_m$	α	$100\,c_a$	$100\,c_w$	$100\,c_m$
— 17,2°	— 69,7	24,8	— 28,1	— 14,2°	— 70,7	19,6	— 27,1
— 14,2	— 69,0	19,7	— 26,4	— 11,2	— 71,6	14,5	— 23,8
— 11,2	— 69,3	14,6	— 23,9	— 8,3	— 58,9	5,22	— 14,2
— 8,3	— 57,4	5,24	— 13,9	— 5,4	— 39,0	2,24	— 9,3
— 5,4	— 38,3	2,24	— 8,7	— 2,4	— 18,5	1,05	— 3,9
— 2,4	— 16,9	1,21	— 3,6	— 1,0	— 8,02	0,78	— 1,2
— 1,0	— 7,5	0,90	— 1,8	+ 0,5	+ 3,22	0,68	+ 1,4
+ 0,5	+ 4,1	0,76	+ 1,5	2,0	13,3	0,78	3,7
2,0	14,3	0,93	4,2	3,4	23,3	1,06	5,9
3,4	24,1	1,31	6,4	6,3	43,6	2,32	11,3
6,3	44,4	2,55	11,3	9,3	62,5	6,65	16,6
9,3	63,0	7,68	17,0	12,2	72,0	15,0	25,9
12,2	70,5	15,4	26,2	13,2	72,0	20,4	28,8
15,2	70,0	20,1	27,7	18,2	70,7	24,6	29,2
18,2	70,3	25,1	28,8	21,2	73,1	29,1	30,7
21,2	74,1	29,9	31,3				

Profil Nr. 429 $f/l = 0$ $d/l = 0,10$ Zahlentafel 69.

	$v = 15$ m/s				$v = 30$ m/s		
α	$100\,c_a$	$100\,c_w$	$100\,c_m$	α	$106\,c_a$	$100\,c_w$	$100\,c_m$
— 5,4°	— 37,0	2,02	— 9,3	— 5,4°	— 36,5	2,03	— 8,8
— 2,4	— 14,8	1,20	— 3,0	— 2,4	— 16,6	1,08	— 4,1
— 0,5	+ 3,4	0,94	+ 1,2	— 0,5	+ 3,4	0,84	+ 0,4
+ 3,4	23,8	1,21	5,1	+ 3,4	23,5	1,15	5,1
6,3	43,2	2,20	10,4	6,3	42,2	2,08	10,2
9,3	64,7	4,28	15,6	9,3	63,8	3,98	15,0
10,2	71,9	5,06	17,2	12,2	84,2	6,20	20,2
12,2	83,5	6,76	20,2	13,2	89,5	7,37	21,5
12,7	85,5	7,28	20,5	14,2	79,6	13,2	24,7
13,2	76,4	12,1	23,6	15,2	80,4	14,1	25,0
14,2	78,3	13,7	24,3	18,2	72,3	21,4	27,5
15,2	72,9	18,3	26,5	21,2	69,8	28,2	27,7
18,3	68,1	22,1	25,8				
21,2	70,6	29,2	29,3				

Profil Nr. 538 $f/l = 0$ $d/l = 0,15$ Zahlentafel 70.

	$v = 15$ m/s				$v = 30$ m/s		
α	$100\,c_a$	$100\,c_w$	$100\,c_m$	α	$100\,c_a$	$100\,c_w$	$100\,c_m$
— 5,9°	— 40,7	2,50	— 9,0	— 5,9°	— 41,2	2,25	— 9,7
0,0	0,0	1,78	+ 3,7	0,0	0,0	1,26	+ 0,9
+ 2,9	+ 20,3	1,91	4,8	+ 2,9	+ 21,0	1,49	5,3
5,8	41,7	3,04	10,5	5,8	42,3	2,50	10,9
8,8	63,0	4,54	15,9	8,8	62,7	4,24	16,1
11,7	80,3	6,99	20,9	11,7	82,5	6,65	20,7
14,6	97,9	9,87	24,9	14,6	100,6	9,69	26,0
16,1	103,1	12,1	27,7	16,1	107,2	11,3	28,3
16,8	103,8	13,0	28,1	16,8	109,5	12,4	29,1
17,6	96,3	17,1	30,6	17,6	109,3	15,1	31,2
20,8	65,5	27,7	27,3	20,8	68,3	24,1	26,8
24,7	71,7	36,4	30,6	24,7	70,8	35,8	30,7

rückwärts

20,8	65,5	27,7	27,3	20,8	68,3	24,1	26,8
17,8	62,6	21,8	24,0	17,6	102,3	17,5	31,3
14,8	61,8	17,9	23,2				

Profil Nr. 539 $f/l = 0$ $d/l = 0,20$ Zahlentafel 71.

	$v = 15$ m/s				$v = 30$ m/s		
α	$100\,c_a$	$100\,c_w$	$100\,c_m$	α	$100\,c_a$	$100\,c_w$	$100\,c_m$
— 5,8°	— 42,0	2,87	— 10,2	— 5,8°	— 42,4	2,57	— 10,7
0,0	0,0	1,61	0,0	0,0	0,0	1,29	+ 0,2
+ 2,9	+ 21,1	2,02	+ 5,8	+ 2,9	+ 20,3	1,64	5,3
5,8	41,8	2,97	11,3	5,9	41,5	2,71	10,9
8,8	62,4	4,64	15,5	8,8	63,0	4,41	16,3
11,7	81,3	6,94	21,4	11,7	83,2	6,77	21,7
14,6	99,6	9,91	25,8	14,6	101,3	9,65	26,3
17,6	112,3	13,8	30,1	17,6	110,5	14,2	30,7
18,6	116,6	15,9	32,1	20,6	113,1	19,4	33,5
19,6	111,5	16,8	32,0	23,1	111,1	23,9	34,7
20,8	60,5	26,0	26,0	26,2	74,4	34,6	30,0
23,3	65,0	29,8	26,7				
26,3	66,9	36,4	28,9				

rückwärts

19,8	59,7	23,9	23,6	23,2	88,1	27,7	31,2

Profil Nr. 540 $f/l = 0$ $d/l = 0,25$ Zahlentafel 72.

	$v = 15$ m/s				$v = 30$ m/s		
α	$100\,c_a$	$100\,c_w$	$100\,c_m$	α	$100\,c_a$	$100\,c_w$	$100\,c_m$
— 4,4°	— 29,0	2,28	— 7,4	— 8,8°	— 63,5	4,51	— 16,3
0,0	0,0	1,93	0,0	— 4,4	— 32,3	2,10	— 8,6
+ 2,9	+ 21,3	2,30	+ 5,2	0,0	+ 0,1	1,54	+ 0,1
5,9	39,8	3,24	9,7	+ 2,9	20,8	1,86	5,1
8,8	61,7	4,89	14,9	5,8	41,5	2,83	10,5
11,7	79,5	7,16	20,0	8,8	62,0	4,57	16,0
14,6	96,9	10,0	24,8	11,7	81,7	7,10	20,8
17,6	105,1	12,9	27,6	14,6	98,5	9,91	25,8
18,6	107,9	14,7	30,0	17,6	109,8	13,7	29,8
19,7	93,8	20,5	28,7	20,6	112,6	19,6	32,8
20,8	51,9	26,3	21,2	22,6	108,2	23,1	33,8
22,8	54,0	30,4	23,0	25,8	67,3	34,0	31,6

rückwärts

19,8	51,2	25,3	21,2	22,8	59,5	28,6	24,9
18,8	49,0	23,5	20,5				

Profil Nr. 541 $f/l = 0,05$ $d/l = 0,10$ Zahlentafel 73.

	$v = 15$ m/s				$v = 30$ m/s		
α	$100\,c_a$	$100\,c_w$	$100\,c_m$	α	$100\,c_a$	$100\,c_w$	$100\,c_m$
— 14,8°	— 44,7	11,9	— 13,3	— 14,8°	— 59,5	4,78	— 8,3
— 11,8	— 38,6	2,93	— 2,9	— 11,9	— 38,3	2,62	— 2,3
— 9,0	— 15,6	1,63	+ 3,1	— 8,9	— 17,9	1,49	+ 2,3
— 6,0	+ 3,7	1,22	7,2	— 6,0	+ 2,6	1,11	7,1
— 3,1	27,1	1,53	16,4	— 3,1	24,3	1,41	12,4
— 1,6	33,4	1,91	13,8	— 1,6	34,0	1,78	14,8
— 0,2	45,9	2,42	18,4	— 0,2	44,2	2,28	17,2
+ 1,3	54,8	3,10	19,5	+ 1,3	54,1	2,97	19,7
2,7	65,4	4,02	21,8	2,8	64,8	3,79	22,7
5,7	84,7	6,12	26,5	5,7	85,4	6,02	27,7
8,6	102,4	8,95	31,6	8,6	102,2	8,70	31,9
11,6	112,3	12,4	33,4	11,6	114,9	11,9	35,4
12,0	103,0	18,2	34,8	12,6	117,2	13,7	36,8
12,6	94,0	19,2	36,2	13,6	98,1	20,9	36,6
14,6	80,2	24,6	33,6	14,7	85,0	24,5	35,2

Profil Nr. 555 $f/l = 0,05$ $d/l = 0,15$ Zahlentafel 74.

	$v = 15$ m/s				$v = 30$ m/s		
α	$100\,c_a$	$100\,c_w$	$100\,c_m$	α	$100\,c_a$	$100\,c_w$	$100\,c_m$
— 9,0°	— 8,4	1,57	3,8	— 9,0°	— 9,1	1,30	4,8
— 6,0	+ 12,3	1,50	10,2	— 6,0	+ 11,3	1,22	9,9
— 3,1	33,9	2,01	15,7	— 3,1	33,0	1,78	15,1
— 0,2	53,2	3,20	19,5	— 0,2	53,5	3,09	20,1
+ 2,7	74,2	5,27	25,0	+ 2,7	74,4	5,04	25,7
5,7	93,9	7,73	30,8	5,7	94,0	7,40	30,7
8,6	110,2	10,4	34,6	8,6	111,2	10,3	34,9
11,6	120,8	13,9	37,1	11,6	120,9	14,2	37,9
14,6	99,5	25,5	37,2	14,6	116,5	24,1	38,8

Profil Nr. 556 $f/l = 0,05$ $d/l = 0,20$ Zahlentafel 75.

	$v = 15$ m/s				$v = 30$ m/s		
α	$100\,c_a$	$100\,c_w$	$100\,c_m$	α	$100\,c_a$	$100\,c_w$	$100\,c_m$
— 11,9°	— 17,6	2,19	4,2	— 11,9°	— 18,9	1,80	3,0
— 9,0	+ 2,4	1,68	6,7	— 9,0	+ 1,6	1,33	6,4
— 6,1	24,6	1,85	11,7	— 6,1	24,1	1,64	12,0
— 3,2	45,2	2,89	18,8	— 3,2	43,8	2,45	17,3
— 0,2	67,7	4,68	24,6	— 0,2	66,1	4,20	22,9
+ 2,7	85,9	6,87	28,0	+ 2,7	85,8	6,41	27,6
5,6	104,0	9,56	32,1	5,6	103,4	9,14	32,3
6,1	106,6	10,3	32,1	8,6	114,3	12,2	35,1
6,7	78,1	16,1	26,9	11,6	123,0	16,4	38,8
8,7	81,6	18,5	29,6	12,3	124,5	18,1	37,0
11,7	69,9	24,7	29,6	14,6	103,8	27,2	37,4
				17,6	104,6	33,8	40,4

Profil Nr. 558 $f/l = 0,10$ $d/l = 0,05$ Zahlentafel 76.

	$v = 15$ m/s				$v = 30$ m/s		
α	$100\,c_a$	$100\,c_w$	$100\,c_m$	α	$100\,c_a$	$100\,c_w$	$100\,c_m$
— 17,8°	— 42,2	19,5	— 14,4	— 17,8°	— 42,0	19,6	— 14,0
— 14,9	— 37,2	15,9	— 10,8	— 14,9	— 37,7	15,8	— 10,6
— 11,9	— 31,2	12,0	— 7,8	— 11,9	— 31,8	11,9	— 8,0
— 8,9	— 30,8	9,58	— 6,3	— 8,9	— 25,8	9,05	— 1,6
— 7,4	— 20,3	7,45	+ 1,7	— 7,5	— 13,7	6,65	+ 5,9
— 6,0	— 1,5	4,19	12,1	— 6,0	+ 1,8	2,44	15,0
— 3,1	+ 24,1	1,68	20,6	— 3,1	25,0	1,39	21,2
— 0,2	47,8	2,59	27,0	— 0,2	46,2	2,23	26,8
+ 2,8	67,4	3,49	31,9	+ 2,8	67,1	3,83	32,0
5,7	85,2	5,66	36,4	5,7	83,5	5,88	35,8
8,6	101,3	8,75	38,9	8,6	100,3	8,73	38,9
11,6	113,5	13,1	41,0	11,6	115,7	13,4	41,7
13,1	120,6	17,5	44,8	13,1	120,0	17,2	43,8
14,6	116,5	23,3	47,2	14,6	116,7	22,5	46,0

Profil Nr. 580 $f/l = 0,10$ $d/l = 0,10$ Zahlentafel 77.

	$v = 15$ m/s				$v = 30$ m/s		
α	$100\,c_a$	$100\,c_w$	$100\,c_m$	α	$100\,c_a$	$100\,c_w$	$100\,c_m$
$-11,9^\circ$	$-28,0$	10,1	$-5,6$	$-12,9^\circ$	$-30,0$	10,1	$-4,3$
$-10,4$	$-23,6$	7,85	$-1,4$	$-11,9$	$-29,0$	9,42	$-3,8$
$-9,0$	$-11,4$	2,19	$+9,6$	$-10,4$	$-24,3$	5,40	$+1,6$
$-6,0$	$+9,0$	1,51	15,3	$-9,0$	$-13,3$	1,59	9,4
$-3,1$	30,1	2,15	20,6	$-6,0$	$+8,4$	1,18	14,8
$-0,2$	51,3	2,83	25,6	$-3,1$	29,0	1,61	20,0
$+2,7$	71,5	4,51	30,0	$-0,2$	50,6	2,58	24,9
5,7	92,3	6,71	35,6	$+2,7$	70,9	4,32	30,3
8,6	111,0	9,69	39,9	5,7	92,0	6,54	35,6
11,5	126,6	12,7	43,2	8,6	110,1	9,37	40,0
14,5	135,8	16,2	46,1	11,5	126,0	12,6	43,4
16,0	134,6	17,9	45,5	14,5	135,3	16,2	45,9
17,5	131,8	21,4	47,2	16,0	136,2	18,1	46,1
				17,5	134,0	22,1	47,7

Anstellwinkelvergrößerung im Winde

α	$100\,c_a$	$100\,c_w$	$100\,c_m$	α	$100\,c_a$	$100\,c_w$	$100\,c_m$
$-9,4$	$-14,8$	2,19	8,9	$-11,9$	$-34,2$	3,01	3,7
$-11,4$	$-26,3$	2,86	5,8	$-12,9$	$-25,2$	10,0	$-4,4$
$-12,4$	$-28,8$	10,1	$-4,6$	$-14,9$	$-31,3$	13,5	$-7,5$

Profil Nr. 433 $f/l = 0,10$ $d/l = 0,15$ Zahlentafel 78.

	$v = 15$ m/s				$v = 30$ m/s		
α	$100\,c_a$	$100\,c_w$	$100\,c_m$	α	$100\,c_a$	$100\,c_w$	$100\,c_m$
$-17,9^\circ$	$-24,0$	16,0	$-7,3$	$-11,9^\circ$	$-25,5$	2,01	6,0
$-15,8$	$-41,2$	7,31	$-2,9$	$-9,0$	$-3,5$	1,32	11,2
$-14,9$	$-39,1$	4,07	$+2,5$	$-7,5$	$+6,9$	1,23	13,5
$-11,9$	$-20,5$	2,69	7,4	$-6,1$	18,0	1,31	16,1
$-9,0$	$+0,8$	1,92	12,9	$-3,1$	39,2	2,03	21,2
$-6,1$	21,9	1,88	18,3	$-0,2$	61,5	3,66	26,4
$-3,2$	43,8	2,76	23,4	$+2,7$	81,6	5,83	31,7
$-0,2$	65,3	4,27	28,6	5,6	102,0	8,49	36,9
$+2,7$	86,2	6,20	34,0	8,6	119,6	11,6	41,4
5,6	106,7	9,12	38,8	11,5	134,1	15,1	44,9
8,5	124,3	12,2	43,6	14,5	141,6	18,9	46,8
11,5	141,0	15,7	48,1	16,6	112,8	22,5	46,5
13,5	146,2	18,9	50,8				
14,5	144,0	20,2	48,7				
17,5	142,7	25,7	50,4				

Profil Nr. 434 $f/l = 0,10$ $d/l = 0,20$ Zahlentafel 79.

	$v = 15$ m/s				$v = 30$ m/s		
α	$100\,c_a$	$100\,c_w$	$100\,c_m$	α	$100\,c_a$	$100\,c_w$	$100\,c_m$
$-20,9^\circ$	$-16,5$	17,0	$-3,4$	$-20,9^\circ$	$-18,2$	15,5	$-2,0$
$-19,1$	$-13,9$	13,4	$-1,3$	$-18,8$	$-49,0$	5,92	$-1,7$
$-17,9$	$-40,3$	4,63	$+2,3$	$-17,8$	$-45,0$	4,73	$+0,7$
$-14,9$	$-25,0$	2,77	7,4	$-14,9$	$-26,3$	2,37	6,5
$-12,0$	$-4,1$	1,93	11,9	$-12,0$	$-2,6$	1,69	11,7
$-9,1$	$+16,9$	2,13	17,1	$-10,5$	$+5,8$	1,58	14,3
$-6,1$	38,2	2,71	22,8	$-9,1$	16,9	1,67	17,1
$-3,2$	59,0	3,79	27,2	$-6,1$	38,1	2,42	22,5
$-0,3$	79,7	5,89	31,9	$-3,2$	59,4	3,78	28,0
$+2,6$	99,9	8,35	37,3	$-0,3$	79,4	5,63	33,0
5,6	118,0	11,4	42,4	$+2,6$	98,6	8,36	38,2
8,5	130,0	15,4	45,5	5,6	116,2	11,5	42,9
11,5	138,4	19,9	47,1	8,5	129,1	15,2	46,7
14,5	134,2	28,9	49,6	11,5	134,1	19,5	48,5
				12,5	135,8	21,3	49,2
				13,5	136,0	22,9	49,8
				14,5	135,1	24,9	50,2

Profil Nr. 435 $f/l = 0,10$ $d/l = 0,25$ Zahlentafel 80.

	$v = 15$ m/s				$v = 30$ m/s		
α	$100\,c_a$	$100\,c_w$	$100\,c_m$	α	$100\,c_a$	$100\,c_w$	$100\,c_m$
— 23,9°	— 41,0	15,8	— 6,6	— 22,8°	— 59,8	9,91	— 7,5
— 21,8	— 42,4	10,2	+ 1,3	— 21,8	— 58,4	8,23	— 6,1
— 20,8	— 52,0	5,17	— 0,2	— 20,8	— 55,7	5,94	— 2,3
— 17,9	— 35,6	3,53	+ 2,4	— 19,8	— 49,7	4,13	0
— 14,9	— 16,4	2,52	7,0	— 17,9	— 37,0	3,03	+ 3,0
— 12,0	+ 6,7	2,35	12,8	— 14,9	— 17,0	1,97	7,4
— 9,1	26,8	2,49	17,3	— 13,5	— 7,0	1,77	9,6
— 6,2	46,3	3,63	21,6	— 12,0	+ 4,8	1,65	12,2
— 3,2	69,0	5,30	29,2	— 9,1	24,7	2,02	16,7
— 0,3	88,6	7,22	33,3	— 6,2	45,4	3,06	21,9
+ 2,6	105,2	9,85	38,3	— 3,2	66,7	4,85	27,0
5,6	120,5	12,8	42,2	— 0,3	85,4	6,86	31,6
8,5	128,0	17,5	45,2	+ 2,6	101,2	9,43	35,8
11,5	134,0	22,5	47,2	5,6	118,2	12,9	40,6
14,6	124,6	28,5	45,9	8,5	126,4	17,5	44,1
				11,5	135,1	21,6	47,0
				14,5	141,0	25,7	48,9
				15,5	139,0	27,1	49,7
				17,5	130,6	31,6	48,8

Profil Nr. 431 $f/l = 0,15$ $d/l = 0,10$ Zahlentafel 81.

	$v = 15$ m/s				$v = 30$ m/s		
α	$100\,c_a$	$100\,c_w$	$100\,c_m$	α	$100\,c_a$	$100\,c_w$	$100\,c_m$
— 9,0°	— 1,4	9,21	5,6	— 17,9°	— 21,1	18,3	— 4,5
— 7,0	+ 7,1	5,50	11,7	— 14,9	— 15,9	15,0	— 1,5
— 6,1	20,1	2,47	21,5	— 12,0	— 9,1	11,9	+ 1,5
— 3,1	41,3	2,77	27,8	— 9,0	— 4,4	9,18	4,9
— 0,2	61,4	3,77	32,5	— 7,5	+ 3,4	6,87	9,4
+ 2,7	82,0	5,67	37,7	— 6,5	12,9	1,73	20,0
5,6	101,3	8,08	41,7	— 6,1	17,5	1,53	21,5
8,6	121,3	11,2	47,6	— 3,1	38,8	2,17	27,0
11,5	138,7	14,7	50,9	— 0,2	59,6	3,41	32,2
14,5	144,2	18,4	52,1	+ 2,7	80,9	5,45	37,9
17,5	135,2	22,2	49,3	5,5	100,3	8,01	42,8
				8,6	119,0	11,1	47,7
				11,5	131,2	14,1	49,5
				14,5	135,3	17,8	49,8
				15,5	134,8	19,2	49,7

Profil Nr. 542 $f/l = 0,15$ $d/l = 0,15$ Zahlentafel 82.

	$v = 15$ m/s				$v = 30$ m/s		
α	$100\,c_a$	$100\,c_w$	$100\,c_m$	α	$100\,c_a$	$100\,c_w$	$100\,c_m$
— 15,0°	— 0,3	13,7	4,1	— 12,0°	— 2,1	8,85	6,8
— 12,0	+ 5,4	11,2	6,8	— 10,5	+ 3,0	3,61	15,1
— 10,5	0,7	6,52	10,9	— 9,1	14,5	1,73	20,8
— 10,0	4,1	4,47	15,4	— 6,1	35,0	2,25	25,9
— 9,0	12,4	2,55	21,2	— 3,2	56,3	3,49	31,3
— 6,1	32,4	2,48	25,4	— 0,3	76,6	5,30	36,6
— 3,2	54,9	3,90	32,7	+ 2,6	97,2	7,66	41,5
— 0,3	74,7	5,14	37,0	5,6	117,3	11,1	47,0
+ 2,7	95,5	7,73	42,6	8,5	134,2	14,0	50,9
5,6	116,5	10,7	47,8	11,5	147,4	17,6	54,1
8,5	134,0	14,0	52,8	14,4	153,0	21,4	54,8
11,5	148,0	17,5	56,3	17,5	148,7	25,5	54,1
14,4	159,2	22,0	61,6	20,5	146,0	30,0	54,1
17,4	153,2	26,2	57,6				
20,5	150,0	30,5	56,6				

Profil Nr. 551 $f/l = 0,15$ $d/l = 0,20$ Zahlentafel 83.

	$v = 15$ m/s				$v = 30$ m/s		
α	$100\,c_a$	$100\,c_w$	$100\,c_m$	α	$100\,c_a$	$100\,c_w$	$100\,c_m$
− 18,3°	4,2	15,2	3,4	− 18,3°	− 20,0	14,4	2,0
− 12,3	10,7	10,8	7,4	− 15,4	− 6,9	9,05	7,1
− 9,3	21,1	4,50	19,4	− 12,3	+ 6,3	5,74	16,1
− 6,5	43,4	3,46	28,3	− 9,4	21,1	2,05	22,8
− 3,6	63,7	5,05	33,5	− 6,4	42,5	2,86	28,4
− 2,1	74,4	5,80	37,5	− 3,2	64,8	4,45	34,2
− 0,4	85,8	7,15	39,8	− 0,3	85,1	6,61	39,7
+ 2,6	106,5	9,75	46,3	+ 2,6	105,2	9,70	46,0
5,4	123,4	13,0	49,5	5,5	121,5	13,0	50,6
8,4	139,7	16,8	54,5	8,4	138,0	17,2	55,0
9,3	142,3	17,7	55,1	11,4	148,2	21,2	57,0
9,6	101,5	22,3	46,7	14,3	152,5	26,0	59,0
10,0	111,2	23,2	47,8	17,2	155,2	30,9	60,4
11,5	116,3	25,8	49,6	20,2	156,5	36,0	61,5
				21,2	137,7	44,5	59,1

Profil Nr. 579 $f/l = 0,20$ $d/l = 0,05$ Zahlentafel 84.

	$v = 15$ m/s				$v = 30$ m/s		
α	$100\,c_a$	$100\,c_w$	$100\,c_m$	α	$100\,c_a$	$100\,c_w$	$100\,c_m$
− 9,0°	7,3	9,62	11,2	− 9,0°	8,6	9,00	11,5
− 6,1	16,5	6,44	14,0	− 6,1	15,5	7,26	14,3
− 3,1	33,0	5,74	22,1	− 3,1	34,1	6,41	24,2
− 0,3	71,4	6,19	40,8	− 0,3	69,5	6,04	41,7
+ 2,7	94,0	7,52	49,5	+ 2,6	96,5	7,31	50,6
5,6	117,8	10,6	55,0	5,6	117,9	10,3	56,8
8,5	135,0	13,7	59,6	8,5	137,1	13,5	62,0
11,4	171,6	20,4	72,4	11,5	142,0	16,5	60,5
14,4	169,9	24,2	69,1	14,5	145,9	20,2	59,4
17,4	168,0	28,4	66,3	17,5	145,1	24,2	57,3
20,4	150,2	45,3	68,0				

Profil Nr. 432 $f/l = 0,20$ $d/l = 0,10$ Zahlentafel 85.

	$v = 15$ m/s				$v = 30$ m/s		
α	$100\,c_a$	$100\,c_w$	$100\,c_m$	α	$100\,c_a$	$100\,c_w$	$100\,c_m$
− 18,0°	− 1,2	17,3	5,9	− 20,0°	− 4,2	18,6	4,0
− 15,0	+ 8,1	13,6	10,0	− 18,0	+ 1,2	16,3	6,1
− 12,1	14,3	11,3	12,3	− 15,0	5,9	13,6	8,4
− 9,1	20,3	9,45	14,1	− 12,0	11,9	11,3	10,8
− 6,1	27,3	8,30	17,4	− 9,1	18,4	9,32	13,4
− 3,2	42,4	7,26	25,3	− 6,1	25,6	7,80	16,2
− 0,3	79,8	6,69	44,3	− 3,2	41,6	7,03	24,3
+ 2,6	101,8	8,94	49,7	− 1,7	63,8	6,01	37,2
5,6	122,6	11,8	55,2	− 0,3	78,7	6,00	43,5
8,5	141,3	15,5	60,0	+ 2,5	100,2	8,27	49,6
11,4	157,8	19,4	63,8	5,6	120,9	11,4	55,5
14,4	169,0	23,4	66,0	8,5	139,3	15,1	60,0
15,4	167,7	23,9	65,5	11,4	155,8	18,9	64,0
17,4	164,0	26,7	62,0	14,4	162,0	22,8	64,6
				15,4	160,0	24,0	63,0

Profil Nr. 577　　　　$f/l = 0,20$　　　　$d/l = 0,15$　　　　Zahlentafel 86.

	$v = 15$ m/s				$v = 30$ m/s		
α	$100\,c_a$	$100\,c_w$	$100\,c_m$	α	$100\,c_a$	$100\,c_w$	$100\,c_m$
$-$ 18,0°	11,4	16,9	10,4	$-$ 18,0°	11,3	16,0	9,5
$-$ 15,1	19,0	13,6	12,9	$-$ 15,1	16,1	13,7	12,1
$-$ 12,1	21,9	11,9	13,7	$-$ 12,1	19,4	11,9	13,1
$-$ 9,1	29,8	9,95	17,0	$-$ 9,1	24,1	10,4	15,7
$-$ 6,1	36,4	7,88	22,7	$-$ 6,1	40,1	5,49	28,7
$-$ 3,2	68,1	4,85	40,3	$-$ 3,2	66,7	4,55	40,7
$-$ 0,3	87,7	6,61	45,5	$-$ 0,3	88,9	6,58	46,7
$+$ 2,6	108,8	9,95	51,3	$+$ 2,6	109,0	9,41	52,0
5,5	127,4	13,4	56,6	5,5	128,7	12,9	57,2
8,5	148,0	17,6	62,5	8,5	146,0	16,6	61,6
11,4	159,4	21,1	65,3	11,4	158,5	20,6	64,0
14,4	165,8	25,0	65,3	14,4	163,9	24,5	64,6
17,4	169,1	30,4	68,5	17,4	168,1	29,7	65,8
20,4	170,8	36,1	68,2	20,6	166,0	34,4	65,7

Profil Nr. 525　　　　$f/l = 0,20$　　　　$d/l = 0,20$　　　　Zahlentafel 87.

	$v = 15$ m/s				$v = 30$ m/s		
α	$100\,c_a$	$100\,c_w$	$100\,c_m$	α	$100\,c_a$	$100\,c_w$	$100\,c_m$
$-$ 24,1°	15,6	20,1	8,6	$-$ 24,0°	10,3	19,6	7,2
$-$ 21,1	20,3	16,8	11,1	$-$ 21,1	13,7	16,0	9,4
$-$ 18,1	27,1	15,0	14,5	$-$ 15,1	22,0	11,7	14,6
$-$ 15,1	33,7	13,1	16,9	$-$ 12,1	25,3	10,1	17,2
$-$ 12,1	39,9	11,4	19,8	$-$ 9,2	41,9	5,78	28,6
$-$ 9,2	45,2	10,1	21,1	$-$ 6,2	64,0	4,73	38,9
$-$ 6,2	61,4	6,35	37,2	$-$ 3,3	85,5	6,62	46,1
$-$ 3,3	87,0	6,86	45,8	$-$ 0,4	104,8	9,61	50,6
$-$ 0,4	106,4	9,70	51,6	$+$ 2,6	123,0	12,7	55,7
$+$ 2,5	124,7	13,6	55,8	5,5	135,0	16,8	57,7
5,5	140,3	17,4	59,5	8,5	143,5	20,6	60,8
8,4	154,7	21,3	64,5	11,5	150,2	24,9	62,4
11,4	161,0	25,5	65,2	14,4	154,3	29,1	63,4
13,4	164,5	28,5	65,8	17,4	154,7	33,8	63,5
14,6	122,2	35,1	56,0	20,4	157,1	38,2	67,3
				23,4	153,2	42,2	58,5
				27,5	149,2	50,4	57,9

Profil Nr. 603　　　　$f/l = 0,25$　　　　$d/l = 0,10$　　　　Zahlentafel 88.

	$v = 15$ m/s				$v = 30$ m/s		
α	$100\,c_a$	$100\,c_w$	$100\,c_m$	α	$100\,c_a$	$100\,c_w$	$100\,c_m$
$-$ 14,3°	22,3	13,3	17,1	$-$ 14,3°	20,8	13,2	16,0
$-$ 11,3	27,1	11,3	19,7	$-$ 11,9	26,3	11,0	18,1
$-$ 8,3	34,1	9,30	21,5	$-$ 8,3	33,1	9,56	20,6
$-$ 5,3	38,7	8,40	22,9	$-$ 5,3	38,3	8,85	23,2
$-$ 3,8	40,4	8,10	24,5	$-$ 3,9	44,5	8,10	25,6
$-$ 3,0	58,2	8,94	33,6	$-$ 2,5	70,1	7,40	43,0
$-$ 1,0	81,5	8,25	45,8	$-$ 1,0	85,5	7,47	48,8
$+$ 0,4	98,9	9,26	53,6	$-$ 0,4	99,5	8,39	54,4
3,4	121,2	12,1	60,1	$+$ 3,4	119,2	11,4	60,4
6,3	140,5	15,6	66,3	6,3	138,1	15,0	65,4
9,2	157,2	19,6	70,0	9,2	155,8	19,1	69,8
12,2	172,2	24,0	73,6	12,2	167,0	23,2	72,3
15,2	178,8	27,9	74,4	15,2	171,0	27,2	71,6
18,2	178,0	32,2	72,3	18,2	169,2	31,6	70,3

Profil Nr. 543 $f/l = 0,25$ $d/l = 0,15$ Zahlentafel 89.

	$v = 15$ m/s				$v = 30$ m/s		
α	$100\,c_a$	$100\,c_w$	$100\,c_m$	α	$100\,c_a$	$100\,c_w$	$100\,c_m$
— 9,2°	44,4	10,9	24,4	— 9,2°	43,5	10,7	24,4
— 6,2	45,2	9,30	25,4	— 6,2	47,5	9,82	27,8
— 4,8	60,0	8,50	38,0	— 3,3	82,1	6,35	50,0
— 3,3	75,6	8,22	45,4	— 0,4	103,2	8,87	55,6
— 0,4	101,7	9,60	55,2	+ 2,6	121,3	12,2	61,0
+ 2,6	122,4	12,7	61,7	5,5	139,5	15,9	65,8
5,5	140,9	16,4	65,5	8,4	155,2	20,0	68,5
8,4	157,0	20,8	69,6	11,4	164,8	23,9	71,4
11,4	168,9	24,6	71,7	14,4	170,9	27,8	71,9
14,4	176,0	29,2	72,7	17,4	172,0	32,6	71,9
17,6	110,2	38,0	54,6	21,4	174,1	38,2	71,5
				24,4	170,9	42,6	70,6

Profil Nr. 552 $f/l = 0,25$ $d/l = 0,20$ Zahlentafel 90.

	$v = 15$ m/s				$v = 30$ m/s		
α	$100\,c_a$	$100\,c_w$	$100\,c_m$	α	$100\,c_a$	$100\,c_w$	$100\,c_m$
— 12,2°	51,5	13,3	24,9	— 12,2°	47,9	12,0	22,7
— 9,2	56,6	12,2	26,3	— 9,2	45,8	12,1	23,6
— 7,2	51,7	11,4	25,3	— 6,2	62,1	8,24	37,3
— 6,2	56,9	9,88	32,4	— 3,3	90,2	7,84	51,5
— 3,3	86,3	9,38	46,6	— 0,4	108,6	10,8	56,0
— 0,4	111,0	11,7	56,5	+ 2,5	125,8	14,1	60,7
+ 1,7	125,2	13,8	59,8	5,5	139,8	17,9	64,8
2,5	129,6	14,6	61,3	8,5	149,5	22,1	65,8
4,7	141,6	17,4	64,1	11,4	159,0	26,5	68,5
7,6	153,8	21,4	67,1	14,4	166,4	30,8	70,5
10,6	162,0	25,4	68,5	17,4	172,6	34,8	71,6
13,6	168,9	28,8	70,4	18,9	171,5	36,8	71,5
17,4	178,1	34,6	73,5	20,4	171,5	39,2	71,3
18,4	177,0	35,8	73,3				
20,4	177,1	38,4	71,2				

Profil Nr. 578 $f/l = 0,25$ $d/l = 0,25$ Zahlentafel 91.

	$v = 15$ m/s				$v = 30$ m/s		
α	$100\,c_a$	$100\,c_w$	$100\,c_m$	α	$100\,c_a$	$100\,c_w$	$100\,c_m$
— 18,2°	49,5	16,1	22,5	— 18,2°	50,3	16,0	22,5
— 15,2	55,0	14,9	24,8	— 15,2	52,9	14,7	24,2
— 12,2	59,2	14,0	28,8	— 12,2	50,0	13,5	24,4
— 9,2	65,3	12,5	29,0	— 9,2	56,3	11,6	27,8
— 6,2	59,1	11,7	26,6	— 6,2	65,4	9,72	35,2
— 4,7	65,5	11,0	34,4	— 4,8	81,7	7,64	47,1
— 3,3	91,6	9,90	50,1	— 3,3	91,9	8,65	49,7
— 0,4	112,5	12,2	55,8	— 0,4	108,7	11,7	54,7
+ 2,5	128,1	15,4	60,5	+ 2,6	121,9	15,3	58,4
5,5	141,0	19,7	63,2	5,5	131,1	18,8	60,5
8,5	148,7	23,4	66,0	8,5	142,5	22,6	63,1
11,4	160,2	28,2	69,2	11,5	150,2	27,1	65,3
14,4	160,8	32,0	66,8	14,4	160,6	31,0	67,6
17,7	95,8	40,6	47,9	17,4	176,0	37,1	74,3
				20,4	165,0	39,4	69,4

Profil Nr. 576 $f/l = 0,30$ $d/l = 0,05$ Zahlentafel 92.

	$v = 15$ m/s				$v = 30$ m/s		
α	$100\,c_a$	$100\,c_w$	$100\,c_m$	α	$100\,c_a$	$100\,c_w$	$100\,c_m$
$-9,1^0$	31,6	10,8	22,5	$-9,1^0$	29,7	10,6	20,6
$-6,1$	34,5	9,86	21,6	$-6,1$	33,1	9,36	21,2
$-3,1$	37,5	8,19	22,0	$-3,1$	38,5	8,30	23,1
$-0,3$	72,3	11,1	40,3	$-0,2$	67,5	10,3	38,1
$+2,6$	113,5	15,2	61,3	$+2,6$	108,0	13,7	58,2
5,5	146,1	18,1	73,8	5,5	142,1	16,8	72,0
8,4	165,1	22,4	79,0	8,4	161,8	20,5	76,0
11,3	180,9	27,6	82,5	11,4	176,5	24,8	80,6
14,3	182,0	30,0	80,0	14,4	170,0	28,3	75,4
17,4	169,2	34,2	74,0				

Profil Nr. 544 $f/l = 0,30$ $d/l = 0,15$ Zahlentafel 93.

	$v = 15$ m/s				$v = 30$ m/s		
α	$100\,c_a$	$100\,c_w$	$100\,c_m$	α	$100\,c_a$	$100\,c_w$	$100\,c_m$
$-28,0^0$	14,7	28,7	12,8	$-24,1^0$	26,6	22,1	17,5
$-23,9$	27,6	23,0	18,2	$-21,1$	36,1	19,3	21,0
$-20,9$	35,5	20,5	23,6	$-12,2$	49,8	13,7	27,3
$-17,8$	41,2	18,0	25,1	$-9,2$	50,1	12,5	26,6
$-14,8$	46,5	16,4	26,9	$-6,2$	52,9	11,6	27,2
$-9,2$	61,5	12,5	31,8	$-3,2$	59,2	11,4	31,7
$-3,2$	58,0	10,5	28,4	$-0,4$	103,0	12,8	57,2
$-0,3$	90,5	12,9	48,5	$+2,5$	129,6	15,4	67,4
$+2,5$	127,0	15,8	63,5	5,5	146,7	19,3	74,2
5,5	150,5	19,5	72,8	8,4	156,1	23,5	73,5
8,4	164,2	23,4	76,3	11,4	167,3	27,8	76,3
11,4	175,8	28,1	78,6	14,3	177,7	32,2	78,6
14,3	181,0	32,5	79,7	17,3	184,7	36,2	79,8
17,3	186,5	36,9	80,5	20,3	184,0	40,5	79,3
18,9	147,4	44,4	71,4	21,3	181,7	41,2	78,0
20,5	146,7	46,8	69,2				

Profil Nr. 554 $f/l = 0,30$ $d/l = 0,20$ Zahlentafel 94.

	$v = 15$ m/s				$v = 30$ m/s		
α	$100\,c_a$	$100\,c_w$	$100\,c_m$	α	$100\,c_a$	$100\,c_w$	$100\,c_m$
$-40,0^0$	$-6,4$	43,2	$-4,0$	$-35,0^0$	8,2	31,8	2,4
$-35,0$	$-3,7$	35,7	$-0,1$	$-32,1$	14,1	30,5	5,9
$-32,0$	$+10,8$	31,8	$+5,0$	$-28,1$	16,2	24,9	2,3
$-28,1$	25,2	25,3	10,2	$-24,1$	34,9	20,3	18,9
$-24,1$	35,6	22,0	20,2	$-21,2$	42,5	18,3	22,4
$-21,2$	43,3	18,5	23,8	$-18,2$	49,8	16,6	25,5
$-18,2$	50,1	17,6	26,4	$-15,2$	57,0	14,8	28,3
$-15,2$	57,2	15,5	28,6	$-12,2$	63,6	14,4	32,3
$-12,2$	68,1	15,1	36,5	$-9,2$	65,6	13,1	31,1
$-9,2$	70,3	13,6	33,0	$-6,2$	61,7	12,5	30,3
$-6,2$	67,5	12,3	28,6	$-3,3$	87,9	11,1	48,8
$-3,3$	77,9	12,1	38,4	$-0,4$	115,3	12,9	61,5
$-0,4$	103,0	13,7	51,5	$+2,5$	131,2	16,0	65,7
$+2,5$	135,1	17,1	66,4	5,5	143,3	20,3	69,1
5,4	153,0	21,7	72,2	8,4	153,4	25,0	71,4
8,4	168,0	25,2	80,5	11,4	160,7	28,6	73,0
10,4	169,8	27,2	80,7	14,3	167,0	33,3	74,8
11,4	169,1	29,6	74,4	16,3	170,4	35,8	75,5
14,4	133,3	34,8	65,1	19,3	174,0	39,2	76,2
16,5	115,0	41,8	63,3	23,2	165,7	46,5	68,5

Profil Nr. 545 $f/l = 0,35$ $d/l = 0,10$ Zahlentafel 95.

	$v = 15$ m/s				$v = 30$ m/s		
α	$100\,c_a$	$100\,c_w$	$100\,c_m$	α	$100\,c_a$	$100\,c_w$	$100\,c_m$
$-12,2°$	42,8	15,2	25,9	$-12,2°$	44,3	14,4	26,2
$-9,8$	56,5	11,7	29,2	$-9,2$	53,1	12,4	30,1
$-9,2$	53,2	12,7	30,3	$-6,2$	57,7	11,2	31,3
$-6,0$	$-2,5$	19,0	5,4	$-3,2$	58,0	10,1	29,6
$-3,0$	$+0,4$	18,4	7,9	$-0,3$	79,6	12,3	41,9
$+0,1$	15,2	16,9	15,9	$+2,6$	116,4	16,7	61,0
2,6	110,3	15,9	57,5	5,4	158,1	21,6	79,6
5,4	153,3	21,0	77,2	8,4	170,1	26,2	82,5
8,4	168,8	25,2	80,8	11,3	182,0	30,6	84,6
11,3	183,1	30,4	85,3	14,3	188,0	34,8	85,5
14,3	193,5	35,1	87,8	17,3	190,2	38,8	84,0
17,4	150,7	42,4	72,6	20,3	181,8	41,2	80,5

Profil Nr. 553 $f/l = 0,35$ $d/l = 0,15$ Zahlentafel 96.

	$v = 15$ m/s				$v = 30$ m/s		
α	$100\,c_a$	$100\,c_w$	$100\,c_m$	α	$100\,c_a$	$100\,c_w$	$100\,c_m$
$-3,2°$	61,1	11,4	29,3	$-22,1°$	39,1	21,0	22,9
$-0,3$	79,0	14,0	40,7	$-15,2$	54,4	16,6	29,0
$+2,6$	112,4	17,3	58,5	$-12,4$	56,5	15,3	29,8
5,4	155,0	22,5	79,7	$-9,5$	62,6	13,8	32,5
8,4	169,0	27,2	82,0	$-6,3$	59,9	12,7	30,5
11,3	178,8	31,3	85,2	$-3,3$	59,2	11,6	28,9
14,3	186,2	36,0	86,5	$-0,3$	68,9	12,9	34,5
17,3	189,6	41,1	87,2	$+1,2$	92,5	15,7	48,8
20,3	187,6	45,3	85,8	2,7	118,0	18,4	65,4
				4,5	144,2	20,5	75,9
				5,6	148,9	22,0	77,1
				8,4	161,3	25,7	80,1
				11,4	172,6	30,6	82,7
				14,3	177,1	35,6	84,0
				17,3	179,6	39,5	83,6
				20,3	178,7	44,3	83,0

Profil Nr. 557 $f/l = 0,40$ $d/l = 0,15$ Zahlentafel 97.

	$v = 15$ m/s				$v = 30$ m/s		
α	$100\,c_a$	$100\,c_w$	$100\,c_m$	α	$100\,c_a$	$100\,c_w$	$100\,c_m$
$-6,3°$	69,5	15,5	30,9	$-15,2°$	62,3	19,4	32,2
$-3,2$	59,6	12,4	27,9	$-12,2$	67,0	17,7	34,1
$-0,2$	59,8	11,9	30,2	$-9,3$	76,7	16,3	37,0
$+1,2$	73,0	13,7	40,2	$-6,3$	70,6	14,5	33,7
2,6	113,1	19,9	57,2	$-3,2$	64,3	12,4	30,0
4,0	129,5	22,3	64,7	$-0,2$	66,0	10,9	29,9
5,4	152,0	25,7	76,2	$+1,2$	83,1	13,7	38,8
8,3	178,7	30,3	87,3	2,6	112,0	19,7	58,6
11,3	192,6	35,2	91,0	4,0	127,0	22,1	62,5
14,3	198,5	40,2	92,1	4,9	160,8	24,4	82,1
17,3	200,6	44,4	91,9	5,4	163,3	26,0	83,1
21,3	201,2	49,8	90,5	8,4	172,0	29,8	84,6
				11,3	178,7	34,4	86,4
				14,3	185,0	39,2	87,5
				17,3	190,2	43,8	88,3
				20,3	192,0	48,1	88,0

4. Messung eines Profils bei Anstellwinkeln von 0 bis 360°.

Als während des Krieges bei der Aufstellung von Festigkeitsvorschriften für Flugzeuge die Notwendigkeit entstand, Kenntnisse von Luftkräften auf Flugzeugtragflächen zu erhalten, die bei Fluglagen auftreten, welche über den Anstellwinkelbereich des normalen Fluges hinausgehen (Sturzflug und Rückenflug), wurden in der damaligen Göttinger Modell-Versuchsanstalt solche Messungen an einem Flügelprofil in dem Anstellwinkelbereich von 0 bis 360° vorgenommen[1]). Lange Zeit ist dann diese Untersuchung, die an einem der damals üblichen dünnen Flügelprofile ausgeführt wurde, die einzige dieser Art gewesen; die fortschreitende Entwicklung des Flugzeugbaues ließ aber jetzt eine Wiederholung dieser Messungen und zwar an einem dickeren Profil wünschenswert erscheinen.

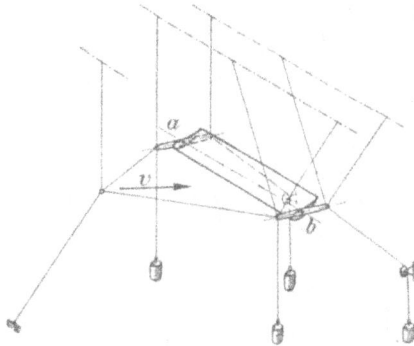

Abb. 23.

Diese neue Messung, eine normale Dreikomponenten-messung, deren Ergebnisse im folgenden mitgeteilt sind, wurde an einem Normalflügel vom Profil 420, einem mittelstarken Profil aus der Serie der I. Lieferung, vorgenommen. Die Aufhängung des Flügels, die wegen der Notwendigkeit, den Flügel bis zu 360° verdrehen zu müssen, von der normalen Aufhängung abwich, ist in Abb. 23 perspektivisch dargestellt; die Anstellwinkelveränderung erfolgte durch Drehen um die Achse $a-b$. In Abb. 24 sind die Werte für c_a, c_w

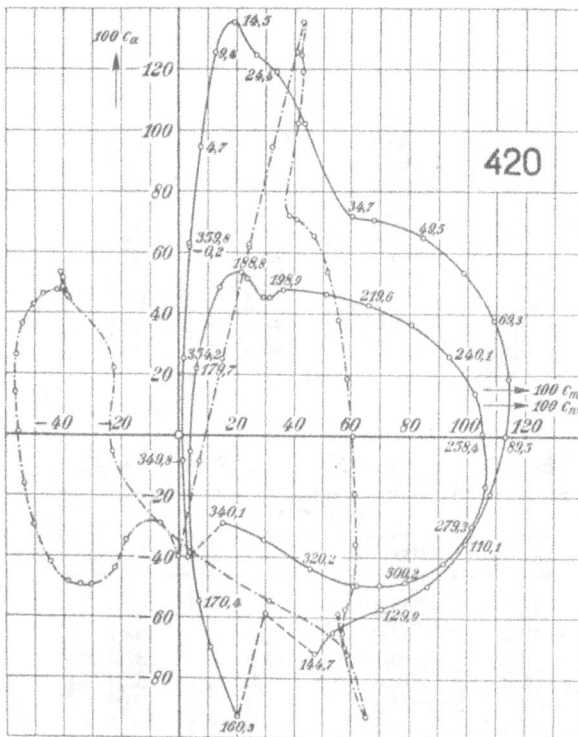

Abb. 24.

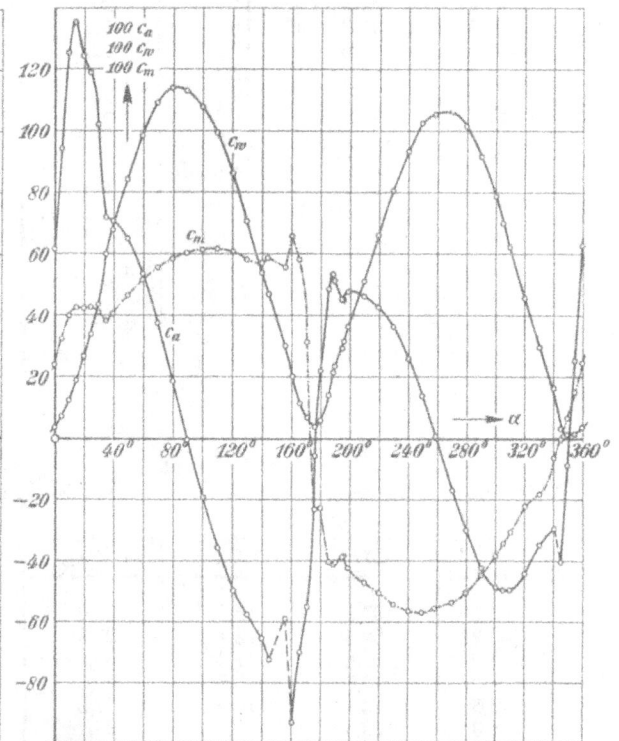

Abb. 25.

und c_m im Polardiagramm wiedergegeben. Die Darstellung unterscheidet sich jedoch dadurch von der sonst angewandten, daß die c_w- und c_m-Werte im gleichen Maßstabe wie c_a aufgetragen sind. Die Kurve selbst zeigt einen ähnlichen Verlauf wie die bereits früher in den T. B. veröffentlichte;

---

[1]) Vgl. „Technische Berichte", Band II, S. 31 u. f.

etwas unsicher sind die beiden Gebiete der unteren Abreißpunkte der Strömung in der Gegend von $\alpha = 150^0$ und $\alpha = 340^0$; die Kurven sind daher hier nur gestrichelt gezeichnet.

In Abb. 25 sind die Werte für c_a, c_w und c_m, alle in gleichem Maßstabe, über dem Anstellwinkel aufgetragen; der Verlauf der Luftkraftkomponenten läßt sich hieraus sehr gut erkennen.

Die zahlenmäßige Wiedergabe der Werte findet sich in Zahlentafel 98.

Zahlentafel 98.

α	$100\,c_a$	$100\,c_w$	$100\,c_m$	α	$100\,c_a$	$100\,c_w$	$100\,c_m$
— 0,2⁰	61,8	3,81	24,1	185,2⁰	48,7	14,2	— 40,2
+ 4,7	94,5	7,40	32,3	188,8	53,5	21,5	— 41,0
9,4	125,6	12,5	40,1	189,8	51,5	23,5	— 40,3
14,5	135,5	19,0	42,8	194,8	45,3	29,3	— 38,6
19,5	124,6	26,8	42,4	195,8	45,1	31,5	— 38,2
24,4	119,0	33,9	43,0	198,9	47,8	36,2	— 42,2
29,6	102,3	43,7	41,2	209,6	46,4	51,3	— 47,0
34,7	72,1	60,2	38,3	219,6	42,7	66,2	— 50,2
39,5	70,9	68,0	40,8	229,9	36,3	80,7	— 54,1
49,5	65,1	84,5	46,6	240,1	26,0	93,5	— 56,2
59,3	53,6	98,6	51,7	249,5	13,9	102,6	— 56,9
69,3	37,6	109,4	55,7	258,4	0,9	105,4	— 55,5
79,7	18,6	114,1	58,5	270,0	— 16,7	106,4	— 53,5
89,5	— 0,2	113,2	50,5	279,3	— 29,9	101,7	— 50,2
100,1	— 19,2	108,0	61,4	290,0	— 42,2	91,8	— 44,5
110,1	— 35,7	99,5	61,8	300,2	— 48,4	78,8	— 38,2
120,6	— 49,5	86,3	61,0	305,4	— 49,3	70,0	— 34,1
129,9	— 57,4	70,8	58,3	310,2	— 49,3	62,3	— 30,4
139,9	— 65,3	53,9	57,2	320,2	— 44,0	45,7	— 22,0
144,7	— 72,2	47,2	58,7	330,2	— 34,6	29,6	— 18,1
155,4	— 58,9	30,1	55,9	340,1	— 29,4	16,4	— 6,2
160,3	— 92,9	20,2	65,9	345,0	— 40,2	3,35	— 0,3
165,7	— 69,9	11,2	58,3	349,8	— 8,7	1,46	6,9
170,4	— 54,9	7,05	31,4	354,7	+ 25,1	1,53	15,0
175,9	— 5,5	4,07	— 23,0	359,8	62,8	3,61	24,6
179,7	+ 21,9	6,09	— 22,6				

5. Profilmessungen bei negativen Anstellwinkeln.

Mit Rücksicht auf die bei verschiedenen außergewöhnlichen Flugzuständen, z. B. Kunstflügen, auftretenden großen Beanspruchungen der Flugzeuge sind in neuerer Zeit die Festigkeitsvorschriften für Flugzeuge einer Nachprüfung unterzogen und die geforderten Bausicherheiten dabei z. T. wesentlich heraufgesetzt worden. Hierbei war es erwünscht, neben der bereits vorhandenen Messung von 0 bis 360⁰ (s. Nr. III, 4) einige weitere Profile in einem über das übliche Maß hinausgehenden Anstellwinkelbereich zu untersuchen, wobei indes der Wert nur auf negative Anstellwinkel bis etwa $\alpha = -40^0$ gelegt wurde. Im nachfolgenden sind die Ergebnisse dieser Messungen an 8 Normalflügeln[1]), die in normaler Weise in der Dreikomponentenwage aufgehängt waren, wiedergegeben. Bei 2 Profilen, 433 und 435, wurden im Gebiete des Abreißens der Strömung die Messungen auf zwei verschiedene Arten ausgeführt, indem die Anstellwinkeländerung einmal von kleinen negativen Anstellwinkeln herkommend, ohne den Wind abzustellen, erfolgte und dadurch die Strömung möglichst lange zum Anliegen gebracht wurde, und sodann nach Abreißen der Strömung von größeren Anstellwinkeln aus rückwärts gemessen wurde; bei letzterem ist es dann einerlei, ob die Anstellwinkeländerung im Winde erfolgt oder unter jedesmaligem Abstellen des Windes. Die sich hierbei gemäß den beiden Strömungsmöglichkeiten ergebenden Kurven sind in den Diagrammen durch entsprechende Pfeile gekennzeichnet.

Die Ergebnisse der Untersuchungen sind in gleicher Weise wie in Nr. III, 2 und 3 dieser Lieferung in Polarkurven, S. 80 und 81, sowie in den Zahlentafeln 99 bis 106 wiedergegeben.

---

[1]) Die Polarkurven der Profile sind in der I. Lieferung der „Ergebnisse", S. 92 u. f. veröffentlicht.

a) Polar- und Momentenkurven.

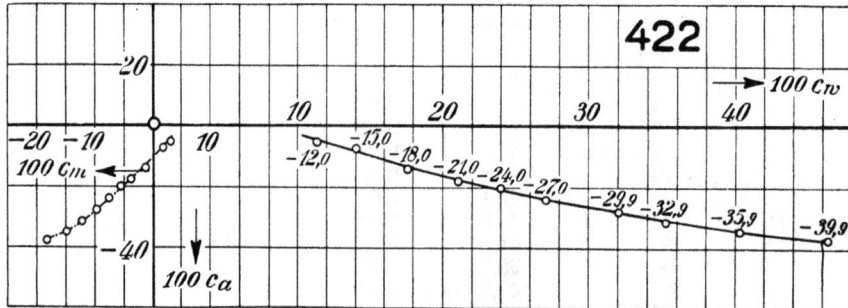

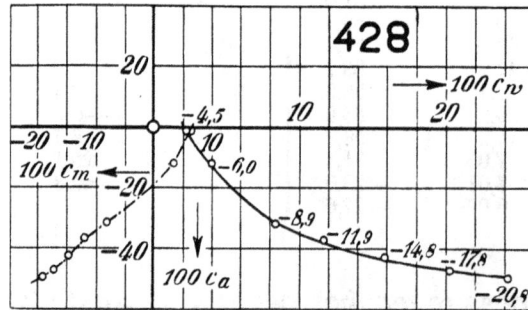

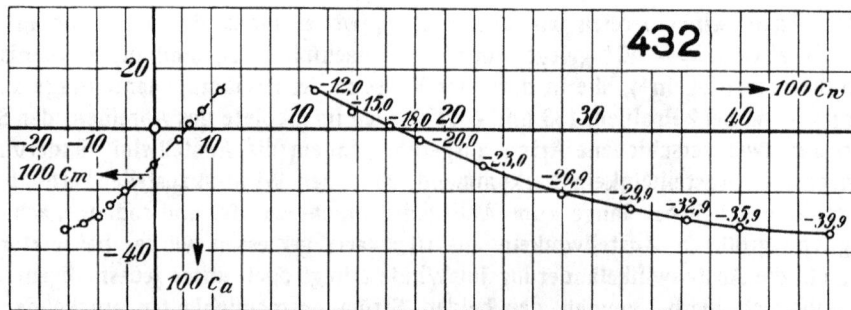

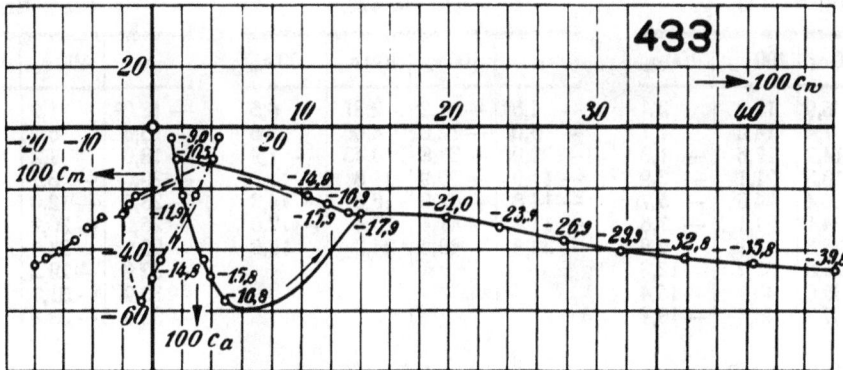

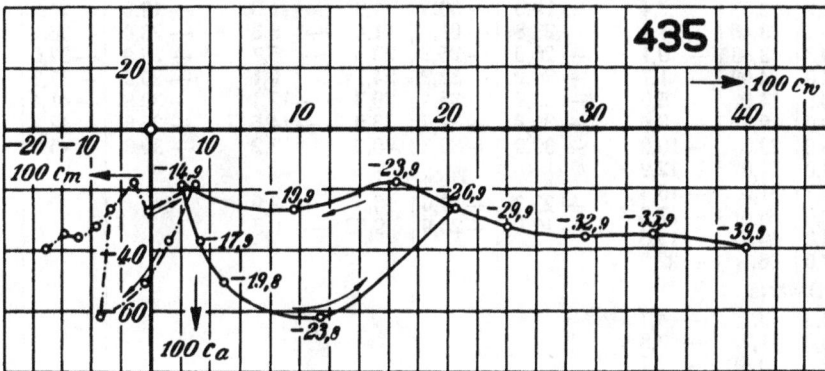

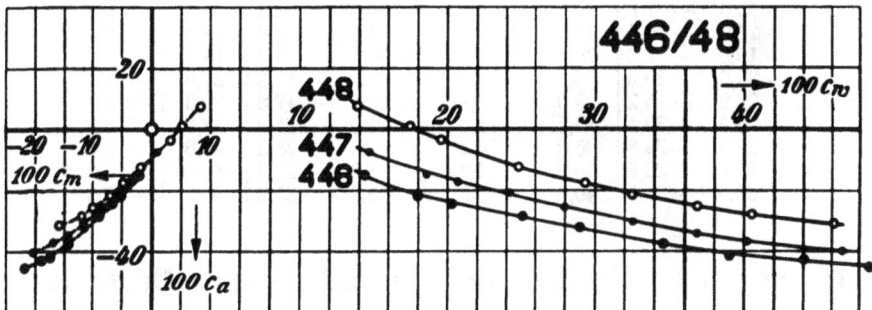

b) Zahlentafeln.

Zahlentafel 99.
Profil Nr. 422.

α	$100\,c_a$	$100\,c_w$	$100\,c_m$
−12,0°	− 5,9	11,3	3,1
−15,0	− 7,4	14,0	1,7
−18,0	−14,2	17,6	− 1,3
−21,0	−18,3	21,1	− 3,9
−24,0	−20,4	24,0	− 5,7
−27,0	−24,1	27,1	− 7,6
−29,9	−28,3	32,1	− 9,8
−32,9	−31,8	35,2	−12,3
−35,9	−35,0	40,1	−15,4
−39,9	−37,7	46,5	−18,4

Zahlentafel 100.
Profil Nr. 428.

α	$100\,c_a$	$100\,c_w$	$100\,c_m$
− 4,5°	− 1,2	2,31	6,5
− 6,0	−12,0	4,06	3,6
− 8,9	−31,8	8,45	− 7,9
−11,9	−36,9	11,8	−11,7
−14,8	−42,8	16,0	−14,3
−17,8	−47,4	20,4	−17,0
−20,8	−49,6	24,3	−18,9

Zahlentafel 101.
Profil Nr. 432.

α	$100\,c_a$	$100\,c_w$	$100\,c_m$
−12,0°	11,9	11,3	10,8
−15,0	5,9	13,6	8,4
−18,0	1,2	16,3	6,1
−20,0	− 3,7	18,4	4,2
−23,0	−12,0	22,6	− 0,1
−26,9	−20,9	28,0	− 5,2
−29,9	−25,6	32,6	− 7,8
−32,9	−29,2	36,4	− 9,8
−35,9	−31,7	40,1	−12,4
−39,9	−33,8	46,3	−15,2

Zahlentafel 102.
Profil Nr. 433.

α	$100\,c_a$	$100\,c_w$	$100\,c_m$
− 9,0°	− 3,5	1,32	11,2
−10,5	−10,6	1,65	10,2
−11,9	−22,2	2,03	7,4
−14,8	−43,7	3,46	1,4
−15,8	−49,3	3,88	− 0,1
−16,8	−57,0	4,99	− 1,7
−17,9	−28,5	14,0	− 5,0
−21,0	−29,8	19,8	− 8,6
−23,9	−33,0	23,5	−10,9
−26,9	−37,0	27,8	−12,9
−29,9	−40,7	31,6	−15,4
−32,8	−43,0	35,8	−17,8
−35,8	−44,8	40,4	−19,8
−39,8	−47,0	46,1	−22,0
rückwärts			
−16,9	−28,3	13,1	− 4,7
−15,9	−25,0	11,7	− 3,8
−14,9	−22,3	10,4	− 2,7

Zahlentafel 103.
Profil Nr. 435.

α	$100\,c_a$	$100\,c_w$	$100\,c_m$
−14,9°	−18,1	2,11	7,5
−17,9	−36,9	3,29	3,2
−19,8	−50,3	4,91	− 1,0
−23,8	−61,9	11,4	− 8,3
−26,9	−26,2	20,6	− 6,7
−29,9	−32,2	24,1	− 9,1
−32,9	−35,4	29,3	−12,1
−35,9	−34,9	33,9	−14,5
−39,9	−39,3	40,0	−17,2
rückwärts			
−23,9	−17,6	16,5	− 2,9
−19,9	−26,9	9,63	− 0,3

Zahlentafel 104.
Profil Nr. 446.

α	$100\,c_a$	$100\,c_w$	$100\,c_m$
−14,9°	−15,0	14,3	− 1,8
−17,9	−22,0	18,0	− 5,1
−19,9	−24,9	20,6	− 6,8
−23,9	−28,1	25,1	− 8,8
−26,9	−32,0	29,0	−11,5
−29,9	−37,7	34,6	−14,3
−32,8	−41,4	39,0	−17,5
−35,8	−42,7	44,0	−19,0
−39,8	−45,2	48,7	−21,9

Zahlentafel 105.
Profil Nr. 447.

α	$100\,c_a$	$100\,c_w$	$100\,c_m$
−15,0°	− 7,1	14,7	1,2
−18,0	−14,6	18,6	− 2,5
−19,9	−17,0	20,7	− 3,8
−23,9	−20,6	24,2	− 5,5
−26,9	−25,2	28,0	− 7,8
−29,9	−30,1	32,6	−11,4
−32,9	−34,8	36,8	−14,2
−35,9	−36,8	40,2	−16,7
−39,9	−39,8	46,9	−19,8

Zahlentafel 106.
Profil Nr. 448.

α	$100\,c_a$	$100\,c_w$	$100\,c_m$
−15,0°	7,3	13,9	8,3
−18,0	1,0	17,5	5,1
−20,0	− 3,8	19,6	3,0
−24,0	−12,3	24,8	− 1,7
−26,9	−17,8	29,3	− 4,7
−29,9	−21,8	32,5	− 6,8
−32,9	−25,3	36,8	− 9,8
−35,9	−28,2	40,5	−11,9
−39,9	−31,2	46,2	−15,3

6. Messungen an Profilen mit abgeschnittener Hinterkante.[1]

Profile, deren Hinterkante abgeschnitten ist, finden sich des öfteren im Flugzeugbau, so bei Bootsstummeln von Flugbooten, dann aber auch nicht selten an den Stellen der Flügel, an denen z. B. zur besseren Sicht der Insassen Aussparungen in der Hinterkante angebracht sind.

---

[1] Vgl. den diesbezüglichen Artikel in den „Vorläufigen Mitteilungen der A.V.A.", Heft 2 (Lit.-Verz. A).

Es war daher nicht ohne Interesse, den Einfluß solcher Profilverkürzungen auf Auftrieb und Widerstand sowie auf die Druckpunktlage kennenzulernen.

Zu diesem Zwecke wurden an zwei verschiedenen Profilen, einem symmetrischen Profil Nr. 406 und einem mittelstarken Flügelprofil Nr. 508, eine Reihe systematischer Versuche durch mehrfaches Verkürzen derselben vorgenommen. Die Flügel besaßen eine Spannweite von 100 cm und bei unverkürztem Profil eine Tiefe von 20 cm. Abb. 26 zeigt die beiden untersuchten Profile im ursprünglichen Zustande und die durch Abschneiden erhaltenen Formen; durch Verkürzen um jedesmal 2 cm wurde die Flügeltiefe schließlich bis auf 6 cm verringert. Der übrigens scharfkantige Abschnitt erfolgte senkrecht zur Sehne bzw. Mittellinie des Profils.

Die aus den Messungen gefundenen Beiwerte sind auf Fläche bzw. Flügeltiefe der Ursprungsprofile bezogen und mit c'_a c'_w und c'_m bezeichnet; graphisch aufgetragen sind sie in den Abb. 27 bis 30 in der üblichen Weise. Die zahlenmäßige Wiedergabe der Beiwerte ist in den Zahlentafeln 107 bis 122 enthalten.

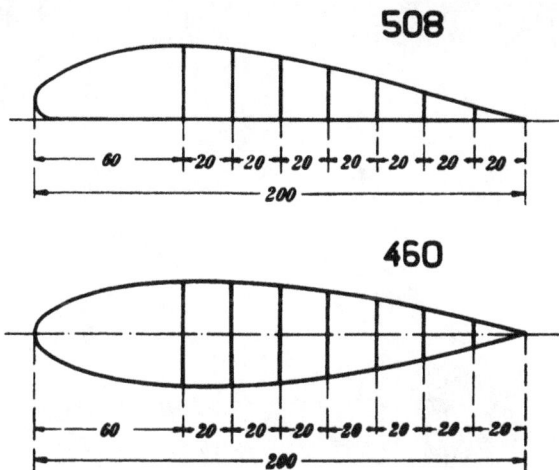

Abb. 26.

Die Ergebnisse zeigen eine Zunahme des Profilwiderstandes mit Zunahme der Höhe der Abschnittsfläche hinter dem Profil, hervorgerufen durch den auf dieser Fläche herrschenden Unterdruck. Außerdem ist eine Abnahme des Auftriebmaximums festzustellen. Bei dem unsymmetrischen Profil 508 rückt ferner der Druckpunkt,

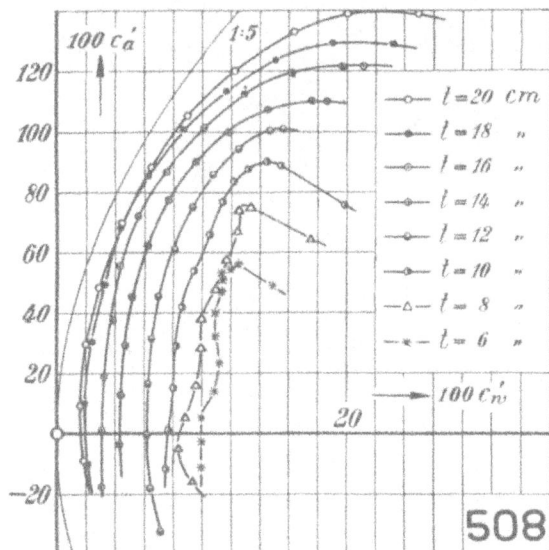

Abb. 27.

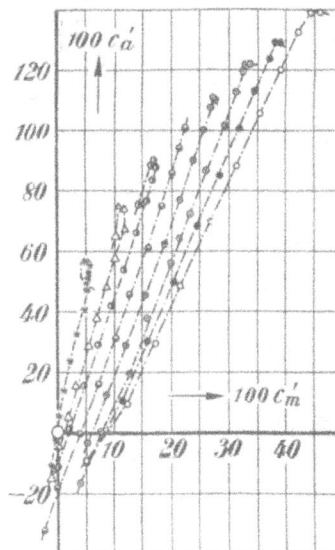

Abb. 28.

wie aus der Abnahme der c'_m-Werte zu ersehen ist, mit Vergrößerung der Abschnitte am Profil weiter nach der Flügelvorderkante.

Bezieht man indes die Beiwerte jeweils auf die nach dem Abschneiden entstandene Flügelgrundrißfläche, so zeigt sich neben einer sehr erheblichen Zunahme des Profilwiderstandes ein teilweise starkes Anwachsen des Auftriebmaximums mit Abnehmen der Flügeltiefe durch die Profilverkürzungen. Die Abb. 31 und 32 zeigen die Werte $c_{a\,max}$ in Abhängigkeit von der Flügeltiefe einmal bezogen auf die alte Tiefe $t = 20$ cm (entsprechend den Abb. 27 und 29) und ferner bezogen auf die nach dem Abschneiden entstandenen neuen Flügeltiefen (also $t = 20$ cm bis $t = 6$ cm). In den Zahlentafeln 107 bis 122 sind übrigens außer den Beiwerten $c'_a \; c'_w$ und c'_m auch diejenigen

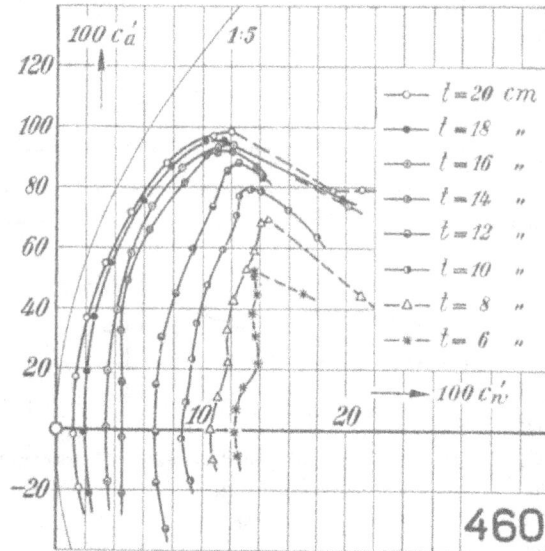 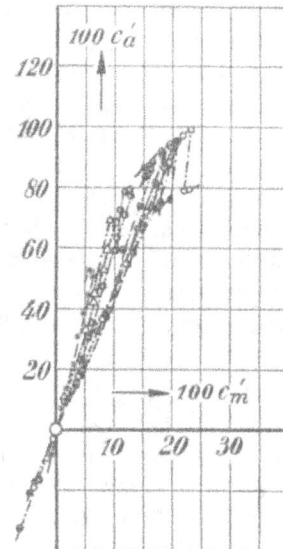

Abb. 29.   Abb. 30.

enthalten, deren Berechnung die nach den Profilverkürzungen vorhandenen tatsächlichen Flächen und Tiefen zugrunde liegen; sie sind mit c_a, c_w und c_m bezeichnet.

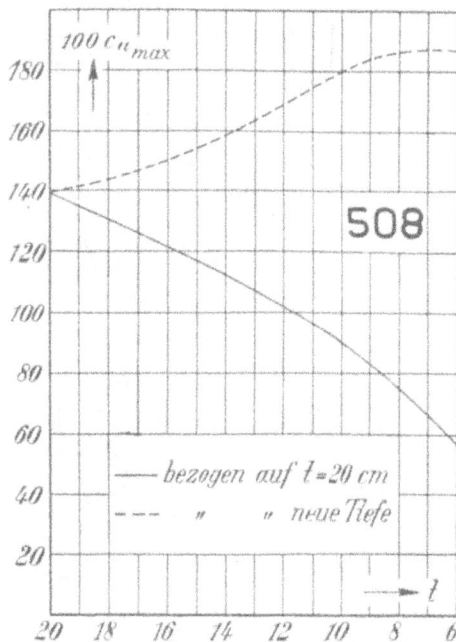 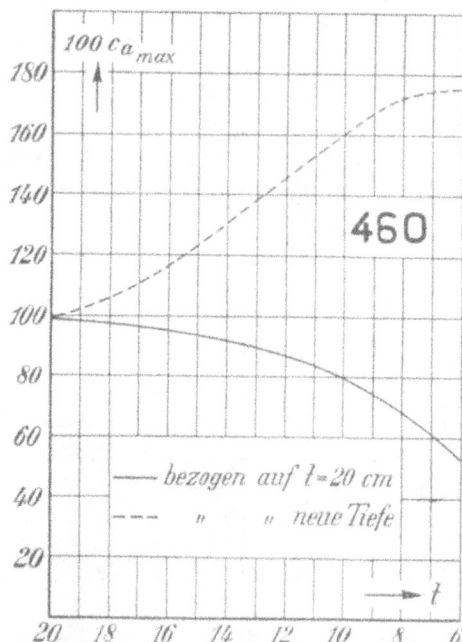

Abb. 31.   Abb. 32.

Aus den Untersuchungen geht hervor, daß kleine Abschnitte an den Profilhinterkanten nur sehr wenig ausmachen. Es braucht daher durchaus nicht ängstlich auf ein Auslaufen der Flügel- profile in eine scharfe Kante Wert gelegt zu werden; dies kann gelegentlich praktisch in Betracht kommen.

I. Profil Nr. 508.

a) Normalfläche, $b = 100$ cm, $t = 20$ cm.   Zahlentafel 107.

α	$100c_a' = 100c_a$	$100c_w' = 100c_w$	$100c_m' = 100c_m$
−9,0°	− 9,7	1,89	7,7
−6,0	+ 9,4	1,61	12,3
−3,1	29,6	1,96	17,1
−0,2	48,6	2,89	21,6
+2,7	69,8	4,44	26,8
5,7	88,1	6,51	31,2
8,6	105,3	9,0	35,4
11,6	120,0	12,2	38,9
14,5	132,7	16,3	42,1
17,5	139,1	20,0	44,3
20,5	139,0	24,9	46,0

b) $t = 18$ cm.   Zahlentafel 108.

α	$100c_a'$	$100c_w'$	$100c_m'$	$100c_a$	$100c_w$	$100c_m$
−9,0°	−10,2	2,06	5,2	−11,3	2,30	6,5
−6,0	+10,6	1,93	11,4	+11,8	2,14	14,0
−3,1	30,4	2,42	15,9	33,8	2,70	19,7
−0,2	49,7	3,32	20,5	55,3	3,70	25,4
+2,8	68,0	4,38	24,7	75,5	4,88	30,6
5,7	85,1	6,31	28,0	94,7	7,03	34,6
8,6	100,8	8,70	31,8	112,0	9,70	39,3
11,6	113,1	11,7	34,5	125,8	13,0	42,6
14,5	123,7	15,1	37,0	137,5	16,8	45,7
17,5	129,2	19,0	38,0	143,8	21,1	47,0
20,5	129,0	23,2	39,0	143,5	25,8	48,3

c) $t = 16$ cm.   Zahlentafel 109.

α	$100c_a'$	$100c_w'$	$100c_m'$	$100c_a$	$100c_w$	$100c_m$
−8,9°	−17,8	3,09	3,7	−22,3	3,86	5,7
−6,0	+1,1	3,10	7,6	+1,3	3,87	11,8
−3,1	18,9	3,27	12,6	23,6	4,09	18,1
−0,1	37,7	3,88	13,6	47,1	4,85	24,3
+2,8	55,7	4,35	19,8	69,5	5,43	30,9
3,8	64,1	4,57	21,2	80,1	5,71	33,1
5,7	72,2	5,56	23,1	90,4	6,96	36,1
8,7	86,5	7,56	26,1	108,0	9,45	40,7
11,6	101,5	10,1	29,3	127,0	12,7	45,6
14,6	112,5	12,9	31,3	140,5	16,1	48,7
17,6	119,6	16,2	32,4	149,3	20,3	50,5
20,6	121,8	19,7	32,7	152,1	24,7	51,0
21,6	121,8	21,1	32,9	152,1	26,3	51,2

d) $t = 14$ cm.   Zahlentafel 110.

α	$100c_a'$	$100c_w'$	$100c_m'$	$100c_a$	$100c_w$	$100c_m$
−6,0°	− 3,6	4,34	5,3	− 5,1	6,19	10,8
−3,0	+12,5	4,44	8,5	+17,8	6,33	17,3
−0,1	28,9	4,78	11,8	41,1	6,82	24,1
+2,8	45,2	5,14	15,3	64,5	7,34	31,1
5,8	62,1	6,20	18,7	88,6	8,78	38,2
8,7	77,9	7,65	21,5	109,8	10,9	43,8
11,7	90,0	9,55	23,9	128,4	13,6	48,7
14,6	100,0	11,8	25,7	142,8	16,8	52,4
17,6	107,3	14,5	26,8	153,0	20,7	54,5
20,6	110,3	17,6	27,3	157,4	25,0	55,7
21,6	110,0	18,6	27,4	156,9	26,5	55,9

e) $t = 12$ cm.   Zahlentafel 111.

α	$100c_a'$	$100c_w'$	$100c_m'$	$100c_a$	$100c_w$	$100c_m$
−8,9°	−32,7	7,14	− 2,0	−54,5	11,9	− 5,4
−5,9	−18,2	6,38	0,0	−30,4	10,6	0,0
−3,0	− 0,3	6,20	+ 3,8	− 0,6	10,3	+ 10,4
−0,1	+16,1	6,20	7,3	+26,8	10,3	20,3
+2,9	31,0	6,49	10,3	51,6	10,8	28,5
5,8	45,5	6,95	12,5	75,8	11,6	34,6
8,8	60,7	8,12	15,9	101,1	13,5	44,2
11,7	74,9	9,30	18,2	124,8	15,5	50,5
14,7	85,8	10,8	20,0	143,0	18,0	55,6
17,7	94,1	12,5	21,5	156,9	20,8	59,6
20,6	100,3	14,7	22,2	167,0	24,5	61,7
21,6	100,7	15,6	22,2	168,0	26,0	61,7

f) $t = 10$ cm.   Zahlentafel 112.

α	$100c_a'$	$100c_w'$	$100c_m'$	$100c_a$	$100c_w$	$100c_m$
−3,0°	−11,4	7,52	− 0,2	−23,3	15,3	− 0,8
0,0	+ 1,1	7,72	+ 2,1	+ 2,2	15,7	+ 8,8
+2,9	15,1	8,10	4,7	30,7	16,5	19,5
5,9	29,2	8,23	7,1	59,5	16,8	29,8
8,8	41,8	8,63	9,4	85,1	17,6	39,4
11,8	53,8	9,45	11,5	109,7	19,2	48,2
14,8	65,9	10,5	13,7	134,3	21,5	57,1
17,7	76,8	11,4	15,5	156,5	23,3	64,8
20,7	83,5	12,2	16,4	170,0	24,8	68,5
22,7	87,5	13,2	17,1	178,6	26,9	71,4
23,7	90,1	14,5	16,9	183,8	29,5	70,5
24,7	88,6	15,5	16,3	180,7	31,6	68,0
25,7	75,2	19,9	14,2	153,2	40,7	59,2

g) $t = 8$ cm.   Zahlentafel 113.

α	$100c_a'$	$100c_w'$	$100c_m'$	$100c_a$	$100c_w$	$100c_m$
−2,9°	−15,8	9,40	− 1,1	−39,4	23,5	− 7,0
0,0	− 5,1	8,42	+ 0,3	−12,7	21,0	+ 2,0
+3,0	+ 5,1	8,95	1,9	+12,8	22,4	11,9
5,9	16,0	9,61	3,1	39,9	24,1	19,6
8,9	28,2	10,0	5,7	70,4	25,1	35,5
11,9	37,9	10,1	6,7	94,5	25,3	41,7
14,8	48,0	11,0	8,4	119,7	27,5	52,4
17,8	57,8	11,7	10,0	144,3	29,2	61,7
20,8	67,1	12,5	11,6	167,3	31,1	72,7
23,7	74,2	12,6	11,5	185,4	31,6	71,7
25,2	74,7	13,4	10,7	186,5	33,5	67,9
26,8	64,4	17,6	10,1	160,7	44,0	63,0

h) $t = 6$ cm.   Zahlentafel 114.

α	$100c_a'$	$100c_w'$	$100c_m'$	$100c_a$	$100c_w$	$100c_m$
0,0°	−11,2	9,9	−1,0	−37,3	33,0	−11,4
3,0	− 2,6	9,6	−0,3	− 8,7	32,0	− 3,2
6,0	+ 5,1	9,9	+0,4	+17,1	33,1	+ 4,7
9,0	13,6	10,9	1,2	45,2	36,3	12,9
11,9	23,3	11,2	2,3	77,6	37,3	26,1
14,9	32,1	10,9	3,5	107,0	36,5	38,6
17,9	40,1	10,9	4,8	133,8	36,2	53,0
20,8	47,0	11,4	5,2	156,8	38,1	56,6
21,8	50,9	11,4	5,3	169,7	38,1	59,2
22,8	52,8	11,3	5,5	176,0	37,9	61,4
25,8	55,1	12,0	5,8	183,8	40,0	64,0
26,3	56,3	12,5	4,9	187,8	41,8	54,1
27,8	49,0	14,9	5,1	163,5	49,5	57,0

II. Profil Nr. 460.

a) Normalfläche,
b = 100 cm, t = 20 cm.　　　　　Zahlentafel 115.

α	$100c_a'=100c_a$	$100c_w'=100c_w$	$100c_m'=100c_m$
−2,9°	−19,5	1,56	−3,8
0,0	−1,6	1,20	−0,2
+2,9	+17,4	1,34	+4,0
5,9	36,8	2,07	7,9
8,8	54,7	3,37	12,0
11,7	71,5	5,12	16,5
14,7	88,0	7,60	19,5
17,6	97,0	10,8	21,9
18,6	98,4	12,1	23,2
19,7	78,9	19,1	22,3
20,7	79,1	21,1	23,0

b) t = 18 cm.　　　　　Zahlentafel 116.

α	$100c_a'$	$100c_w'$	$100c_m'$	$100c_a$	$100c_w$	$100c_m$
−2,9°	−21,0	2,22	−4,5	−23,4	2,45	−5,6
0,0	−1,2	1,89	+0,0	−1,3	2,10	+0,1
+2,9	+18,0	2,05	4,4	+20,0	2,27	5,4
5,9	37,0	2,58	8,7	41,1	2,87	10,7
8,8	54,9	3,74	12,4	61,1	4,15	15,3
11,7	75,2	6,06	18,0	83,6	6,73	22,2
14,7	87,4	7,81	19,6	97,0	8,69	24,1
17,7	95,2	10,2	20,7	105,8	11,4	25,6
18,7	95,4	11,5	20,7	105,9	12,7	25,5
20,7	76,0	19,8	19,7	84,5	22,1	24,3

c) t = 16 cm.　　　　　Zahlentafel 117.

α	$100c_a'$	$100c_w'$	$100c_m'$	$100c_a$	$100c_w$	$100c_m$
−2,9°	−17,4	3,53	−3,6	−20,7	4,41	−5,6
0,0	+0,8	3,39	+0,3	+1,0	4,24	+0,5
+2,9	19,6	3,53	4,8	24,5	4,41	7,4
5,9	39,5	4,20	9,4	49,4	5,25	14,7
8,8	58,2	5,09	13,5	72,8	6,36	21,1
11,7	73,7	6,56	16,6	92,0	8,20	25,9
14,7	86,5	8,66	18,7	108,0	10,8	29,1
17,7	93,3	11,1	19,7	116,4	13,9	30,7
18,7	94,0	12,2	19,5	117,3	15,3	30,4
20,7	74,0	20,2	17,9	92,4	25,2	27,9

d) t = 14 cm.　　　　　Zahlentafel 118.

α	$100c_a'$	$100c_w'$	$100c_m'$	$100c_a$	$100c_w$	$100c_m$
−2,9°	−21,2	4,49	−4,5	−30,3	6,40	−9,1
0,0	−2,5	4,49	−0,2	−3,7	6,40	0,0
+2,9	+15,5	4,49	+3,7	+22,1	6,11	+7,5
5,9	32,6	4,44	7,1	46,7	6,35	14,4
8,8	49,6	4,83	10,8	71,0	6,90	22,1
11,8	66,0	6,39	14,2	94,4	9,15	28,9
14,7	81,5	8,75	17,2	116,3	12,5	35,1
17,7	90,4	10,3	18,3	129,0	14,7	37,4
18,7	91,7	11,1	18,3	131,0	15,9	37,3
19,7	91,9	12,1	18,2	131,5	17,2	37,1
20,7	86,9	13,8	15,4	124,0	19,7	31,6

e) t = 12 cm.　　　　　Zahlentafel 119.

α	$100c_a'$	$100c_w'$	$100c_m'$	$100c_a$	$100c_w$	$100c_m$
−5,9°	−32,8	7,55	−6,3	−54,8	12,6	−17,5
−2,9	−17,5	6,84	−3,3	−29,2	11,4	−9,1
0,0	−1,0	6,84	−0,4	−1,7	11,4	−0,4
+2,9	+14,9	6,80	+3,5	24,9	11,3	+9,8
5,9	30,3	7,21	6,1	50,5	12,0	16,9
8,8	45,0	8,19	10,2	74,1	13,6	24,8
11,8	59,6	9,34	11,7	99,5	15,6	32,6
14,7	73,6	10,7	14,5	122,7	17,8	40,2
17,7	85,4	11,8	16,4	142,1	19,7	45,5
19,2	88,0	12,6	16,7	146,8	20,9	46,5
20,7	83,5	14,3	15,3	139,0	23,8	42,5

f) t = 10 cm.　　　　　Zahlentafel 120.

α	$100c_a'$	$100c_w'$	$100c_m'$	$100c_a$	$100c_w$	$100c_m$
−2,9°	−16,9	9,25	−2,8	−34,4	18,9	−11,7
0,0	−2,8	8,60	−0,3	−5,7	17,4	−1,4
+3,0	+9,1	8,90	+1,7	+18,5	18,2	+7,1
5,9	22,9	9,36	4,3	46,8	19,1	17,9
8,9	35,3	9,63	6,3	71,9	19,6	26,2
11,8	47,5	10,4	8,1	96,8	21,2	33,6
14,8	59,2	11,5	10,4	120,6	23,3	43,1
17,7	70,9	12,4	11,9	144,4	25,2	49,5
19,7	77,0	12,6	12,7	157,0	25,6	52,6
20,7	79,1	13,4	12,7	161,1	27,2	53,1
21,7	78,6	14,1	12,0	160,2	27,9	50,1
22,6	72,4	16,0	11,1	147,4	32,7	46,4
22,8	63,6	18,0	10,5	129,5	36,7	43,8

g) t = 8 cm.　　　　　Zahlentafel 121.

α	$100c_a'$	$100c_w'$	$100c_m'$	$100c_a$	$100c_w$	$100c_m$
−3,0°	−9,8	10,8	−1,6	−24,5	27,1	−9,8
0,0	+0,1	10,6	+0,1	+0,3	26,4	+0,4
+3,0	10,8	11,1	1,6	27,1	27,7	10,1
5,9	22,1	11,8	3,6	55,2	29,3	22,3
8,9	32,8	11,8	5,1	82,0	29,6	31,8
11,8	42,7	12,2	6,6	106,5	30,6	41,3
14,8	52,9	13,1	8,0	132,0	32,8	50,1
16,8	59,1	13,7	9,0	147,2	34,1	55,9
19,7	68,2	14,1	10,3	170,1	35,3	64,1
22,7	69,2	14,6	9,3	172,7	36,5	57,9
23,8	44,0	21,1	6,7	109,8	52,6	41,8

h) t = 6 cm.　　　　　Zahlentafel 122.

α	$100c_a'$	$100c_w'$	$100c_m'$	$100c_a$	$100c_w$	$100c_m$
−3,0°	−8,4	12,5	−1,0	−28,0	41,6	−11,3
0,0	−0,7	12,3	0,0	−2,3	41,2	+0,3
+3,0	+6,9	12,4	+1,0	+22,9	41,5	11,3
6,0	13,9	12,9	1,9	46,5	42,9	21,2
8,9	21,7	13,9	3,3	72,4	46,2	36,8
11,9	30,5	13,7	3,8	101,5	45,7	42,6
14,9	38,2	13,5	4,9	127,2	44,8	54,8
17,8	44,8	13,8	5,7	149,1	46,1	63,5
20,8	50,5	13,6	6,4	168,2	45,5	70,7
22,8	52,2	13,5	6,0	173,7	45,0	66,6
23,8	45,0	17,0	5,2	149,9	56,5	58,3

7. Profilwiderstände zweier dünner Profile bei verschiedenen Kennwerten.

In Nr. I, 1 ist erwähnt, daß der Kennwert 6000, wie er bei den normalen Profiluntersuchungen an 20 cm tiefen Flächen sich ergibt, in dasjenige Gebiet fällt, bei welchem der Übergang der laminaren in die turbulente Grenzschichtströmung bei dünnen ebenen Platten erfolgt. Es ist zu erwarten, daß schwachgewölbte dünne Profile sich ähnlich wie diese verhalten. Die nachfolgend mitgeteilten Versuche an zwei solchen Flügelschnitten hatten den Zweck, diese Vermutung zu prüfen.

Die Schnitte sind in Abb. 33 dargestellt. Sie besitzen ebene Unterseiten bis nahe an die Vorderkante. Die Flächentiefe war rd. 40 cm, die Spannweite 120 cm. Es wurden nur kleine Auftriebe untersucht, damit die Drahtaufhängung so schwach als möglich gewählt werden konnte, so daß der Drahtwiderstand gering war.

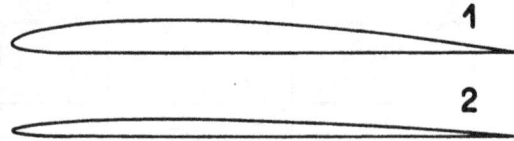

Abb. 33.

Im übrigen verlief die Messung genau so wie bei den Normalflächen. Vom gemessenen Widerstand wurde der gerechnete induzierte Widerstand abgezogen; der Rest wurde zum Vergleich mit den Plattenmessungen auf die ganze Flügeloberfläche bezogen und der entsprechende Beiwert

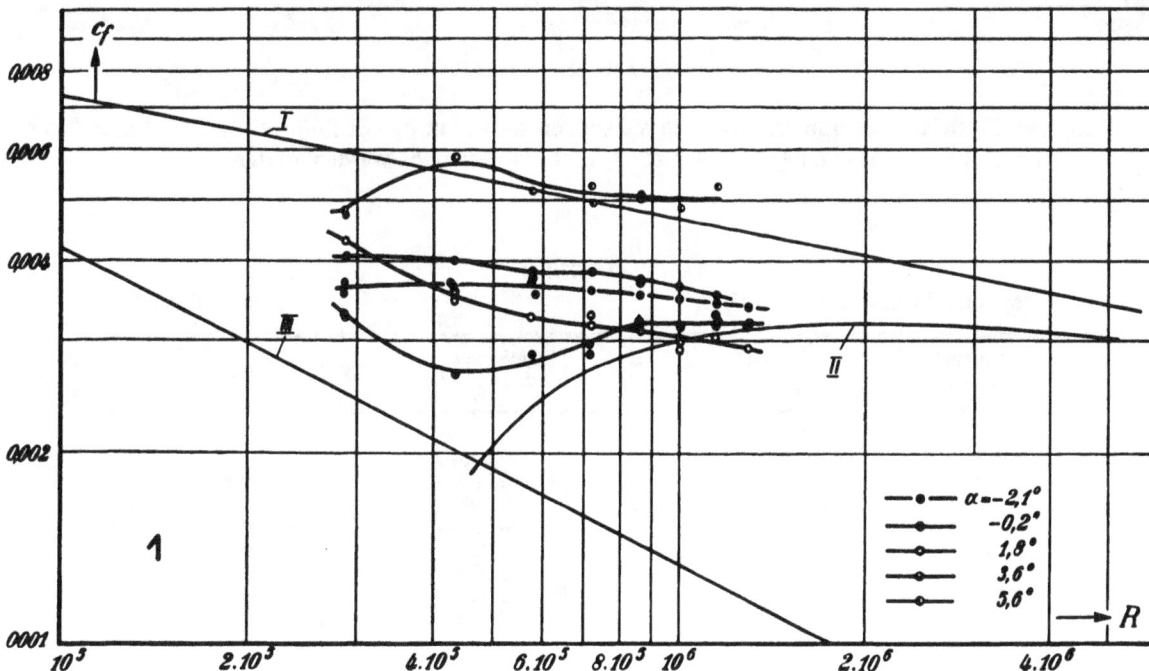

Abb. 34.

mit c_f bezeichnet (siehe die Zahlentafeln 123 bis 132). Die Auftragung (siehe Abb. 34 und 35) geschah so, daß über der Reynoldsschen Zahl $R = \frac{v \cdot t}{\nu}$ ($t =$ Flächentiefe) die c_f-Werte logarithmisch aufgetragen wurden. Zum Vergleich mit den Plattenmessungen (s. Abb. 2, S. 5 dieser Lieferung) sind die Geraden I und III (turbulente bzw. laminare Strömung) und die Übergangskurve II mit eingezeichnet.

Die Meßpunkte sind im Übergangsgebiet, wie immer, ziemlich schlecht reproduzierbar, doch ist ein paralleler Gang mit den Plattenmessungen bei kleinen Anstellwinkeln, besonders beim

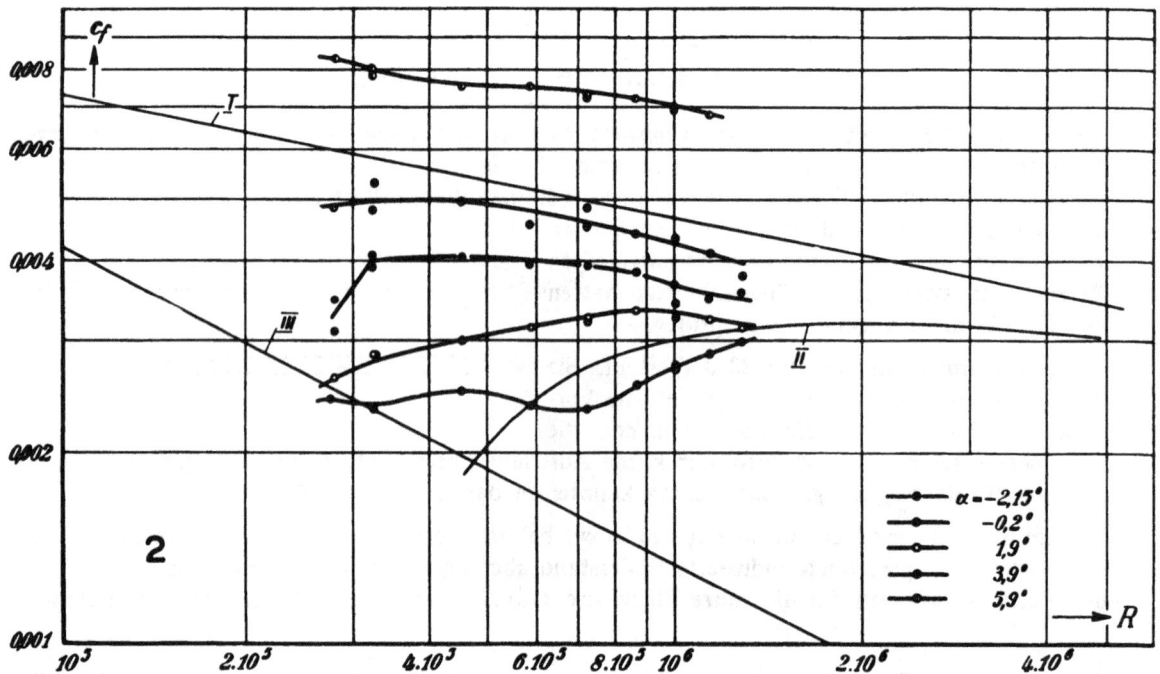

Abb. 35.

dünneren Profil, unverkennbar. Aus den Versuchen darf man den Schluß ziehen, daß dünne Profile nicht bei Reynoldsschen Zahlen kleiner als $R = 10^6$ untersucht werden sollten.

Profil 1.

a) Anstellwinkel $\alpha = -2,1^0$.   Zahlentafel 123.

Staudruck q kg/m²	Geschwindigkeit v m/s	$R = \dfrac{v \cdot t}{\nu}$	Reibungszahl c_f	$100\ c_a$	$100\ c_w$	A/W
6,26	10,2	$2,87 \cdot 10^5$	0,00370	10,1	0,85	11,9
14,06	15,3	$4,31 \cdot 10^5$	0,00365	9,6	0,83	11,5
25,7	20,7	$5,83 \cdot 10^5$	0,00355	8,7	0,79	11,0
39,3	25,6	$7,20 \cdot 10^5$	0,00360	8,2	0,79	10,5
56,3	30,7	$8,63 \cdot 10^5$	0,00355	7,8	0,77	10,2
76,5	35,7	$1,01 \cdot 10^6$	0,00350	7,0	0,75	9,3
100,0	40,8	$1,15 \cdot 10^6$	0,00345	6,3	0,73	8,7
126,6	46,0	$1,30 \cdot 10^6$	0,00340	6,0	0,72	8,3

Wiederholung.

6,22	10,2	$2,87 \cdot 10^5$	0,00355	10,7	0,83	12,8
13,85	15,2	$4,27 \cdot 10^5$	0,00370	9,7	0,84	12,3
25,0	20,4	$5,73 \cdot 10^5$	0,00370	9,1	0,83	10,9
56,1	30,6	$8,61 \cdot 10^5$	0,00350	7,7	0,76	10,1
99,9	40,8	$1,15 \cdot 10^6$	0,00330	6,3	0,70	9,0

b) Anstellwinkel $\alpha = -0,2^0$.   Zahlentafel 124.

Staudruck q kg/m²	Geschwindigkeit v m/s	$R = \dfrac{v \cdot t}{\nu}$	Reibungszahl c_f	$100\,c_a$	$100\,c_w$	A/W
6,32	10,28	$2,89 \cdot 10^5$	0,00328	20,9	1,12	18,6
14,12	15,38	$4,32 \cdot 10^5$	0,00265	19,4	0,93	20,9
39,0	25,55	$7,18 \cdot 10^5$	0,00298	17,7	0,93	19,0
56,2	30,6	$8,60 \cdot 10^5$	0,00318	17,4	0,96	18,2
77,0	35,9	$1,01 \cdot 10^6$	0,00315	16,8	0,93	18,1
103,1	41,5	$1,17 \cdot 10^6$	0,00322	16,1	0,92	17,4
129,0	46,4	$1,30 \cdot 10^6$	0,00320	15,6	0,90	17,3
		Wiederholung.				
6,19	10,17	$2,86 \cdot 10^5$	0,00331	20,3	1,10	18,5
25,15	20,55	$5,78 \cdot 10^5$	0,00287	18,3	0,93	19,7
39,0	25,55	$7,19 \cdot 10^5$	0,00285	17,6	0,90	19,6
56,2	30,6	$8,60 \cdot 10^5$	0,00323	17,2	0,96	18,0
100,3	40,9	$1,15 \cdot 10^6$	0,00318	16,3	0,92	17,8
126,7	45,9	$1,29 \cdot 10^6$	0,00317	15,8	0,90	17,6

c) Anstellwinkel $\alpha = 1,8^0$.   Zahlentafel 125.

Staudruck q kg/m²	Geschwindigkeit v m/s	$R = \dfrac{v \cdot t}{\nu}$	Reibungszahl c_f	$100\,c_a$	$100\,c_w$	A/W
6,31	10,27	$2,88 \cdot 10^5$	0,00430	28,6	1,73	16,6
14,1	15,35	$4,31 \cdot 10^5$	0,00348	28,5	1,56	18,3
24,9	20,4	$5,73 \cdot 10^5$	0,00328	28,5	1,52	18,7
39,2	25,6	$7,20 \cdot 10^5$	0,00330	27,9	1,49	18,8
56,3	30,7	$8,63 \cdot 10^5$	0,00312	27,5	1,43	19,2
76,6	35,8	$1,01 \cdot 10^6$	0,00298	27,3	1,39	19,7
100,1	40,9	$1,15 \cdot 10^6$	0,00303	26,6	1,36	19,6
126,6	46,0	$1,29 \cdot 10^6$	0,00292	26,3	1,32	19,8
		Wiederholung.				
14,1	15,35	$4,31 \cdot 10^5$	0,00358	28,5	1,57	18,2
39,1	25,6	$7,20 \cdot 10^5$	0,00318	28,0	1,47	19,1
76,6	35,8	$1,01 \cdot 10^6$	0,00290	27,4	1,38	19,8

d) Anstellwinkel $\alpha = 3,6^0$.   Zahlentafel 126.

Staudruck q kg/m²	Geschwindigkeit v m/s	$R = \dfrac{v \cdot t}{\nu}$	Reibungszahl c_f	$100\,c_a$	$100\,c_w$	A/W
6,31	10,3	$2,90 \cdot 10^5$	0,00475	41,3	2,77	14,9
14,2	15,4	$4,33 \cdot 10^5$	0,00400	40,5	2,55	15,9
25,2	20,5	$5,77 \cdot 10^5$	0,00375	39,9	2,45	16,2
39,3	25,7	$7,21 \cdot 10^5$	0,00385	39,4	2,43	16,2
56,5	30,7	$8,62 \cdot 10^5$	0,00375	39,2	2,39	16,4
76,8	35,9	$1,01 \cdot 10^6$	0,00365	39,0	2,35	16,5
100,3	41,0	$1,15 \cdot 10^6$	0,00355	38,5	2,29	16,7
		Wiederholung.				
6,31	10,3	$2,89 \cdot 10^5$	0,00405	40,7	2,57	15,9
25,1	20,5	$5,76 \cdot 10^5$	0,00385	39,8	2,46	16,2
56,6	30,8	$8,65 \cdot 10^5$	0,00370	39,1	2,37	16,5

e) Anstellwinkel $\alpha = 5,6^0$.   Zahlentafel 127.

Staudruck q kg/m²	Geschwindigkeit v m/s	$R = \dfrac{v \cdot t}{\nu}$	Reibungszahl c_f	$100\,c_a$	$100\,c_w$	A/W
6,22	10,2	$2,87 \cdot 10^5$	0,00480	51,0	3,73	13,7
13,92	15,3	$4,31 \cdot 10^5$	0,00580	50,8	3,90	13,0
25,1	20,5	$5,77 \cdot 10^5$	0,00515	50,2	3,71	13,5
39,1	25,6	$7,20 \cdot 10^5$	0,00525	49,7	3,68	13,5
56,6	30,8	$8,66 \cdot 10^5$	0,00505	49,5	3,62	13,7
76,9	35,9	$1,01 \cdot 10^6$	0,00485	49,5	3,58	13,8
100,0	41,0	$1,15 \cdot 10^6$	0,00525	48,6	3,57	13,6
		Wiederholung.				
14,35	15,5	$4,36 \cdot 10^5$	0,00585	50,7	3,91	13,0
39,2	25,7	$7,23 \cdot 10^5$	0,00495	50,4	3,69	13,6
56,1	30,7	$8,64 \cdot 10^5$	0,00510	49,6	3,64	13,6

Profil 2.

a) Anstellwinkel $\alpha = -2,15^0$.   Zahlentafel 128.

Staudruck q kg/m²	Geschwindigkeit v m/s	$R = \dfrac{v \cdot t}{\nu}$	Reibungszahl c_f	$100\,c_a$	$100\,c_w$	A/W
6,15	10,02	$2,80 \cdot 10^5$	0,00348	$-1,10$	0,698	$-1,58$
8,23	11,60	$3,25 \cdot 10^5$	0,00407	$-1,33$	0,815	$-1,63$
16,0	16,15	$4,52 \cdot 10^5$	0,00404	$-1,46$	0,809	$-1,81$
26,9	20,9	$5,85 \cdot 10^5$	0,00394	$-1,98$	0,791	$-2,50$
41,1	25,9	$7,25 \cdot 10^5$	0,00392	$-2,31$	0,791	$-2,92$
58,3	30,9	$8,65 \cdot 10^5$	0,00384	$-2,76$	0,775	$-3,56$
78,6	35,8	$1,00 \cdot 10^6$	0,00369	$-2,88$	0,747	$-3,86$
102,2	40,8	$1,14 \cdot 10^6$	0,00350	$-3,15$	0,711	$-4,43$
129,0	45,8	$1,28 \cdot 10^6$	0,00358	$-3,45$	0,728	$-4,73$
		Wiederholung.				
6,15	10,02	$2,81 \cdot 10^5$	0,00312	$-1,35$	0,626	$-2,16$
8,29	11,63	$3,26 \cdot 10^5$	0,00390	$-1,38$	0,781	$-1,77$

b) Anstellwinkel $\alpha = -0,2^0$.   Zahlentafel 129.

Staudruck q kg/m²	Geschwindigkeit v m/s	$R = \dfrac{v \cdot t}{\nu}$	Reibungszahl c_f	$100\,c_a$	$100\,c_w$	A/W
5,98	9,88	$2,77 \cdot 10^5$	0,00242	10,1	0,595	17,0
8,20	11,58	$3,24 \cdot 10^5$	0,00236	9,80	0,573	17,1
15,95	16,15	$4,52 \cdot 10^5$	0,00250	9,79	0,601	16,3
27,0	21,0	$5,88 \cdot 10^5$	0,00237	9,45	0,564	16,7
40,9	25,8	$7,22 \cdot 10^5$	0,00233	9,14	0,555	16,5
58,2	30,9	$8,65 \cdot 10^5$	0,00254	9,08	0,597	15,2
78,5	35,8	$1,00 \cdot 10^6$	0,00273	8,67	0,626	13,9
101,9	40,8	$1,14 \cdot 10^6$	0,00287	8,40	0,664	12,6
128,4	45,8	$1,28 \cdot 10^6$	0,00298	8,11	0,665	12,2
		Wiederholung.				
8,29	11,64	$3,26 \cdot 10^5$	0,00233	9,54	0,555	17,2
41,0	25,9	$7,25 \cdot 10^5$	0,00235	9,15	0,559	16,2
78,5	35,8	$1,00 \cdot 10^6$	0,00270	8,80	0,621	14,1

c) Anstellwinkel $\alpha = 1,9^0$. Zahlentafel 130.

Staudruck q kg/m²	Geschwindigkeit v m/s	$R = \dfrac{v \cdot t}{\nu}$	Reibungszahl c_f	$100\,c_a$	$100\,c_w$	A/W
6,13	10,0	$2,80 \cdot 10^5$	0,00262	20,5	0,97	21,2
8,25	11,6	$3,25 \cdot 10^5$	0,00284	20,4	1,01	20,6
16,1	16,2	$4,54 \cdot 10^5$	0,00301	19,9	1,02	19,6
27,0	21,0	$5,88 \cdot 10^5$	0,00315	19,5	1,03	19,0
41,1	25,9	$7,25 \cdot 10^5$	0,00327	19,1	1,04	18,5
58,4	30,9	$8,65 \cdot 10^5$	0,00334	19,0	1,05	18,0
78,5	35,8	$1,00 \cdot 10^6$	0,00343	18,8	1,06	17,8
102,0	40,8	$1,14 \cdot 10^6$	0,00323	18,8	1,02	18,5
128,4	45,8	$1,28 \cdot 10^6$	0,00317	18,6	1,00	18,5
		Wiederholung.				
8,36	11,68	$3,27 \cdot 10^5$	0,00283	20,2	1,00	20,2
41,25	25,9	$7,25 \cdot 10^5$	0,00321	18,9	1,02	18,6
58,5	30,9	$8,65 \cdot 10^5$	0,00336	18,8	1,05	18,0
78,5	35,8	$1,00 \cdot 10^6$	0,00326	18,9	1,03	18,3

d) Anstellwinkel $\alpha = 3,9^0$. Zahlentafel 131.

Staudruck q kg/m²	Geschwindigkeit v m/s	$R = \dfrac{v \cdot t}{\nu}$	Reibungszahl c_f	$100\,c_a$	$100\,c_w$	A/W
6,18	10,02	$2,81 \cdot 10^5$	0,00485	31,2	2,00	15,5
8,26	11,60	$3,25 \cdot 10^5$	0,00480	30,5	2,04	15,7
16,0	16,15	$4,53 \cdot 10^5$	0,00495	30,6	1,98	15,4
26,9	20,9	$5,86 \cdot 10^5$	0,00457	30,4	1,89	16,1
40,8	25,8	$7,23 \cdot 10^5$	0,00452	30,0	1,86	16,0
58,1	30,8	$8,63 \cdot 10^5$	0,00440	29,7	1,82	16,3
78,2	35,7	$1,00 \cdot 10^6$	0,00435	29,8	1,81	16,5
101,5	40,7	$1,14 \cdot 10^6$	0,00410	29,7	1,78	16,9
128,0	45,7	$1,28 \cdot 10^6$	0,00380	29,4	1,68	17,5
		Wiederholung.				
8,4	11,7	$3,28 \cdot 10^5$	0,00530	30,3	2,03	14,9
41,0	25,8	$7,23 \cdot 10^5$	0,00485	29,6	1,89	15,7
78,3	35,7	$1,00 \cdot 10^6$	0,00435	29,6	1,80	16,4

e) Anstellwinkel $\alpha = 5,9^0$. Zahlentafel 132.

Staudruck q kg/m²	Geschwindigkeit v m/s	$R = \dfrac{v \cdot t}{\nu}$	Reibungszahl c_f	$100\,c_a$	$100\,c_w$	A/W
6,21	10,04	$2,81 \cdot 10^5$	0,0083	41,2	3,46	11,9
8,22	11,55	$3,23 \cdot 10^5$	0,0080	41,2	3,40	12,1
16,09	16,15	$4,52 \cdot 10^5$	0,0075	41,0	3,28	12,5
27,0	20,93	$5,86 \cdot 10^5$	0,0075	40,4	3,23	12,5
41,0	25,8	$7,22 \cdot 10^5$	0,0072	40,3	3,17	12,7
58,3	30,8	$8,61 \cdot 10^5$	0,0072	40,1	3,15	12,7
78,5	35,7	$1,00 \cdot 10^6$	0,0070	40,2	3,10	13,0
102,0	40,7	$1,14 \cdot 10^6$	0,0068	40,2	3,08	13,0
		Wiederholung.				
8,35	11,65	$3,26 \cdot 10^5$	0,0078	40,8	3,32	12,3
41,1	25,8	$7,22 \cdot 10^5$	0,0073	40,2	3,17	12,7
78,5	35,7	$1,00 \cdot 10^6$	0,0069	40,3	3,10	13,0

8. Messungen an Flügeln mit Ausschnitten.[1])

Bereits im vorigen Abschnitt wurde auf die Anbringung von Ausschnitten in Flugzeugtrag-flügeln hingewiesen. Im folgenden sollen nun einige Messungen mitgeteilt werden, die an einem Flügel mit verschiedenen Ausschnitten und zwar sowohl in der Hinterkante als auch in der Vorder-kante des Flügels vorgenommen wurden.

Abb. 36 zeigt zunächst die einzelnen Anordnungen und Größen der Ausschnitte; sie waren kreisbogenförmig und mit einer Ausnahme — Ausschnitt V b, der im übrigen die gleiche Form wie V a besaß — an den Kanten gut abgerundet. Der Flügel mit dem Profil 387 (s. I. Lieferung der „Ergebnisse") besaß eine Spannweite von 100 cm und eine Tiefe von 20 cm. Zunächst wurde der Flügel ohne Aus-schnitt gemessen (Zahlentafel 133), dar-auf nacheinander mit den einzelnen Aus-schnitten; die Aufhängung war die normale Dreikomponentenaufhängung. Die Ergebnisse sind in der üblichen Weise aufgetragen; Abb. 37 enthält die Versuche mit den Ausschnitten an der Vorderkante, Abb. 38 mit denjenigen an der Hinterkante; der Flügel ohne Aus-schnitt ist zum Vergleich in beiden Diagrammen mit eingezeichnet. Die zahlenmäßige Wiedergabe der Ergebnisse ist in den Zahlentafeln 134 bis 139 ent-halten. Als Bezugsfläche zur Berechnung der Beiwerte wurde bei sämtlichen An-ordnungen immer die Projektionsfläche des ganzen Flügels, also ohne Ausschnitt, genommen.

Bei der Betrachtung der Ergebnisse sieht man, daß der Einfluß der vorderen und der hinteren Ausschnitte ganz ver-schiedener Art ist. Letztere erzeugen im wesentlichen eine Vergrößerung des Profilwiderstandes, der maximale Auf-trieb bleibt nur wenig hinter dem des

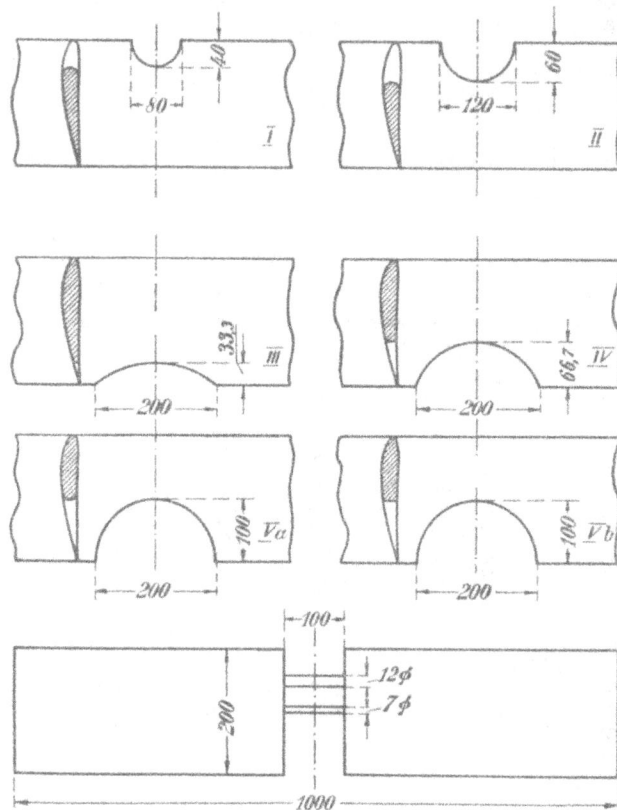

Abb. 36.

Flügels ohne Ausschnitt zurück. Kleine Ausschnitte schaden fast gar nichts; Bedingung ist jedoch eine gute Abrundung der Schnittkanten, wie das Beispiel von Ausschnitt V a und V b zeigt.

Ganz anders ist das Verhalten der vorderen Ausschnitte. Bei kleinen Anstellwinkeln zeigt der Flügel mit einem Ausschnitt in der Vorderkante zunächst kaum einen Unterschied gegenüber dem normalen Flügel ohne Ausschnitt. Von einem bestimmten Punkt ab nimmt jedoch der Widerstand plötzlich stark zu; außerdem bleibt das Auftriebsmaximum mehr hinter dem des Normalflügels zurück, als dieses bei den hinteren Ausschnitten der Fall ist.

Daß die vorderen Ausschnitte so sehr viel mehr schaden als die hinteren, hängt damit zusammen, daß in der Nähe der Vorderkante die Druckunterschiede zwischen Saug- und Druckseite sehr viel größer sind als in der Nähe der Hinterkante. Sehr wichtig ist auch, daß die Verschlechterung des Profils durch den vorderen Ausschnitt das Abreißen der Strömung an dieser Stelle sehr begünstigt. Aus dem Abweichen der Kurven I und II in Abb. 37 von der des Normalflügels ist ersichtlich, daß

_____

[1]) Vgl. „Vorläufige Mitteilungen der A.V.A.", Heft 1 (Lit.-Verz. A).

dieses Abreißen schon bei sehr niedrigen c_a-Werten erfolgt. Für den Verlauf der Kurven oberhalb dieser Stelle kommt auch in Betracht, daß nunmehr, wo der Verlauf des Auftriebs über den Flügel in der Mitte durch die Stelle mit abgerissener Strömung unterbrochen ist, der induzierte Widerstand in ähnlicher Weise erhöht ist, wie dies bei Flügeln der Fall ist, die durch einen Spalt unterbrochen sind. Um diese Ähnlichkeit aufzuzeigen, wurde noch ein Flügel mit einem Spalt in Fahrtrichtung von 10 cm Breite untersucht (s. Abb. 36). Das Ergebnis ist ebenfalls in Abb. 37 eingetragen. Die Polarkurve dieses Flügels mit Längsspalt zeigt in der Tat eine gewisse Übereinstimmung mit den Kurven der vorderen Ausschnitte oberhalb der Abreißstelle.

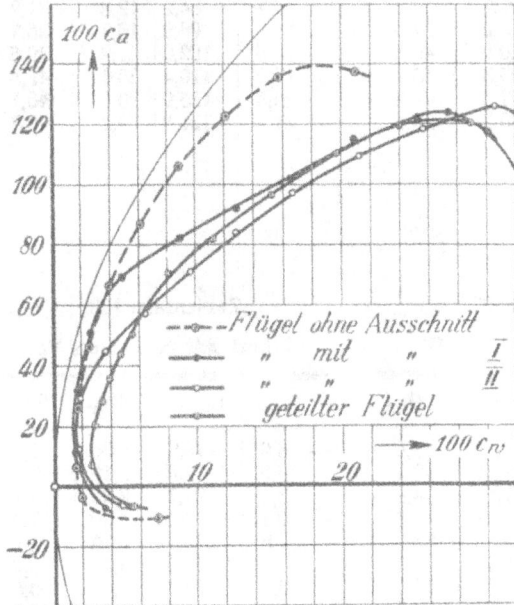

Abb. 37.

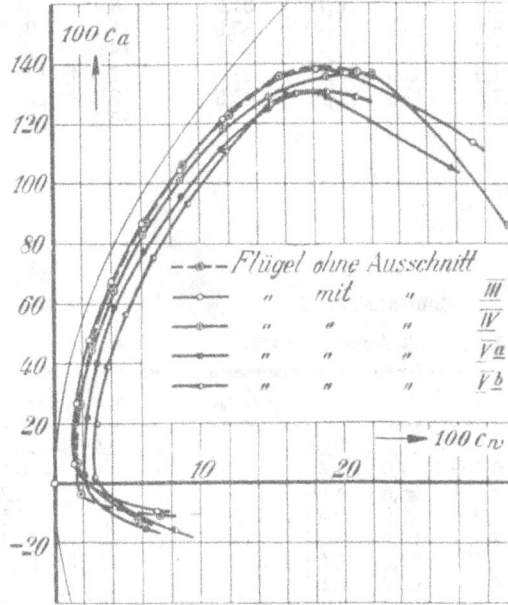

Abb. 38.

Flügel mit Spalt sind übrigens schon während des Krieges untersucht worden (vgl. T.B. II)[1]. Die Vermehrung des induzierten Widerstandes durch die Unterbrechung des Flügels ist theoretisch verfolgt worden[2]. Die Ergebnisse der Rechnung stimmen, wenn man von den sehr engen Spalten absieht, gut mit den Versuchen überein; bei sehr engen Spalten gibt die Theorie zu ungünstige Werte.

Mit Rücksicht auf den schädlichen Einfluß namentlich auf den Widerstand sind also bei Flugzeugtragflügeln Schlitze, wie sie z. B. bei Flügelverbindungen auftreten können, sowie Ausschnitte in der Vorderkante der Flügel[3] tunlichst zu vermeiden. Ausschnitte in der Hinterkante sind, wenn sie sich in mäßigen Grenzen bewegen, dagegen erheblich weniger schädlich, als man zunächst vermuten möchte.

---

[1] M. Munk und G. Cario, Flügel mit Spalt in Fahrtrichtung, T.B. I, S. 219 (Lit.-Verz. der I. Lief. B. II, 7).

[2] Tragflügeltheorie, II. Mittlg., Nr. 9. Dort findet sich die Näherungsformel

$$\frac{1}{\varkappa} = 1 - \frac{1}{2\sqrt{1 + 0,35\,(^{10}\log b/d)^2}}$$

(b = Spannweite, d = Spaltweite); der Gütegrad $\varkappa$ bezieht sich auf den Vergleich mit einem Eindecker, der durch Zusammenschieben der beiden Hälften entsteht (Spannweite = $b - d$).

[3] In Nr. III, 15 b wird an dem Beispiel des Segelflugzeugs „Greif" der Einfluß solch eines Ausschnittes auf die Polarkurve eines ganzen Flugzeuges gezeigt.

Zahlentafel 133.

Flügel ohne Ausschnitt.

α	$100\,c_a$	$100\,c_w$	$100\,c_m$
— 9,0°	—10,9	7,24	— 2,6
— 7,5	— 3,9	1,95	+ 8,9
— 6,0	+ 6,7	1,56	11,3
— 3,1	26,4	1,74	15,9
— 0,2	46,4	2,58	20,8
+ 2,8	66,2	3,96	25,7
5,7	86,9	6,18	31,0
8,6	105,9	8,90	35,9
11,6	122,6	12,1	40,1
14,5	135,6	15,7	43,6
17,5	137,3	21,0	45,5

Zahlentafel 134.

Flügel mit Ausschnitt I.

α	$100\,c_a$	$100\,c_w$	$100\,c_m$
— 9,0°	— 7,4	3,58	6,2
— 6,0	+11,6	1,41	12,0
— 3,1	31,3	1,65	16,8
— 0,2	50,7	2,63	22,0
+ 2,7	69,1	4,88	26,8
5,7	81,6	8,95	33,9
8,7	91,5	12,9	34,2
11,6	101,9	16,6	37,0
14,6	115,0	20,9	40,3
17,6	121,9	25,3	43,1
18,6	122,8	27,3	44,2
20,6	117,0	30,5	38,5

Zahlentafel 135.

Flügel mit Ausschnitt II.

α	$100\,c_a$	$100\,c_w$	$100\,c_m$
— 9,0°	— 6,6	4,77	5,7
— 6,1	+12,5	1,74	14,0
— 3,1	29,2	1,89	16,3
— 0,2	44,8	3,76	20,7
+ 2,8	57,3	6,47	24,3
5,7	70,9	9,65	28,0
8,7	84,2	12,8	31,9
11,6	96,9	16,7	35,7
14,6	109,0	21,2	39,6
17,6	118,4	25,7	42,8
20,5	125,9	30,7	46,1
21,6	121,0	32,7	42,7

Zahlentafel 136.

Flügel mit Ausschnitt III.

α	$100\,c_a$	$100\,c_w$	$100\,c_m$
— 9,0°	— 9,9	7,05	3,9
— 6,0	+ 7,0	1,46	11,0
— 3,1	26,6	1,68	15,7
— 0,2	47,9	2,43	20,2
+ 2,8	67,0	3,98	25,6
5,7	86,2	6,03	30,5
8,6	104,4	8,57	34,8
11,6	121,3	11,7	39,0
14,5	133,5	15,1	42,0
17,5	137,0	20,3	43,7
20,6	114,1	29,2	40,8

Zahlentafel 137.

Flügel mit Ausschnitt IV.

α	$100\,c_a$	$100\,c_w$	$100\,c_m$
— 9,0°	—12,1	5,82	3,6
— 6,0	+ 6,1	1,71	10,1
— 3,1	25,8	1,84	14,8
— 0,2	44,5	2,68	18,8
+ 2,8	64,7	4,13	23,9
5,7	83,3	6,15	28,4
8,6	101,0	8,73	33,0
11,6	117,7	11,7	36,7
14,5	128,8	14,9	39,4
17,5	135,5	18,9	41,2
18,5	138,0	22,1	41,3
20,7	85,9	31,6	33,2

Zahlentafel 138.

Flügel mit Ausschnitt Va.

α	$100\,c_a$	$100\,c_w$	$100\,c_m$
— 8,9°	—15,4	6,36	2,4
— 6,0	+ 2,6	2,19	8,7
— 3,1	21,7	2,32	13,1
— 0,1	40,1	3,00	17,4
+ 2,8	59,1	4,15	21,8
5,7	77,5	6,15	26,2
8,7	95,3	9,73	30,8
11,6	111,2	11,5	34,3
14,5	125,0	14,9	38,0
17,5	129,0	18,9	39,5
20,6	105,2	27,6	36,4

Zahlentafel 139.

Flügel mit Ausschnitt Vb.

α	$100\,c_a$	$100\,c_w$	$100\,c_m$
— 8,9°	—15,9	8,22	0,6
— 6,0	+ 1,8	2,81	8,9
— 3,1	19,9	3,01	12,8
— 0,1	38,7	3,74	16,9
+ 2,8	56,5	4,92	21,1
5,7	75,5	6,79	26,0
8,6	93,6	9,20	30,5
11,6	110,8	11,9	34,4
14,5	125,8	15,0	38,6
16,0	129,7	16,8	39,4
17,5	130,5	18,9	40,0
18,9	129,2	20,9	40,1

9. Untersuchungen an Flügeln mit Endscheiben.[1])

Die nachfolgenden Messungen wurden hauptsächlich ausgeführt, um die Wichtigkeit und den Geltungsbereich der unter Nr. I, 5 wiedergegebenen theoretischen Ergebnisse zu prüfen. Die Flügel, welche bei den Versuchen verwandt wurden, hatten das Profil Nr. 535 (s. S. 47 bzw. 57 dieser Lieferung). Die Flügeltiefe betrug stets 30 cm, die Spannweite bei einer Versuchsreihe rd. 80 cm, bei einer anderen rd. 40 cm. An den Enden dieser Flügel wurden ebene Scheiben von teils kreisförmigem, teils elliptischem Umriß angebracht. Die Formen und Abmessungen der verwandten 6 Scheiben sind in Abb. 39 zusammengestellt. Zur Bezeichnung der einzelnen Anordnungen ist in den Diagrammen die Nummer der Scheibenform gemäß Abb. 39 angegeben.

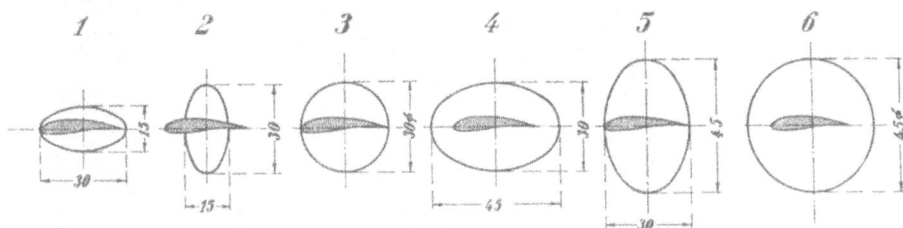

Abb. 39.

Die Versuchsergebnisse sind in den Zahlentafeln 140 bis 153 und in den Diagrammen Abb. 40 bis 45 wiedergegeben.

Da nach der Theorie für den Einfluß der Scheiben nur deren Höhe maßgebend ist, so wurden die Ergebnisse der Anordnungen mit gleicher Scheibenhöhe jeweils in einem Diagramm zusammengestellt. In dieses wurde auch die nach der Theorie (S. 18) sich ergebende Parabel des induzierten

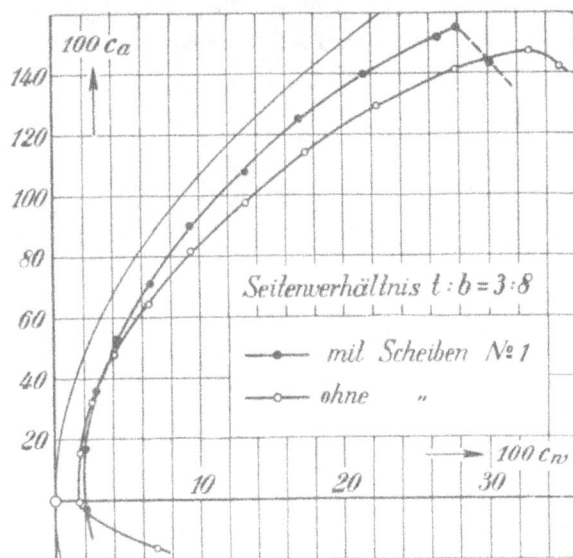

Abb. 40.

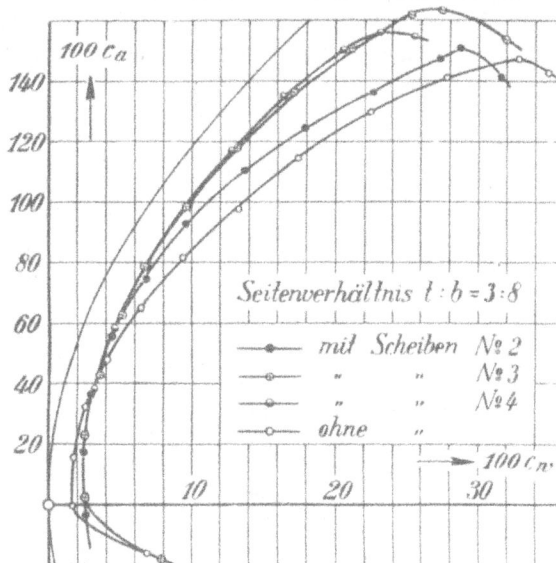

Abb. 41.

Widerstandes mit eingezeichnet. Außerdem ist in jedem Diagramm zum Vergleich die Polare des Flügels o h n e Scheiben wiedergegeben. Man ersieht aus diesen Zusammenstellungen deutlich, wie weit die theoretischen Ergebnisse zutreffen. Wenn man nämlich den Profilwiderstand bis zum Abreißen als annähernd unabhängig vom Anstellwinkel voraussetzt, so müssen, wenn die theoretischen Voraussetzungen zutreffen, die gemessenen Polaren in annähernd konstantem Abstand von der theoretischen Parabel verlaufen. Besonders lehrreich sind die Diagramme Abb. 41 und 44,

---

[1]) Vgl. den entsprechenden Artikel in den „Vorläufigen Mitteilungen der A.V.A.", Heft 2 (Lit.-Verz. A).

in denen je 3 Scheiben (Nr. 2, 3 und 4) gleicher Höhe aber verschiedener Tiefe zum Vergleich stehen. Wenn die Scheibentiefe gleich der Flügeltiefe (Nr. 3) oder größer ist (Nr. 4), so stimmen die Messungs- ergebnisse gut mit der theoretischen Forderung überein. Dies bestätigt sich auch bei den übrigen

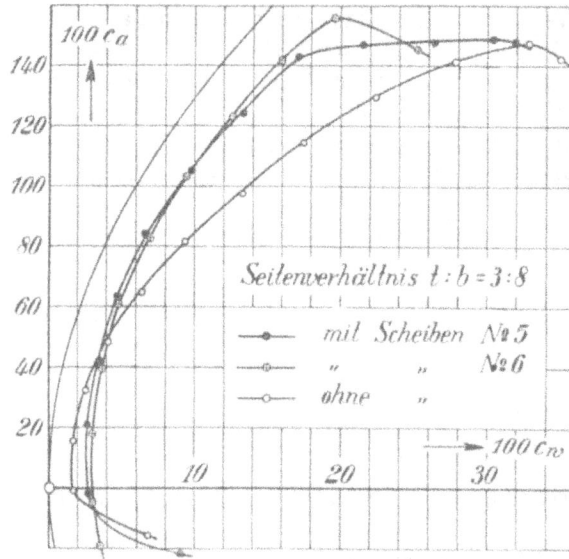

Abb. 42.

Diagrammen. Wenn aber die Scheibentiefe nur halb so groß ist wie die Flügeltiefe (Nr. 2), so ist ihre Wirkung erheblich abgeschwächt. Man kann dieses Ergebnis auch auf Grund der Theorie verstehen: die Scheiben müssen den theoretischen Vorstellungen gemäß Kräfte senkrecht zu ihrer

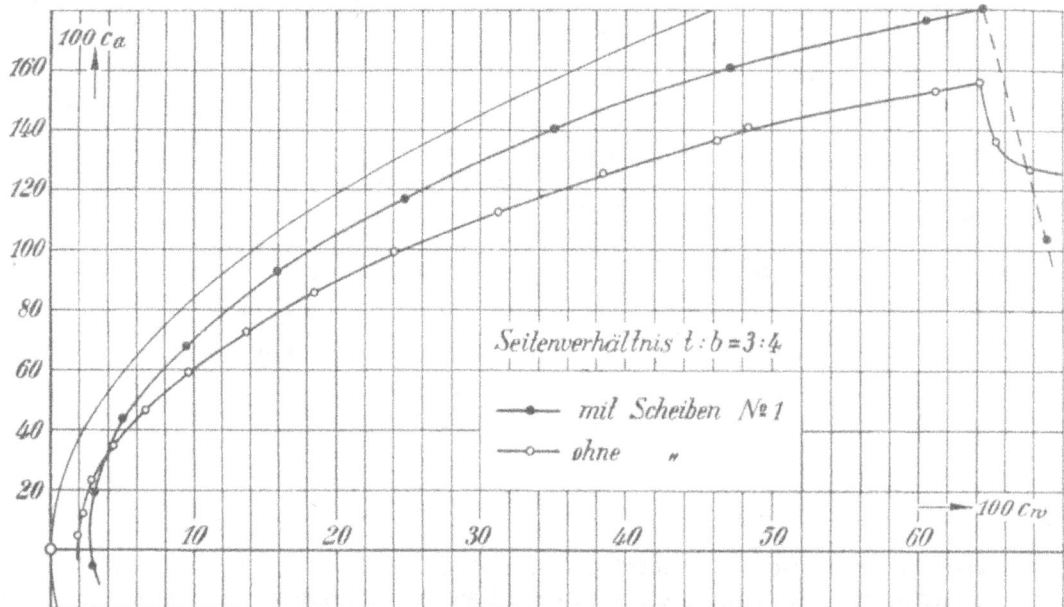

Abb. 43.

Fläche aufnehmen, durch die auf der Saugseite eine einwärts und auf der Druckseite eine auswärts gerichtete Strömung erzeugt wird. Diese Kräfte auf die Scheiben kommen in gleicher Weise wie der Auftrieb auf einen Flügel zustande, indem nämlich die Strömung auf der Saugseite des Flügels nach einwärts und auf der Druckseite nach auswärts gerichtet ist, so daß die Scheiben gegen diese

Strömung einen Anstellwinkel haben. Zum Auftrieb des Flügels trägt dieser Scheiben-„Auftrieb" natürlich nichts bei, da er ja in der Richtung der Spannweite wirkt. Wenn nun die Tiefe der Scheibe zu klein ist, so können die Scheiben nur einen „Auftrieb" von beschränkter Größe geben. Infolgedessen erreicht der Auftrieb auf die Scheiben nicht die Werte, die nach der Theorie bei

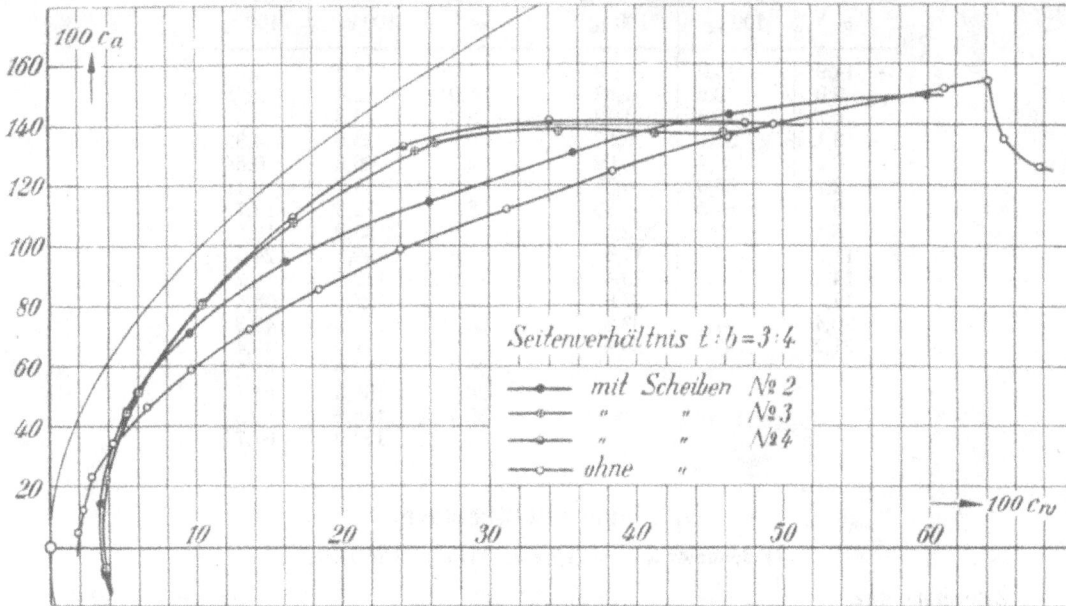

Abb. 44.

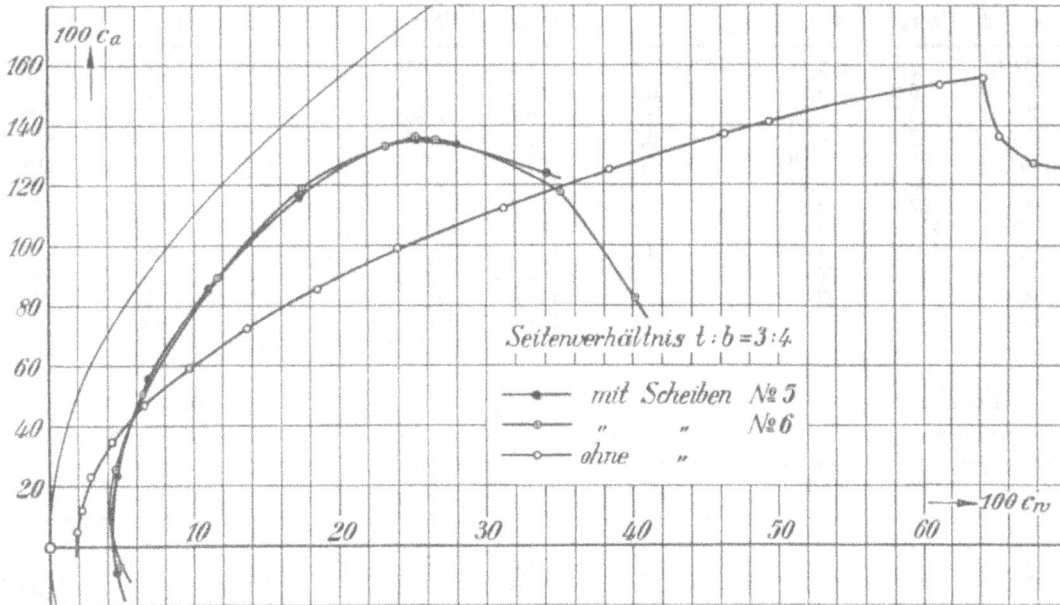

Abb. 45.

größeren Anstellwinkeln erforderlich sind, um den induzierten Widerstand annähernd auf seinen Minimalwert zu bringen.

Da die Scheiben für sich einen zusätzlichen Widerstand verursachen, wird bei kleinem Auftrieb der Widerstand durch die Scheiben vergrößert. Erst bei größerem Auftrieb überwiegt die durch die Scheiben bewirkte Verminderung des induzierten Widerstandes.

I. Flügel ohne Scheiben.

1) Spannweite $b = 79,8$ cm; Tiefe $t = 30,1$ cm.

Zahlentafel 140.

α	$100\,c_a$	$100\,c_w$
— 11,9°	— 15,9	6,78
— 9,0	— 0,6	1,62
— 6,1	+ 15,6	1,73
— 3,1	32,1	2,58
— 0,2	48,4	4,08
+ 2,7	65,0	6,37
5,5	81,5	9,36
8,6	97,6	13,2
11,5	114,2	17,5
14,5	129,4	22,4
17,4	141,1	27,8
20,4	147,1	32,8
21,2	142,3	34,9

2) Spannweite $b = 39,6$ cm; Tiefe $t = 30,1$ cm.

Zahlentafel 141.

α	$100\,c_a$	$100\,c_w$
— 9,0°	4,8	1,91
— 6,0	12,4	2,25
— 3,0	23,3	2,84
— 0,1	35,0	4,39
+ 2,9	46,8	6,64
5,9	59,2	9,71
8,8	72,5	13,7
11,8	85,9	18,5
14,8	99,1	24,0
17,8	112,5	31,2
20,7	125,1	38,4
23,7	136,8	46,3
24,9	141,0	49,4
29,7	153,0	61,2
30,7	155,8	64,2
32,7	136,2	65,3
34,7	127,0	67,7

II. Flügel mit Scheiben.

1) Spannweite $b = 79,8$ cm; Tiefe $t = 30,1$ cm.

Zahlentafel 142.

Scheiben Nr. 1.

α	$100\,c_a$	$100\,c_w$
— 9,0°	— 2,9	2,11
— 6,1	+ 16,8	2,16
— 3,2	35,7	2,88
— 0,2	53,0	4,33
+ 2,7	71,1	6,58
5,6	90,3	9,39
8,5	107,9	13,3
11,5	125,1	17,0
14,4	140,1	21,6
17,3	152,0	26,6
18,3	155,4	27,9
20,4	143,2	30,2

Zahlentafel 143.

Scheiben Nr. 2.

α	$100\,c_a$	$100\,c_w$
— 9,0°	— 3,4	2,46
— 6,1	+ 17,0	2,42
— 3,2	36,4	2,98
— 0,2	56,1	4,38
+ 2,7	74,8	6,81
5,6	93,3	9,60
8,5	110,3	13,6
11,5	124,2	17,9
14,3	136,0	22,5
17,4	147,2	27,3
18,4	150,8	28,7
20,4	141,2	31,6

Zahlentafel 144.

Scheiben Nr. 3.

α	$100\,c_a$	$100\,c_w$
— 11,9°	— 18,1	7,80
— 9,0	+ 2,5	2,49
— 6,1	22,3	2,60
— 3,2	43,3	3,54
— 0,3	63,2	5,07
+ 2,7	79,0	6,75
5,6	98,8	9,60
8,4	117,7	13,1
11,4	136,0	17,2
14,4	150,5	21,3
17,3	161,7	25,4
17,9	163,3	27,5
20,3	154,4	31,9

Zahlentafel 145.

Scheiben Nr. 4.

α	$100\,c_a$	$100\,c_w$
— 9,0°	— 3,1	2,54
— 6,1	+ 17,5	2,47
— 3,2	38,6	3,31
— 0,3	58,5	4,72
+ 2,7	78,8	6,66
5,6	98,3	9,57
8,5	116,9	12,9
11,3	135,2	16,5
14,4	150,4	20,6
15,8	156,9	23,1
17,3	154,6	25,6

Zahlentafel 146.

Scheiben Nr. 5.

α	$100\,c_a$	$100\,c_w$
— 11,9°	— 21,6	9,11
— 9,0	— 1,5	2,85
— 6,1	+ 21,0	2,87
— 3,2	41,9	3,54
— 0,3	63,2	4,99
+ 2,6	84,3	6,77
5,5	105,4	9,95
8,5	124,2	13,4
11,4	143,0	17,2
14,4	146,7	21,5
17,4	147,6	26,3
20,4	149,4	30,4
21,2	148,1	31,9

Zahlentafel 147.

Scheiben Nr. 6.

α	$100\,c_a$	$100\,c_w$
— 10,9°	— 18,9	3,45
— 9,0	— 4,8	2,93
— 6,1	+ 17,9	2,90
— 3,2	39,8	3,58
— 0,3	60,9	4,72
+ 2,6	82,9	6,85
5,5	103,2	9,38
8,5	122,7	12,5
11,4	141,6	16,0
14,3	155,8	19,6
17,4	145,3	25,3

2) Spannweite $b = 39,6$ cm; Tiefe $t = 30,1$ cm.

Zahlentafel 148.

Scheiben Nr. 1.

α	$100\,c_a$	$100\,c_w$
$-10,0^o$	$-5,13$	2,93
$-5,0$	$+19,4$	3,09
$-0,1$	43,7	5,05
$+4,9$	68,0	9,53
9,8	92,7	15,9
14,7	117,0	24,7
19,7	140,2	35,0
24,7	160,8	47,1
29,6	176,5	60,5
30,6	180,5	64,4

Zahlentafel 149.

Scheiben Nr. 2.

α	$100\,c_a$	$100\,c_w$
$-10,0^o$	$-9,3$	3,73
$-5,0$	$+14,6$	3,45
$-0,1$	45,5	5,21
$+4,8$	71,6	9,60
9,8	95,5	16,2
14,8	115,0	26,0
19,7	131,4	35,7
24,5	144,2	46,5
29,7	150,6	60,0

Zahlentafel 150.

Scheiben Nr. 3.

α	$100\,c_a$	$100\,c_w$
$-10,0^o$	$-6,8$	3,74
$-5,0$	$+22,4$	3,83
$--0,1$	51,4	6,05
$+4,8$	80,3	10,4
9,8	107,3	16,7
14,7	131,1	25,1
15,7	134,0	26,4
19,7	137,7	34,7
22,2	137,6	41,3
24,7	137,9	46,1

Zahlentafel 151.

Scheiben Nr. 4.

α	$100\,c_a$	$100\,c_w$
$-10,0^o$	$-7,8$	3,70
$-5,0$	$+21,7$	3,80
$-0,1$	51,2	5,99
$+4,8$	81,0	10,5
9,8	109,0	16,7
14,7	133,1	24,2
19,7	141,1	34,0
24,7	140,5	47,5

Zahlentafel 152.

Scheiben Nr. 5.

α	$100\,c_a$	$100\,c_w$
$-10,0^o$	$-8,4$	4,69
$-5,1$	$+24,0$	4,72
$-0,1$	55,8	6,94
$+4,8$	86,0	11,1
9,7	116,1	17,4
13,7	131,3	23,7
14,7	135,9	25,4
16,7	123,4	28,7
19,7	124,6	34,2

Zahlentafel 153.

Scheiben Nr. 6.

α	$100\,c_a$	$100\,c_w$
$-10,0^o$	$-6,9$	4,81
$-5,1$	$+25,4$	4,53
$-0,1$	50,7	7,03
$+4,8$	89,6	11,5
9,7	119,1	17,3
13,7	132,8	23,1
14,7	136,9	25,1
15,7	135,2	26,5
19,7	118,5	35,0
24,6	82,4	40,1

10. Untersuchung eines Flügels mit geteiltem Profil.

Der zu diesen Versuchen verwandte Flügel war ein Normalflügel von rechteckigem Grundriß (Breite 100 cm, Tiefe 20 cm). Das Profil im ursprünglichen Zustande, d. h. bei Stellung 0 des Oberflügels, ist in Abb. 46 dargestellt.

Zunächst wurde an dem Flügel eine normale Messung vorgenommen, wobei die beiden Teile des Flügels zusammenlagen, der Oberflügel sich also in Stellung 0 befand. Die Polarkurve des ungeteilten Profils ist in Abb. 48 wiedergegeben, die zahlenmäßige Angabe der c_a-, c_w- und c_m-Werte in Zahlentafel 154 enthalten.

Nun wurden die beiden Teile des Flügels durch Auseinanderziehen in Doppeldeckeran-

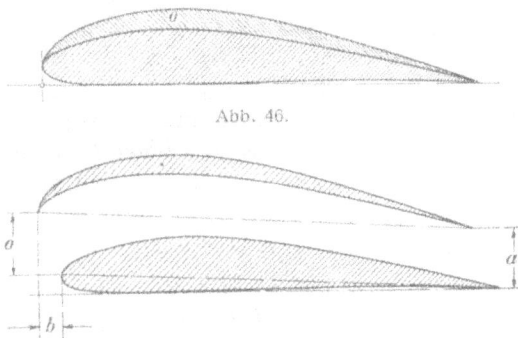

Abb. 46.

Abb. 47.

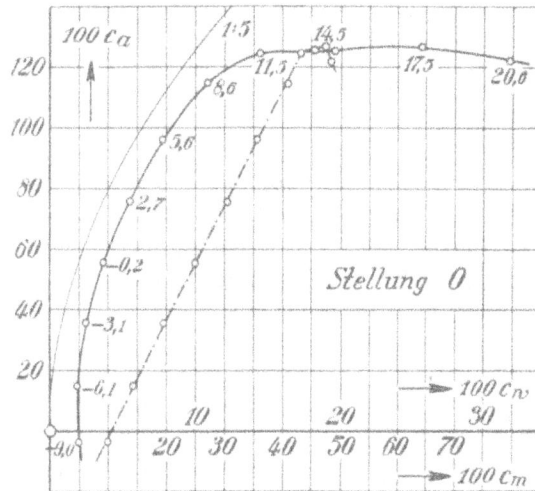

Abb. 48.

7*

ordnung gebracht und an diesem Doppeldecker die Messungen, wieder normale Dreikomponentenmessungen, vorgenommen. Der Doppeldecker wurde dabei in verschiedenen Stellungen der beiden
Einzelflügel zueinander untersucht. Die einzelnen Stellungen gehen aus folgender Zusammenstellung
hervor, wobei die Bedeutung der Größen a (Abstand) und b (Staffelung) aus Abb. 47 zu ersehen ist:

Stellung	0	1	2	3	4
a	0	7	20	50	80 mm
b	0	0	1	10	33 „

In der ersten Versuchsreihe wurde die Gesamtkraft auf beide Flügel, die zu diesem Zwecke fest
miteinander verbunden waren, gemessen. Das Ergebnis dieser Messungen ist in Abb. 49 und in

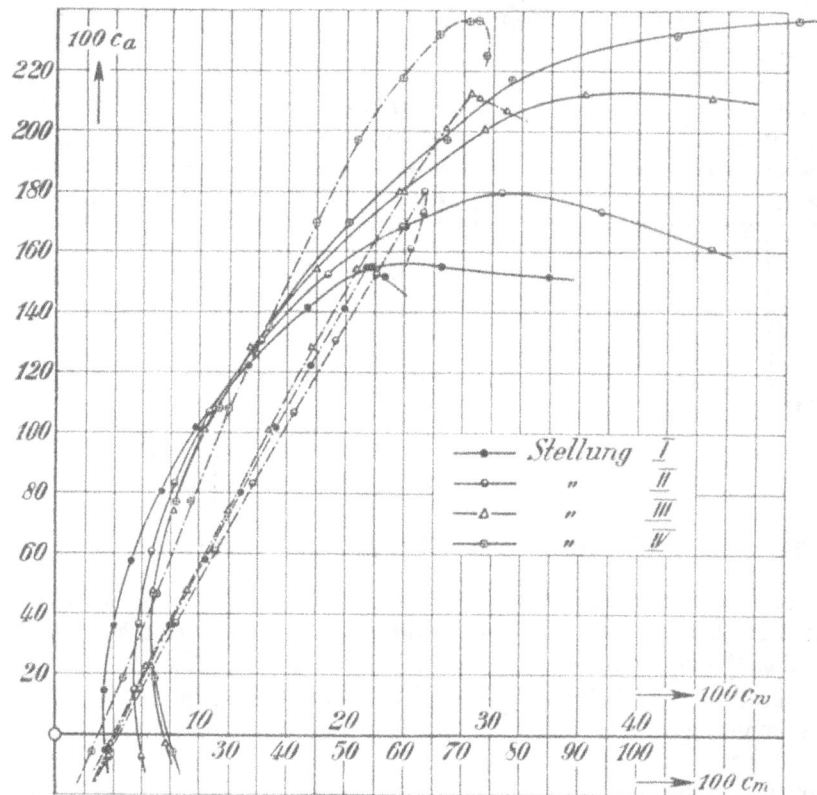

Abb. 49.

Zahlentafel 155 bis 158 enthalten, dabei sind die c_a-, c_w- und c_m-Werte auf Fläche (Projektionsfläche)
und Tiefe des Hauptflügels, d. i. des Unterflügels, bezogen; die Momentenbezugsachse geht durch
den vordersten Punkt der Sehne des Hauptflügels oder genauer gesagt durch den Schnittpunkt
der Sehne mit der dazu senkrechten Tangente an die Profilnase (s. die Definition auf S. 32 der
I. Lieferung). Zu der Auftragung der Ergebnisse in Abb. 49 muß noch bemerkt werden, daß es
natürlich nicht angängig ist, für den induzierten Widerstand des aufgeklappten Flügels denjenigen
des zusammengeklappten, also des Eindeckers, zu nehmen, vielmehr muß für jede einzelne Doppeldeckeranordnung der induzierte Widerstand besonders berechnet werden. Der Deutlichkeit halber
ist hier von einer Eintragung der Widerstandsparabeln abgesehen, sie lassen sich jedoch nach der
Theorie der Mehrdecker (vgl. II. Lieferung, Nr. III: Der induzierte Widerstand der Mehrdecker)
leicht konstruieren.

Um den Anteil des Hilfsflügels (Oberflügels) an der Gesamtkraft zu ermitteln, wurde in einer
weiteren Versuchsreihe Auftrieb und Widerstand desselben allein gemessen, wobei der Haupt-

flügel sich als Blende in den entsprechenden Stellungen der Doppeldeckeranordnung befand. Die Ergebnisse dieser Messungen — es sind nur die wichtigsten Punkte durchgemessen worden — sind in Abb. 50 aufgetragen. Anstellwinkel und Beiwerte sind wieder auf den Hauptflügel bezogen, auch der Momentenbezugspunkt ist der gleiche wie oben. Da sich durch den Winddruck kleine Verschiebungen dem festen Hauptflügel gegenüber ergaben, wurden nach Anstellen des Windes Abstand und Staffelung nochmals gemessen; die genauen Maße sind in den Zahlentafeln 159 bis 162 besonders eingetragen.

Wie man aus den Zahlentafeln ersieht, ist bei kleinen Abständen der beiden Flügel und kleinen Anstellwinkeln der Auftrieb des Oberflügels allein größer als der Gesamtauftrieb von Ober- und Unterflügel zusammen; der Unterflügel erfährt also in diesen Stellungen durch die Nähe des Oberflügels sogar einen Abtrieb. Ebenso ist der Widerstand des Oberflügels bei kleinen Anstellwinkeln verhältnismäßig hoch, doch dürfte dieses im wesentlichen auf einen größeren Profilwiderstand des Oberflügels zurückzuführen sein.

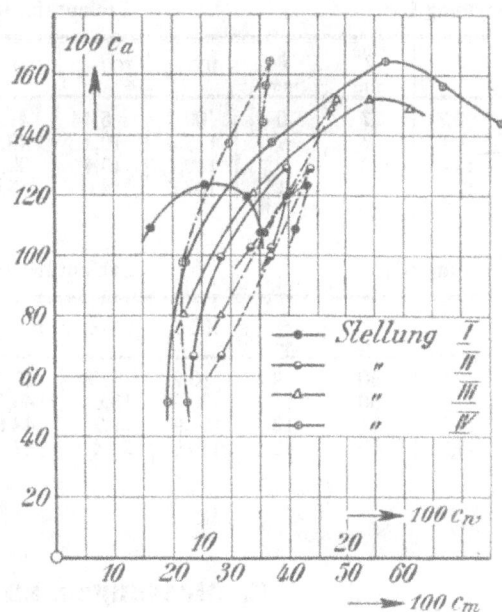

Abb. 50.

1. Hauptflügel und Hilfsflügel zusammen gemessen.

Zahlentafel 154. Stellung 0; $a = 0$ mm, $b = 0$ mm.

α	$100\,c_a$	$100\,c_w$	$100\,c_m$
$-$ 9,0°	$-$ 3,8	1,96	9,9
$-$ 6,1	$+$14,9	1,84	14,3
$-$ 3,1	35,6	2,41	19,6
$-$ 0,2	55,4	3,60	25,0
$+$ 2,7	75,6	5,47	30,2
5,6	96,0	7,77	35,7
8,6	114,6	10,8	41,0
11,5	124,2	14,4	43,1
14,5	125,4	19,6	45,4
17,5	126,7	25,7	47,3
20,6	122,0	31,8	48,4

Zahlentafel 155. Stellung I; $a = 7$ mm, $b = 0$ mm.

α	$100\,c_a$	$100\,c_w$	$100\,c_m$
$-$ 9,0°	$-$ 5,1	3,53	9,3
$-$ 6,1	$+$14,8	3,44	14,2
$-$ 3,1	36,1	4,12	20,0
$-$ 0,2	57,6	5,27	26,3
$+$ 2,7	80,2	7,46	32,3
5,6	101,5	9,85	38,3
8,6	122,2	13,4	44,4
11,5	141,0	17,5	50,1
14,4	154,7	21,7	53,8
17,4	154,5	26,6	54,6
20,4	151,4	34,0	56,9

Zahlentafel 156. Stellung II; $a = 20$ mm, $b = 1$ mm.

α	$100\,c_a$	$100\,c_w$	$100\,c_m$
$-$ 9,0°	$-$ 7,6	6,05	9,4
$-$ 6,1	$+$14,3	5,56	14,9
$-$ 3,1	36,7	5,84	21,4
$-$ 0,2	60,6	6,77	28,1
$+$ 2,7	83,0	8,35	34,4
5,6	106,8	10,9	41,6
8,5	130,4	14,3	48,5
11,4	152,3	18,5	55,5
14,0	168,2	23,6	60,0
17,3	179,7	30,2	63,7
20,4	172,8	37,0	63,4
24,4	160,5	44,7	61,3

Zahlentafel 157. Stellung III; $a = 50$ mm, $b = 10$ mm.

α	$100\,c_a$	$100\,c_w$	$100\,c_m$
$-$ 9,0°	$-$ 3,0	7,74	9,6
$-$ 6,1	$+$22,1	6,72	15,8
$-$ 3,2	47,6	6,85	23,1
$-$ 0,3	74,2	8,28	29,9
$+$ 2,6	100,7	10,4	37,0
5,5	128,0	13,5	44,4
8,4	154,0	18,0	51,8
11,3	179,8	23,7	59,9
14,3	200,5	29,5	67,0
17,2	212,0	36,4	71,3
20,2	210,6	45,0	72,8
24,2	206,8	59,6	77,5

Zahlentafel 158. Stellung IV; $a = 80$ mm, $b = 33$ mm.

α	$100\,c_a$	$100\,c_w$	$100\,c_m$
$-$ 9,0°	$-$ 5,8	8,29	6,4
$-$ 6,1	$+$18,5	7,00	11,8
$-$ 3,2	46,4	6,87	17,8
$-$ 0,3	77,0	8,49	23,8
$+$ 2,6	108,0	11,4	30,1
5,5	135,0	14,0	37,1
8,4	169,5	20,2	45,2
11,3	197,1	26,9	52,2
14,2	217,5	31,4	59,7
17,2	231,5	42,7	65,7
20,1	236,5	50,9	71,2
21,1	237,0	56,1	72,7
24,2	225,2	66,0	74,0

2. Hilfsflügel allein gemessen, Hauptflügel als Blende.

Stellung I.   Zahlentafel 159.

α	a mm	b mm	$100\,c_a$	$100\,c_w$	$100\,c_m$
2,7°	7	0	109,0	6,44	41,1
8,6	7	1	123,3	10,1	43,1
14,4	8	0	119,4	13,1	39,7
17,4	7	1	107,6	14,0	35,6

Stellung II.   Zahlentafel 160.

α	a mm	b mm	$100\,c_a$	$100\,c_w$	$100\,c_m$
2,7°	20,5	0	66,5	9,38	28,4
8,5	22	2	99,6	11,3	36,6
14,4	20	2	129,0	15,9	43,7
17,3	19	4	118,1	16,0	39,8
20,4	19	3	102,3	14,8	33,5

Stellung III.   Zahlentafel 161.

α	a mm	b mm	$100\,c_a$	$100\,c_w$	$100\,c_m$
2,6°	50	9	80,2	8,78	28,4
8,4	50	11	120,9	13,6	40,0
14,3	51	12	151,9	21,7	48,6
17,2	50	12	149,0	24,4	47,6

Stellung IV.   Zahlentafel 162.

α	a mm	b mm	$100\,c_a$	$100\,c_w$	$100\,c_m$
— 0,3°	79	33	51,0	7,60	22,3
+ 2,6	81	34	97,1	8,88	21,7
8,4	79	34	137,3	14,8	29,9
14,2	82	35	164,3	22,7	36,8
17,2	81	32	156,6	26,8	36,4
20,1	81	32	144,0	30,8	35,4

11. Messungen an drei Höhenleitwerken.

Bereits in dem I. Bande der T. B.[1] finden sich Messungen an verschiedenartigen Leitwerken, darunter auch einige Reihen, die in der früheren Göttinger Modellversuchsanstalt vorgenommen wurden. Da diese Abhandlungen nur noch sehr schwer zugänglich sind, werden Mitteilungen über einige neuere systematische Untersuchungen an Leitwerkmodellen willkommen sein[2].

Die Versuche bezweckten in erster Linie den Einfluß verschiedener Rudergröße auf die Luftkräfte am ganzen Leitwerk bei gleicher Gesamtleitwerksgröße festzustellen und dann auch die Größe der auf das Ruder wirkenden Luftkräfte bzw. das Rudermoment bei Veränderung sowohl des Anstellwinkels α des ganzen Leitwerks als auch des Ruderausschlages β zu ermitteln. Die drei Leitwerke, an denen die Messungen vorgenommen wurden, waren von gleicher Größe und gleichem Profil; sie besaßen im Grundriß die Form, wie sie in

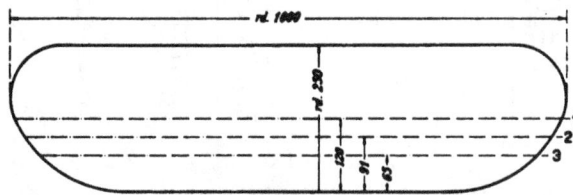

Abb. 51.

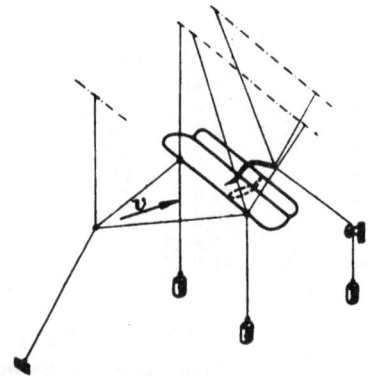

Abb. 52.

Abb. 51 dargestellt ist. Ihr Profil, ein symmetrisches Leitwerkprofil von mittlerer Dicke[3], ist in Abb. 53 wiedergegeben; gleichzeitig sind hier die drei verschiedenen Ruderanordnungen eingezeichnet. Im Gegensatz zu den ganz aus Blech hergestellten Leitwerken der früheren Untersuchungen waren die Modelle in der jetzt üblichen Weise aus Gips hergestellt, der auf ein Blechgerippe aufgetragen wurde[4]; ihre Aufhängung ist in Abb. 52 perspektivisch skizziert.

---

[1] M. Munk, Systematische Versuche an Leitwerkmodellen, S. 168 u. f.; ders., Untersuchungen eines Leitwerks mit verschobener Ruderachse, S. 223 u. f. (Lit.-Verz. d r I. Lief. B II, 4 und 8).

[2] Ausgeführt im Auftrag der Deutschen Versuchsanstalt für Luftfahrt, Berlin-Adlershof.

[3] Profil 409 aus der I. Lieferung der „Ergebnisse".

[4] Vgl. I. Lieferung Nr. III, 7: Die Herstellung der Modelle.

Zunächst wurden an den drei Leitwerken normale Dreikomponentenmessungen zur Ermittlung der Luftkräfte vorgenommen und zwar bei einem Ruderausschlag von 0°, 10° und 20°. Bei $\beta = 0°$ ist nur das Leitwerk Nr. 1 ganz durchgemessen worden, da bei dieser Ruderlage die drei Leitwerke ja gleiche Form besitzen; der Einfluß des Spaltes ist unmerklich, wie durch Stichproben an Leitwerk 2 und 3 festgestellt wurde.

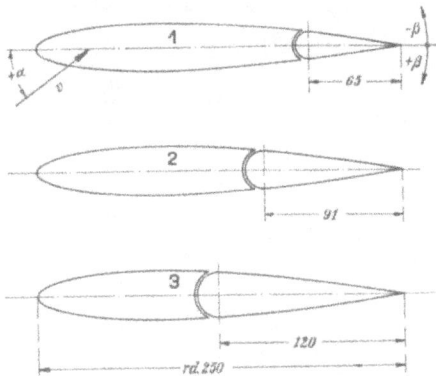

Abb. 53.

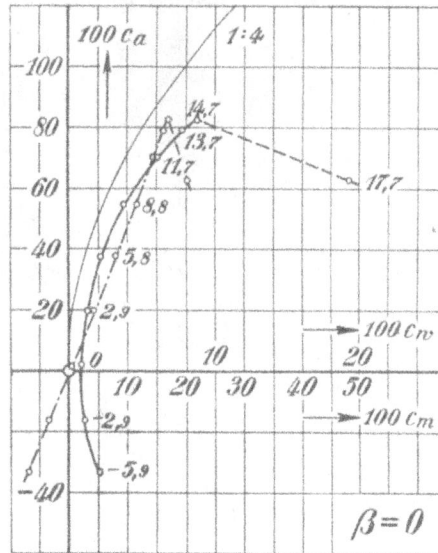

Abb. 54.

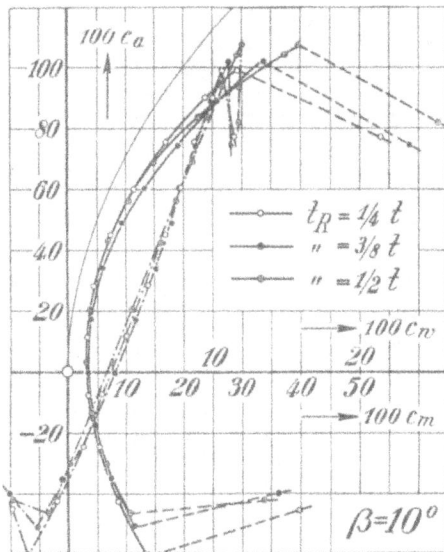

Abb. 55.

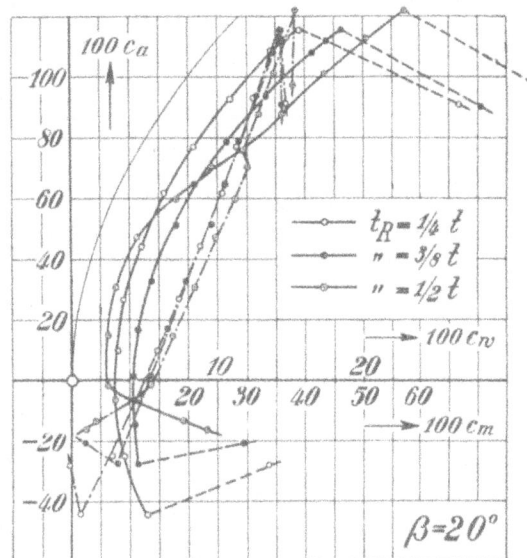

Abb. 56.

Die Ergebnisse dieser ersten Versuchsserie finden sich in den Zahlentafeln 163 bis 169. Flächen und Leitwerktiefen, auf welche die Beiwerte bezogen wurden, sind am Kopfe der Zahlentafeln angegeben; Momentenbezugsachse ist die Leitwerkvorderkante. In den Abb. 54 bis 56 sind die Werte als Polarkurven aufgetragen und zwar, um sie besser miteinander vergleichen zu können, in der Weise, daß jedesmal die Messungen bei gleichem Ruderausschlag in ein Diagramm gezeichnet wurden[1]). Wie zu erwarten war, wächst mit Ausschlag des Ruders einmal der Auftrieb — das Auftriebsmaximum ist bei $\beta = 20°$ rd. 50 % größer als bei Null-

---

[1]) Die in den Diagrammen angegebenen Beziehungen $t_R = \frac{1}{4} t$ usw. geben nur das ungefähre Verhältnis an; die genauen Größen sind aus Abb. 53 zu ersehen.

stellung des Ruders —, in weit stärkerem Maße jedoch noch der Widerstand; auffallend ist dabei der verhältnismäßig kleine Widerstand des Leitwerks mit $t_R = \frac{1}{2}\,t$ bei kleinen Anstellwinkeln, der teilweise erheblich geringer ist als bei $t_R = \frac{3}{8}\,t$.

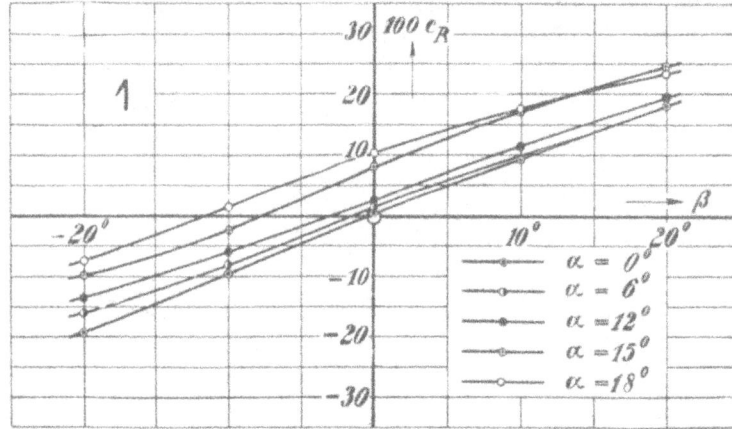

Abb. 57.

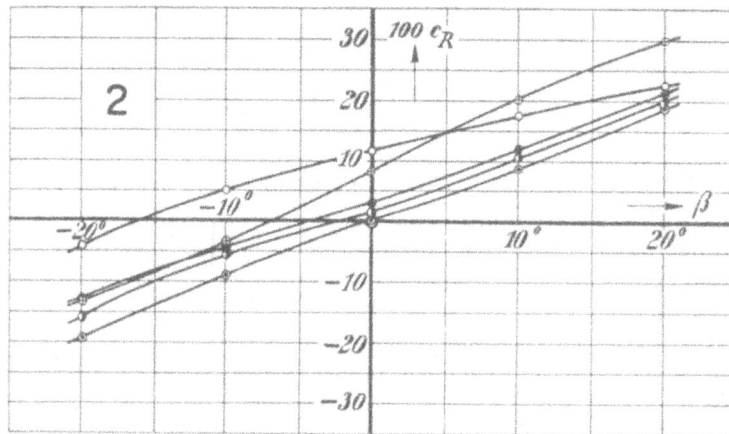

Abb. 58.

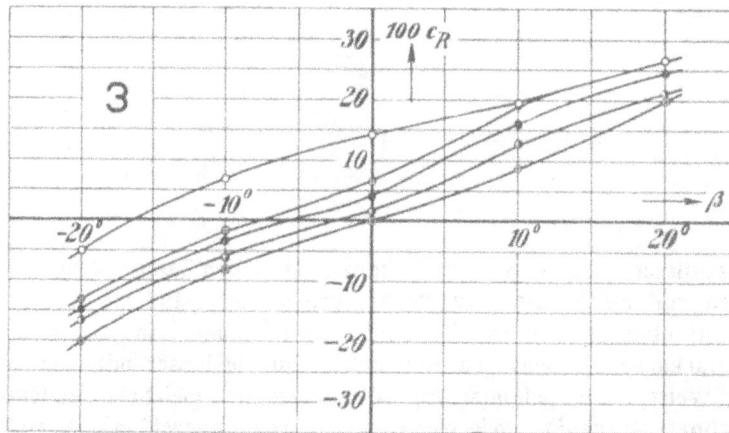

Abb. 59.

In der zweiten Versuchsreihe erfolgten die Messungen des Rudermomentes bei verschiedenen Leitwerkanstellwinkeln sowie Ruderausschlägen. Hierzu führte von der Hinterkante des Ruders ein Draht senkrecht nach oben zu einer besonderen Wage; die Leitwerksflosse selbst wurde durch geeignete Verspannungen in den einzelnen Anstellwinkeln festgehalten, so daß nur die am Ruderende in der Entfernung t_R von der Ruderachse wirkende Kraft P_R gemessen wurde (s. Abbildung 60); das eigentliche Rudermoment M_R beträgt damit $M_R = P_R \cdot t_R \cdot \cos(\alpha + \beta)$. Der in den Zahlentafeln 170 bis 172 angegebene Beiwert c_R ergibt sich sodann zu

$$c_R = \frac{M_R}{q \cdot F_R \cdot t_R}.$$

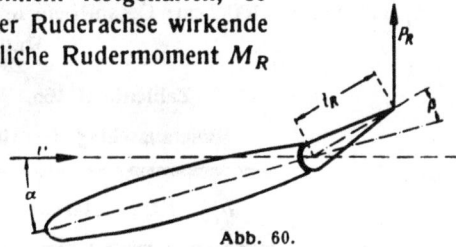

Abb. 60.

Zeichnerisch aufgetragen sind die Werte c_R in Abhängigkeit vom Anstellwinkel α und Ruderausschlag β in den Abb. 57 bis 59, und zwar für jedes Leitwerk getrennt. Eine Zusammenstellung der Werte für alle drei Leitwerke bringt schließlich die Abb. 61, wo c_R für gleichen Ruderausschlag β über α aufgetragen ist.

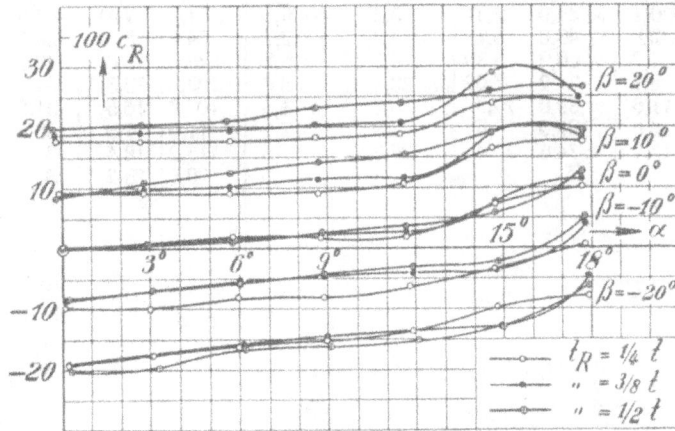

Abb. 61.

Höhenleitwerk Nr. 1.

Spannweite $b = 100{,}0$ cm; Gesamttiefe in Leitwerkmitte $t = 25{,}2$ cm; Gesamtfläche $F = 2325$ cm²; Rudertiefe $t_R = 6{,}5$ cm.

<table>
<tr><td colspan="4">Zahlentafel 163.
Ruderausschlag $\beta = 0^\circ$.</td><td colspan="4">Zahlentafel 164.
Ruderausschlag $\beta = 10^\circ$.</td><td colspan="4">Zahlentafel 165.
Ruderausschlag $\beta = 20^\circ$.</td></tr>
<tr><td>α</td><td>$100\,c_a$</td><td>$100\,c_w$</td><td>$100\,c_m$</td><td>α</td><td>$100\,c_a$</td><td>$100\,c_w$</td><td>$100\,c_m$</td><td>α</td><td>$100\,c_a$</td><td>$100\,c_w$</td><td>$100\,c_m$</td></tr>
<tr><td>− 5,9°</td><td>−33,5</td><td>2,06</td><td>− 6,7</td><td>−17,8°</td><td>−45,3</td><td>16,0</td><td>− 9,7</td><td>−17,9°</td><td>−28,9</td><td>13,4</td><td>− 0,3</td></tr>
<tr><td>− 2,9</td><td>−16,2</td><td>1,11</td><td>− 3,3</td><td>−14,7</td><td>−60,7</td><td>5,56</td><td>− 6,9</td><td>−14,8</td><td>−44,8</td><td>5,14</td><td>+ 1,4</td></tr>
<tr><td>0</td><td>+ 1,71</td><td>0,82</td><td>+ 0,4</td><td>−11,8</td><td>−43,0</td><td>3,52</td><td>− 1,9</td><td>−11,9</td><td>−25,5</td><td>3,59</td><td>6,9</td></tr>
<tr><td>+ 2,9</td><td>19,8</td><td>1,24</td><td>4,1</td><td>− 8,9</td><td>−25,1</td><td>2,13</td><td>+ 2,7</td><td>− 9,0</td><td>− 6,9</td><td>2,99</td><td>11,4</td></tr>
<tr><td>5,8</td><td>37,1</td><td>2,15</td><td>7,8</td><td>− 6,0</td><td>− 7,7</td><td>1,45</td><td>5,9</td><td>− 6,0</td><td>+ 9,1</td><td>3,04</td><td>14,7</td></tr>
<tr><td>8,8</td><td>54,5</td><td>3,82</td><td>11,6</td><td>− 3,0</td><td>+11,3</td><td>1,34</td><td>10,1</td><td>− 3,1</td><td>26,5</td><td>3,57</td><td>18,3</td></tr>
<tr><td>11,7</td><td>70,0</td><td>6,00</td><td>14,7</td><td>− 0,1</td><td>28,4</td><td>1,87</td><td>14,0</td><td>− 0,2</td><td>43,7</td><td>4,67</td><td>22,1</td></tr>
<tr><td>13,7</td><td>79,0</td><td>7,79</td><td>16,4</td><td>+ 2,8</td><td>45,0</td><td>3,00</td><td>17,0</td><td>+ 2,7</td><td>61,2</td><td>6,28</td><td>25,6</td></tr>
<tr><td>14,7</td><td>82,1</td><td>8,74</td><td>17,1</td><td>5,7</td><td>60,3</td><td>4,69</td><td>19,8</td><td>5,7</td><td>76,4</td><td>8,36</td><td>28,0</td></tr>
<tr><td>17,7</td><td>62,6</td><td>19,3</td><td>20,2</td><td>8,7</td><td>75,5</td><td>6,86</td><td>22,2</td><td>8,6</td><td>92,3</td><td>10,8</td><td>31,2</td></tr>
<tr><td></td><td></td><td></td><td></td><td>11,6</td><td>90,0</td><td>9,66</td><td>25,1</td><td>11,5</td><td>107,7</td><td>13,7</td><td>34,5</td></tr>
<tr><td></td><td></td><td></td><td></td><td>13,6</td><td>99,0</td><td>11,8</td><td>26,8</td><td>13,0</td><td>114,7</td><td>15,7</td><td>35,8</td></tr>
<tr><td></td><td></td><td></td><td></td><td>15,2</td><td>77,3</td><td>21,5</td><td>28,9</td><td>14,6</td><td>90,7</td><td>26,6</td><td>36,7</td></tr>
</table>

Höhenleitwerk Nr. 2.

Spannweite $b = 100,2$ cm; Gesamttiefe in Leitwerkmitte $t = 25,3$ cm; Gesamtfläche $F = 2326$ cm²;
Rudertiefe $t_R = 9,1$ cm.

Zahlentafel 166.				Zahlentafel 167.			
Ruderausschlag $\beta = 10°$.				**Ruderausschlag** $\beta = 20°$.			
α	$100\,c_a$	$100\,c_w$	$100\,c_m$	α	$100\,c_a$	$100\,c_w$	$100\,c_m$
$-17,8°$	$-40,1$	14,5	$-10,1$	$-17,9°$	$-20,9$	11,7	2,4
$-14,8$	$-51,3$	4,57	$-5,2$	$-14,9$	$-27,2$	4,48	7,6
$-11,9$	$-35,4$	2,91	$-1,0$	$-11,9$	$-14,3$	4,35	10,6
$-8,9$	$-17,2$	1,84	$+4,5$	$-9,0$	$+1,0$	4,24	13,3
$-6,0$	$-0,5$	1,40	8,0	$-6,1$	16,7	4,56	16,4
$-3,1$	$+17,0$	1,59	11,5	$-3,1$	32,7	5,45	19,8
$-0,1$	34,0	2,37	15,3	$-0,2$	51,0	7,11	24,0
$+2,8$	49,0	3,71	17,9	$+2,7$	64,8	8,57	26,1
5,7	60,3	5,39	19,3	5,7	78,6	10,6	28,5
8,7	74,2	7,60	22,1	8,6	93,5	13,3	31,7
11,6	89,0	10,3	25,0	11,5	107,9	16,5	34,8
14,6	101,9	13,6	27,8	12,5	111,6	17,5	35,6
15,7	74,6	23,4	28,2	13,5	115,2	18,5	36,0
				14,6	90,5	28,2	36,2

Höhenleitwerk Nr. 3.

Spannweite $b = 99,85$ cm; Gesamttiefe in Leitwerkmitte $t = 24,97$ cm; Gesamtfläche $F = 2297$ cm²;
Rudertiefe $t_R = 12,0$ cm.

Zahlentafel 168.				Zahlentafel 169.			
Ruderausschlag $\beta = 10°$.				**Ruderausschlag** $\beta = 20°$.			
α	$100\,c_a$	$100\,c_w$	$100\,c_m$	α	$100\,c_a$	$100\,c_w$	$100\,c_m$
$-17,8°$	$-42,2$	13,5	$-9,4$	$-17,9°$	$-16,3$	9,18	2,3
$-14,8$	$-47,0$	4,30	$-2,9$	$-16,4$	$-13,6$	7,61	4,2
$-11,9$	$-30,6$	2,62	$+0,4$	$-15,0$	$-1,8$	2,49	13,6
$-8,9$	$-13,9$	1,65	3,8	$-12,1$	$+14,7$	2,43	17,3
$-6,0$	$+3,3$	1,28	7,6	$-9,1$	30,9	3,09	21,1
$-3,1$	20,4	1,51	11,2	$-6,2$	47,0	4,59	24,7
$-0,2$	42,9	2,75	16,2	$-3,3$	59,8	7,02	28,0
$+2,8$	56,1	4,21	18,9	$-0,3$	70,4	9,61	30,0
5,7	69,2	5,95	21,6	$+2,7$	75,6	11,7	29,5
8,7	83,6	9,01	24,4	5,6	87,8	14,4	32,0
11,6	93,7	11,9	27,0	8,6	100,9	17,3	34,7
14,6	104,4	15,1	29,3	11,5	112,8	20,2	37,1
15,5	107,7	15,9	30,2	14,5	122,0	22,9	38,5
16,7	82,0	25,4	29,7	15,7	97,1	32,2	37,9

Höhenleitwerk Nr. 1.
Zahlentafel 170.
Ruderfläche $F_R = 527$ cm²; Rudertiefe $t_R = 6,5$ cm.

Anstellwinkel α	Ruderausschlag β	$100\,c_R$
0,2°	− 20°	− 19,02
0,1	− 10	− 9,78
0,0	0	+ 0,45
− 0,1	+ 10	9,00
− 0,2	+ 20	17,75
3,1°	− 20°	− 17,57
3,0	− 10	− 9,86
2,9	0	+ 0,90
2,8	+ 10	9,28
2,7	+ 20	17,72
6,0°	− 20°	− 16,29
6,0	− 10	− 7,96
5,8	0	+ 2,01
5,7	+ 10	9,17
5,7	+ 20	17,80
9,0°	− 20°	− 15,23
8,9	− 10	− 8,08
8,8	0	+ 1,79
8,7	+ 10	9,26
8,6	+ 20	18,31
11,9°	− 20°	− 13,40
11,8	− 10	− 6,18
11,7	0	+ 2,05
11,6	+ 10	10,90
11,5	+ 20	18,92
14,8°	− 20°	− 9,55
14,7	− 10	− 3,04
14,7	0	+ 7,50
14,6	+ 10	16,64
14,6	+ 20	24,18
17,9°	− 20°	− 7,58
17,8	− 10	+ 0,86
17,7	0	10,35
17,7	+ 10	17,70
17,7	+ 20	23,80

Höhenleitwerk Nr. 2.
Zahlentafel 171.
Ruderfläche $F_R = 764$ cm²; Rudertiefe $t_R = 9,1$ cm.

Anstellwinkel α	Ruderausschlag β	$100\,c_R$
0,2°	− 20°	− 18,96
0,1	− 10	− 8,76
0,0	0	+ 0,61
− 0,1	+ 10	8,76
− 0,2	+ 20	18,61
3,1°	− 20°	− 17,66
3,1	− 10	− 7,23
2,9	0	+ 1,10
2,8	+ 10	9,62
2,7	+ 20	19,10
6,1°	− 20°	− 16,00
6,0	− 10	− 5,41
5,8	0	+ 1,39
5,7	+ 10	10,20
5,7	+ 20	19,40
9,0°	− 20°	− 14,70
8,9	− 10	− 4,60
8,8	0	+ 2,40
8,7	+ 10	11,50
8,6	+ 20	20,30
11,9°	− 20°	− 13,53
11,9	− 10	− 4,17
11,7	0	+ 2,64
11,6	+ 10	11,66
11,5	+ 20	20,60
14,9°	− 20°	− 12,78
14,8	− 10	− 3,62
14,7	0	+ 7,47
14,6	+ 10	18,89
14,6	+ 20	29,00
17,9°	− 20°	− 4,54
17,8	− 10	+ 4,26
17,7	0	11,70
17,7	+ 10	18,45
17,6	+ 20	24,80

Höhenleitwerk Nr. 3.
Zahlentafel 172.
Ruderfläche $F_R = 1041$ cm²; Rudertiefe $t_R = 12,0$ cm.

Anstellwinkel α	Ruderausschlag β	$100\,c_R$
0,3°	− 20°	− 20,20
0,2	− 10	− 8,63
0,0	0	0
− 0,2	+ 10	+ 8,54
− 0,3	+ 20	+ 19,88
3,3°	− 20°	− 19,35
3,1	− 10	− 7,11
2,9	0	+ 0,52
2,8	+ 10	10,93
2,7	+ 20	20,48
6,2°	− 20°	− 16,92
6,0	− 10	− 5,94
5,8	0	+ 1,12
5,7	+ 10	12,47
5,6	+ 20	21,00
9,1°	− 20°	− 16,00
8,9	− 10	− 4,32
8,8	0	+ 2,72
8,7	+ 10	14,32
8,6	+ 20	23,20
12,1°	− 20°	− 16,10
11,9	− 10	− 2,92
11,7	0	+ 3,88
11,6	+ 10	15,40
11,5	+ 20	24,05
15,0°	− 20°	− 12,90
14,8	− 10	− 2,28
14,7	0	+ 5,97
14,6	+ 10	19,20
14,5	+ 20	26,10
17,9°	− 20°	− 5,97
17,8	− 10	+ 5,55
17,7	0	12,64
17,7	+ 10	19,58
17,7	+ 20	26,55

12. Untersuchungen an Flügeln mit Klappen und Spalt.

In Nr. IV, 8 der II. Lieferung finden sich Ergebnisse von Messungen an Flügeln mit unterteiltem Profil, kurz Spaltflügel genannt. Nachfolgend sollen einige Untersuchungen an drei Flügeln mitgeteilt werden, bei denen das hintere Stück, dessen Tiefe rd. $1/4$, $1/3$ und $1/2,3$ der Gesamtflügeltiefe betrug, drehbar als Klappe angeordnet war; besonderer Wert war dabei auf die Ausbildung des Spaltes zwischen Klappe und Hauptflügel gelegt. Profilform sowie Anordnung und Größe der Klappen und Spalte ist aus Abb. 62 ersichtlich; der Vorderflügel war bei allen drei Flügeln derselbe und damit auch die Lage des Drehpunktes D der Klappen die gleiche.

Die Flügel, in üblicher Weise aus Blech und Gips hergestellt, besaßen bei rechteckigem Grundriß eine Spannweite von 120 cm und eine Tiefe von 18 cm, 20 cm und rd. 22 cm. Die Auflängung in der Dreikomponentenwage erfolgte in gleicher Weise wie bei den Leitwerken im vorigen Abschnitt (s. Abb. 52).

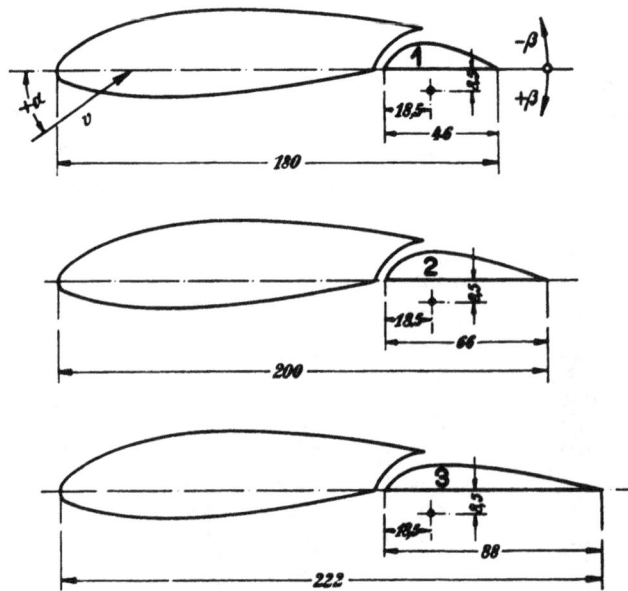

Abb. 62.

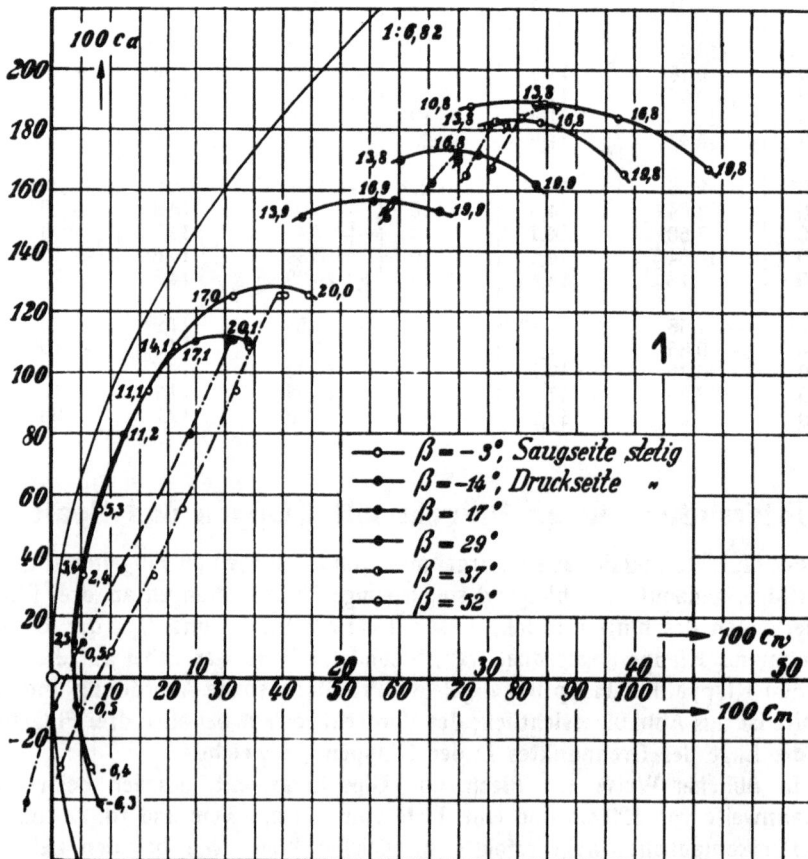

Abb. 63.

Zunächst wurde die Größe der Luftkräfte an den einzelnen Flügeln bei verschiedener Klappenstellung ermittelt. Ganz durchgemessen wurden die Flügel nur bei den zwei Stellungen der Klappe, bei denen einmal die Profiloberseite (Saugseite) und einmal die Profilunterseite (Druckseite) ungefähr stetig verlief. Diesen Stellungen entsprechen folgende Klappenausschläge β, die in den Diagrammen und Zahlentafeln auch besonders gekennzeichnet sind:

Klappe 1: Saugseite stetig bei $\beta = -3^0$, Druckseite stetig bei $\beta = -14^0$,
Klappe 2:   ,,   ,,   ,, $\beta = +3^0$,   ,,   ,,   ,, $\beta = -11^0$,
Klappe 3:   ,,   ,,   ,, $\beta = +2^0$,   ,,   ,,   ,, $\beta = -9^0$.

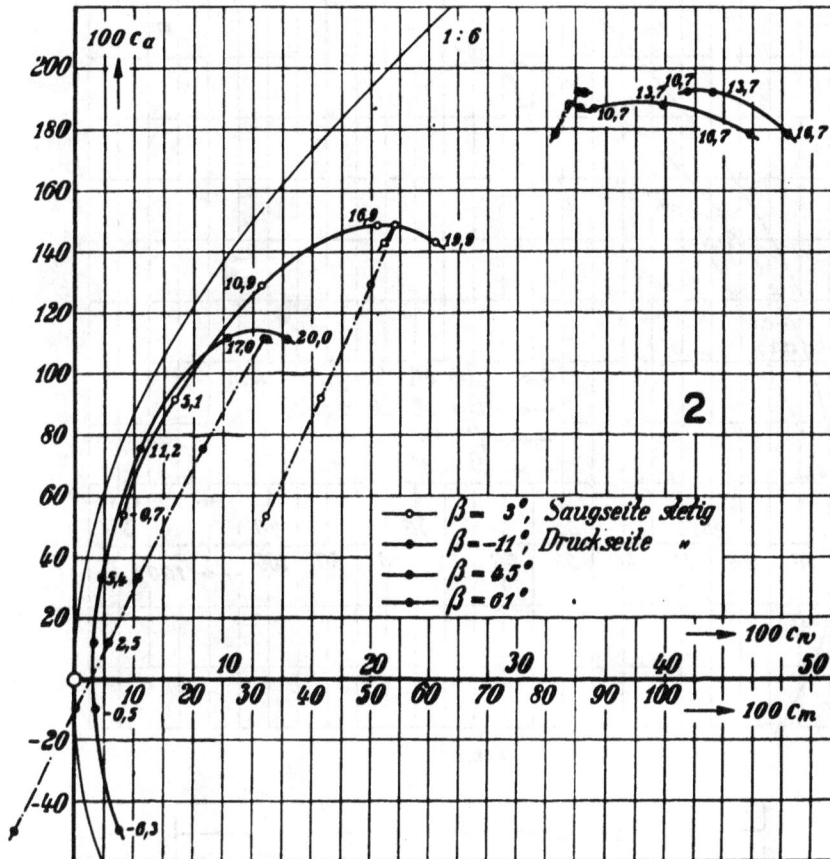

Abb. 64.

Die Nullstellung der Klappen ist dabei die in Abb. 62 gezeichnete, desgleichen ist hieraus die Bezugslinie für die Anstellwinkel zu ersehen. Auf der Druckseite ließ sich eine volle Stetigkeit insofern nicht erreichen, als infolge der angeordneten Drehpunktslage beim Ausschlag der Klappe nach oben ihre Vorderkante nach unten auswich, die Profilunterseite also an dieser Stelle eine Versetzung erhielt. Bei den weiteren Klappenstellungen wurden nur die Punkte um das Auftriebsmaximum herum, auf das es bei den Untersuchungen im wesentlichen ankam, gemessen.

Die Abb. 63 bis 65 sowie die Zahlentafeln 173 bis 186 enthalten die Ergebnisse dieser ersten Versuchsreihe. Die Bezugsfläche, die der Berechnung der Beiwerte zugrunde gelegt wurde, ist für alle Klappenstellungen die größte Projektionsfläche des Flügels bei $\beta = 0$, als Flügeltiefe zur Berechnung von c_m ist die größte Tiefe entsprechend dieser Stellung genommen; Momentenbezugsachse ist die Flügelvorderkante bzw. deren Projektion auf die Sehne entsprechend der üblichen Definition[1]. Wie zu erwarten wächst mit zunehmendem Klappenausschlag der Auftrieb, allerdings unter gleichzeitiger Vergrößerung des Widerstandes; auch reißt die Strömung, wenn man

---

[1] Vgl. S. 32 der I. Lieferung.

größere Klappenausschläge gibt, schon bei kleineren Anstellwinkeln ab als bei geringem oder keinem Klappenausschlag.

In gleicher Weise wie bei den Leitwerken wurde in einer weiteren Versuchsreihe das Klappen-moment gemessen jedoch jedesmal nur bei zwei Anstellwinkeln des ganzen Flügels. Die Berech-

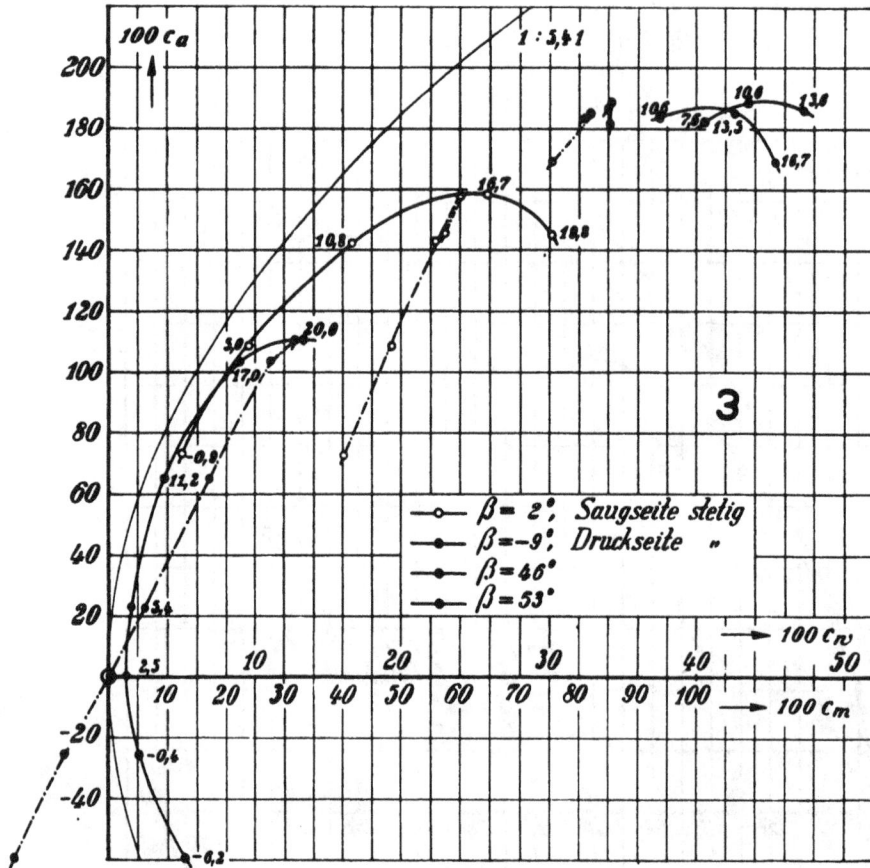

Abb. 65.

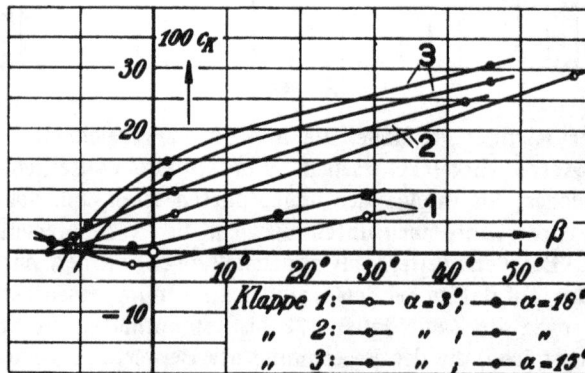

Abb. 66.

nung des Klappenmomentes M_K sowie der Momentenzahl c_K erfolgte analog, wie im vorigen Abschnitt für das Rudermoment beschrieben wurde. Zeichnerisch aufgetragen sind die c_K-Werte in Abhängigkeit vom Anstellwinkel α und Klappenausschlag β in Abb. 66. Im Gegensatz zu den Leitwerken mit symmetrischem Profil ist hier teilweise eine erhebliche Zunahme des Klappenmomentes mit zunehmender Klappengröße festzustellen, während die Größe des Anstellwinkels nicht so sehr von Einfluß hierauf ist.

Die zahlenmäßige Angabe der Momentenzahlen ist in den Zahlentafeln 187 bis 189 enthalten.

Flügel mit Klappe 1.

Spannweite $b = 120$ cm; Gesamttiefe $t = 18,0$ cm; Gesamtfläche $F = 2160$ cm².

Zahlentafel 173.

Klappenausschlag $\beta = -3^0$
(Saugseite stetig).

α	$100\,c_a$	$100\,c_w$	$100\,c_m$
$-6,4^0$	$-29,7$	2,68	1,3
$-0,5$	$+8,4$	1,55	10,0
$+2,4$	33,5	2,11	17,5
5,3	55,1	3,14	22,4
11,1	93,7	6,55	31,6
14,1	108,2	8,58	33,8
17,0	125,3	12,5	39,4
20,0	125,5	17,7	40,1

Zahlentafel 174.

Klappenausschlag $\beta = -14^0$
(Druckseite stetig).

α	$100\,c_a$	$100\,c_w$	$100\,c_m$
$-6,3^0$	$-41,5$	3,22	$-4,4$
$-0,5$	$-9,4$	1,61	$+0,4$
$+2,5$	$+11,6$	1,50	5,3
5,4	35,4	2,03	11,5
11,2	79,5	4,92	23,8
17,1	110,5	9,95	31,1
20,1	110,2	13,6	30,7

Zahlentafel 175.

Klappenausschlag $\beta = 17^0$.

α	$100\,c_a$	$100\,c_w$	$100\,c_m$
$13,9^0$	151,6	17,2	57,5
16,9	156,5	22,2	59,0
19,9	153,2	26,6	57,5

Zahlentafel 176.

Klappenausschlag $\beta = 29^0$.

α	$100\,c_a$	$100\,c_w$	$100\,c_m$
$13,8^0$	170,2	24,0	69,5
16,8	172,0	29,2	69,5
19,9	162,9	33,2	65,1

Zahlentafel 177.

Klappenausschlag $\beta = 37^0$.

α	$100\,c_a$	$100\,c_w$	$100\,c_m$
$13,8^0$	182,0	29,9	77,9
16,8	183,0	33,4	76,0
19,8	165,9	39,2	71,0

Zahlentafel 178.

Klappenausschlag $\beta = 52^0$.

α	$100\,c_a$	$100\,c_w$	$100\,c_m$
$10,8^0$	188,0	28,7	86,5
13,8	188,7	33,1	84,2
16,8	184,5	38,8	80,5
19,8	167,2	44,9	75,1

Flügel mit Klappe 2.

Breite $b = 120$ cm; Gesamttiefe $t = 20,0$ cm; Gesamtfläche $F = 2400$ cm².

Zahlentafel 179.

Klappenausschlag $\beta = 3^0$
(Saugseite stetig).

α	$100\,c_a$	$100\,c_w$	$100\,c_m$
$-0,7^0$	53,6	3,25	32,2
$+5,1$	92,0	6,70	41,2
10,9	129,2	12,6	50,0
16,9	148,5	20,4	54,0
19,9	143,0	24,4	52,4

Zahlentafel 180.

Klappenausschlag $\beta = -11^0$
(Druckseite stetig).

α	$100\,c_a$	$100\,c_w$	$100\,c_m$
$-6,3^0$	$-49,8$	4,30	$-10,1$
$-0,5$	$-9,8$	1,42	$+0,2$
$+2,5$	$+12,0$	1,29	5,6
5,4	33,1	1,81	10,7
11,2	75,5	4,40	21,4
17,0	111,4	10,3	31,9
20,0	111,2	14,3	32,4

Zahlentafel 181.

Klappenausschlag $\beta = 45^0$.

α	$100\,c_a$	$100\,c_w$	$100\,c_m$
$10,7^0$	187,0	35,3	85,7
13,7	188,0	39,8	83,6
16,7	178,4	45,8	81,6

Zahlentafel 182.

Klappenausschlag $\beta = 61^0$.

α	$100\,c_a$	$100\,c_w$	$100\,c_m$
$10,7^0$	192,0	41,4	86,4
13,7	192,0	43,2	85,4
16,7	178,0	48,4	81,6

Flügel mit Klappe 3.

Breite $b = 120$ cm; Gesamttiefe $t = 22{,}2$ cm; Gesamtfläche $F = 2660$ cm².

Zahlentafel 183.
Klappenausschlag $\beta = 2^0$
(Saugseite stetig).

α	$100\,c_a$	$100\,c_w$	$100\,c_m$
$-\,0{,}9^0$	72,7	4,96	40,1
$+\,5{,}0$	108,4	9,60	48,3
10,8	142,1	16,6	55,8
16,7	157,9	25,8	59,6
19,8	145,0	30,2	57,0

Zahlentafel 184.
Klappenausschlag $\beta = -\,9^0$
(Druckseite stetig).

α	$100\,c_a$	$100\,c_w$	$100\,c_m$
$-\,6{,}2^0$	$-59{,}7$	5,16	$-15{,}7$
$-\,0{,}4$	$-25{,}3$	2,06	$-\,7{,}2$
$-\,2{,}5$	$+\,0{,}2$	1,26	$+\,0{,}2$
$+\,5{,}4$	22,7	1,57	6,2
11,2	64,9	3,80	16,9
17,0	103,3	8,96	27,7
20,0	110,3	13,2	31,8

Zahlentafel 185.
Klappenausschlag $\beta = 46^0$.

α	$100\,c_a$	$100\,c_w$	$100\,c_m$
$10{,}6^0$	183,0	37,4	81,0
13,5	184,8	42,6	81,9
16,7	168,9	45,4	75,3

Zahlentafel 186.
Klappenausschlag $\beta = 53^0$.

α	$100\,c_a$	$100\,c_w$	$100\,c_m$
$7{,}6^0$	181,8	40,5	85,1
10,6	188,2	43,5	85,5
13,6	186,0	47,2	85,2

Zahlentafel 187.
Flügel mit Klappe 1.
Klappenfläche $F_K = 552$ cm²;
Klappentiefe $t_K = 4{,}6$ cm.

Anstellwinkel α	Ruderausschlag β	$100\,c_K$
3^0	$-\,14^0$	1,84
,,	$-\,3$	2,18
,,	$+\,29$	5,98
18^0	$-\,14^0$	1,83
,,	$-\,3$	0,77
,,	$+\,17$	6,14
,,	29	9,53

Zahlentafel 188.
Flügel mit Klappe 2.
Klappenfläche $F_K = 792$ cm²;
Klappentiefe $t_K = 6{,}6$ cm.

Anstellwinkel α	Ruderausschlag β	$100\,c_K$
3^0	$-\,11^0$	0,76
,,	$+\,3$	6,35
,,	57,5	29,00
18^0	$-\,11^0$	2,48
,,	$+\,3^0$	10,03
,,	42,5	24,80

Zahlentafel 189.
Flügel mit Klappe 3.
Klappenfläche $F_K = 1055$ cm²;
Klappentiefe $t_K = 8{,}8$ cm.

Anstellwinkel α	Ruderausschlag β	$100\,c_K$
3^0	$-\,9^0$	0,80
,,	$+\,2$	12,63
,,	46^0	28,25
15^0	$-\,9^0$	4,73
,,	$+\,2$	15,10
,,	46	30,66

13. Rauhigkeitseinflüsse an Tragflügeln.[1]

Als Fortsetzung der Versuche an Flügeln mit rauher Druckseite (vgl. I. Lieferung, Nr. IV/4) soll hier als erste Gruppe einer größeren Versuchsreihe zunächst über den Einfluß einer groben Aufrauhung der Flügeloberfläche und zwar sowohl der Druckseite als auch der Saugseite berichtet werden.

Der Flügel, an dem die Rauhigkeitsuntersuchungen vorgenommen wurden, war ein hohler Blechflügel von 120 cm Spannweite und 30 cm Tiefe; er hatte rechteckigen Grundriß und über die ganze Spannweite das gleiche Profil (Profil 449 aus der Serie der ersten Lieferung, s. S. 101 und 112). Zur Aufrauhung wurde ein geflochtenes Drahtnetz von 0,5 mm Drahtstärke mit quadratischen Maschen (38 auf 10 cm Länge) verwandt, das so auf den Blechflügel gelötet war, daß die Drähte

---

[1] Vgl. „Vorläufige Mitteilungen der A.V.A.", Heft 4, Abhandlung 2: Oberflächenrauhigkeiten auf Tragflügeln (Lit.-Verz. A).

des Netzes parallel bzw. senkrecht zu den Flügelkanten verliefen. Lage und Größe der aufgerauhten Flügelpartien ist in Abb. 67 und 68 schematisch dargestellt; zum Vergleich wurde auch noch

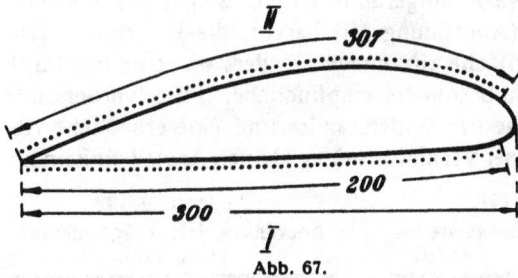

Abb. 67.

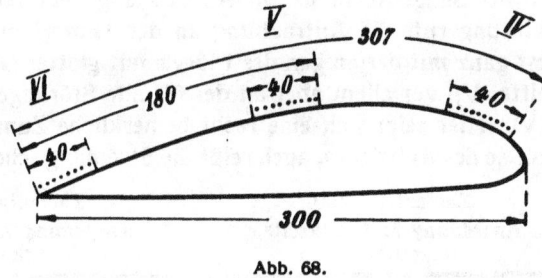

Abb. 68.

der Flügel ohne Rauhigkeit, also mit vollständig glatter Oberfläche, gemessen. Die einzelnen untersuchten Fälle der Rauhigkeit sind die folgenden:

Anordnung I: Druckseite rauh
    „   II: Saugseite rauh   } vgl. Abb. 67.
    „   III: Beide Seiten rauh (I und II)
    „   IV: Rauhigkeit an Flügelvorderkante
    „   V: „   in Flügelmitte   } vgl. Abb. 68.
    „   VI: „   an Flügelhinterkante

(Nr. IV bis VI nur auf der Saugseite des Flügels.)

Die Ergebnisse dieser Untersuchungen sind in Abb. 69 bzw. 70 zusammengestellt sowie zahlenmäßig in den Zahlentafeln 190 bis 196 wiedergegeben.

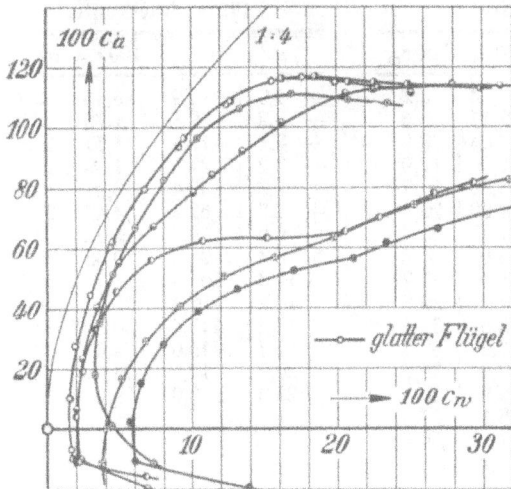

Abb. 69.

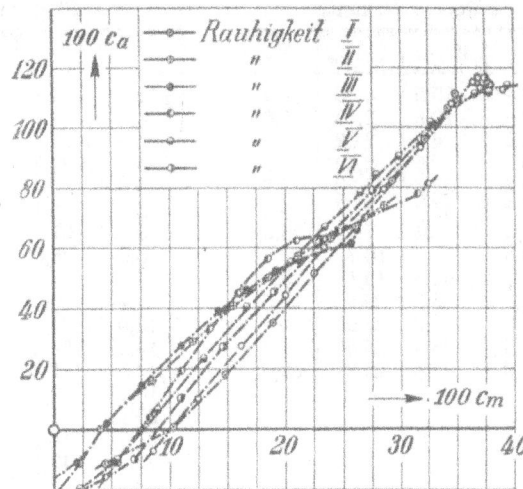

Abb. 70.

Rauhigkeit der Druckseite erzeugt, wie man sieht, bei gleichen Anstellwinkeln etwas größeren Auftrieb; gleichzeitig bringt sie eine nicht unwesentliche Vermehrung des Profilwiderstandes mit sich, was eine Verschlechterung der Gleitzahl bedeutet. Das Auftriebsmaximum bleibt etwas hinter dem des allseitig glatten Flügels zurück. Im übrigen bestätigt das Ergebnis die früheren Messungen an einem Flügel mit rauher Druckseite (s. I. Lieferung, S. 69).

Wesentlich ungünstiger wirkt eine Aufrauhung der Saugseite. Neben einer ganz beträchtlichen Widerstandsvermehrung bringt sie andererseits eine erhebliche Abnahme des Auftriebs mit sich. Einen ähnlichen Verlauf zeigt auch die Polarkurve des beiderseitig rauhen Flügels.

Schon diese ersten Untersuchungen zeigen die Wichtigkeit einer glatten Flügel o b e r s e i t e; Rauhigkeiten auf der U n t e r s e i t e der Tragflügel sind hingegen nicht so gefährlich, wenn schon auch hier eine möglichst glatte Fläche von Vorteil ist.

Welche Stellen der Flügeloberfläche gegen Rauhigkeiten am empfindlichsten sind, zeigen die Versuche mit den Anordnungen IV bis VI, bei denen nur einzelne Partien der Oberfläche und zwar auf der Saugseite in der in Abb. 68 angedeuteten Weise aufgerauht waren. So gut wie gar keine Wirkung ruft die Aufrauhung an der Hinterkante (Anordnung VI) hervor, die Polarkurve fällt fast ganz mit derjenigen des Flügels mit glatter Oberfläche zusammen. Anders wirkt sie in Flügelmitte (V), vor allem aber an der für alle Störungen ja besonders empfindlichen Flügelvorderkante (IV). Hier zeigt sich eine recht bemerkliche Zunahme des Widerstandes und eine erhebliche Abnahme des Auftriebes, auch reißt die Strömung schon bei verhältnismäßig kleinen Anstellwinkeln ab.

Zahlentafel 190.
Anordnung I: Druckseite rauh.

α	$100\,c_a$	$100\,c_w$	$100\,c_m$
—11,0°	— 11,0	7,34	4,4
— 9,0	+ 1,2	4,41	10,3
— 6,1	18,1	3,34	14,8
— 3,2	35,5	3,53	18,9
— 0,3	51,3	4,46	22,5
+ 2,6	67,2	6,00	26,1
5,5	82,4	8,05	29,2
8,4	96,5	10,4	32,2
11,3	106,2	13,3	34,2
14,3	111,5	16,9	34,9
17,3	109,2	20,8	35,0
19,3	108,0	23,5	34,8

Zahlentafel 191.
Anordnung II: Saugseite rauh.

α	$100\,c_a$	$100\,c_w$	$100\,c_m$
— 8,8°	—25,1	3,94	— 0,7
— 5,9	—11,2	3,74	+ 2,2
— 3,0	+ 0,2	4,06	4,1
— 0,1	16,5	5,10	8,5
+ 2,8	29,2	6,77	12,0
5,7	41,0	9,18	15,5
8,7	50,3	12,2	18,6
11,6	57,0	15,7	21,2
14,6	63,4	19,8	23,8
17,6	74,1	25,3	28,5
20,5	82,2	31,8	.33,1

Zahlentafel 192.
Anordnung III: Flügel beiderseitig rauh.

α	$100\,c_a$	$100\,c_w$	$100\,c_m$
— 9,1°	+19,2	13,9	—3,19
— 6,1	—10,1	6,05	+2,01
— 3,0	+ 2,1	5,67	4,60
— 0,1	15,2	6,41	7,78
+ 2,8	28,1	7,95	11,1
5,7	39,3	10,4	14,3
8,7	46,2	13,1	16,7
11,7	52,6	17,0	19,2
14,6	56,3	21,1	21,2
16,1	61,8	23,4	25,5
17,6	66,3	26,9	26,2

Zahlentafel 193.
Anordnung IV: Rauhigkeit an Flügelvorderkante.

α	$100\,c_a$	$100\,c_w$	$100\,c_m$
— 11,9°	— 15,5	6,80	4,4
— 8,9	— 10,8	2,13	5,6
— 6,0	+ 4,4	2,02	8,2
— 3,1	19,5	2,42	11,0
— 0,2	33,6	3,28	13,6
+ 2,7	45,8	4,67	15,9
5,6	56,4	7,10	18,5
8,6	62,6	10,7	21,0
11,6	63,3	15,1	23,2
14,6	65,3	20,5	24,6
16,0	70,0	22,9	26,8
17,5	78,3	26,6	31,6
19,0	81,8	29,3	32,4

Zahlentafel 194.
Anordnung V: Rauhigkeit in Flügelmitte.

α	$100\,c_a$	$100\,c_w$	$100\,c_m$
— 11,9°	—19,1	6,84	2,2
— 8,9	—10,1	2,27	5,5
— 6,0	+ 6,8	2,04	8,9
— 3,2	23,7	2,40	12,9
— 0,3	40,5	3,35	16,7
+ 2,6	55,7	4,89	20,4
5,6	67,2	7,33	23,4
8,5	78,8	10,0	26,4
9,9	84,6	11,4	27,9
11,4	90,5	13,2	29,8
12,9	92,5	13,5	30,1
14,3	101,9	16,2	32,7
17,3	111,3	20,6	36,6
18,8	112,8	22,5	37,4
20,3	111,8	25,1	37,8
21,7	114,1	27,9	39,4
23,3	113,5	31,2	40,1

Zahlentafel 195.
Anordnung VI: Rauhigkeit an Flügelhinterkante.

α	$100\,c_a$	$100\,c_w$	$100\,c_m$
— 11,9°	—19,9	6,45	2,2
— 8,9	— 9,8	1,75	6,9
— 6,1	+10,4	1,57	10,9
— 3,2	27,6	1,99	14,7
— 0,3	45,4	3,01	19,0
+ 2,6	62,2	4,47	23,0
5,5	79,7	6,73	27,6
8,4	96,5	9,55	31,8
11,3	108,6	12,7	35,0
14,2	116,4	16,2	36,9
17,2	115,5	20,8	37,7
18,7	115,0	22,6	37,4
20,2	114,5	24,9	38,0
23,3	113,0	29,8	39,1

Zahlentafel 196.
Flügel mit glatter Oberfläche.

α	$100\,c_a$	$100\,c_w$	$100\,c_m$
— 9,0°	— 6,7	1,64	8,6
— 6,1	+10,2	1,47	12,4
— 3,2	27,9	1,87	16,2
+ 0,3	44,6	2,90	20,0
2,6	60,5	4,30	23,4
5,5	79,7	6,67	28,5
8,4	93,8	9,14	31,8
11,3	107,9	12,4	34,6
14,2	115,1	15,5	36,4
15,5	116,7	17,6	36,9
17,2	115,0	19,9	36,8
19,3	113,3	22,8	37,1

14. Beeinflussung von Tragflügeln durch Motorgondeln.[1])

Rümpfe oder Gondeln, wie sie vielfach zum Einbau von Motoren bei mehrmotorigen Flugzeugen auf oder unter den Flügeln angebracht werden, können oft von recht störendem Einfluß auf diese sein. Im folgenden sollen eine Reihe systematischer Untersuchungen, die zur Ermittlung der Be-

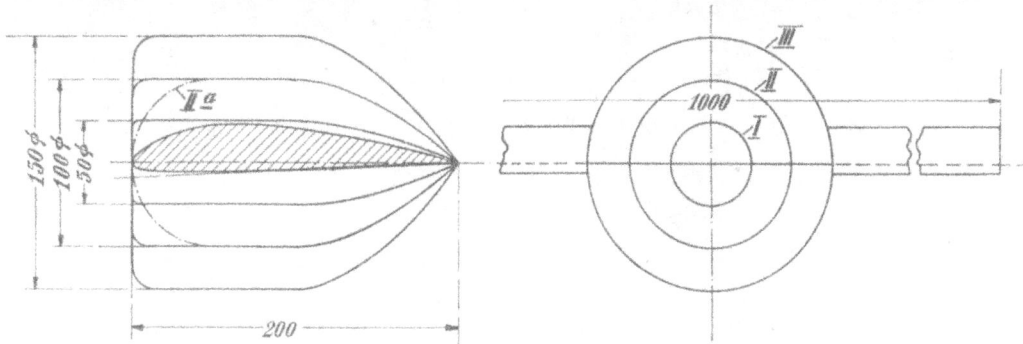

Abb. 71.

einflussung von Flugzeugtragflügeln durch derartige Ausbauten angestellt wurden, mitgeteilt werden.

Um den Einfluß möglichst deutlich hervortreten zu lassen, wurden zu den Versuchen etwas extreme Rumpfformen verwandt. Die Rümpfe waren so an den Flügeln angeordnet, daß ihre Vorderfläche mit der Flügelvorderkante abschnitt; Größe und Form derselben ist aus der Abb. 71 zu ersehen. Der Flügel, an dem die Untersuchungen vorgenommen wurden, war ein normaler

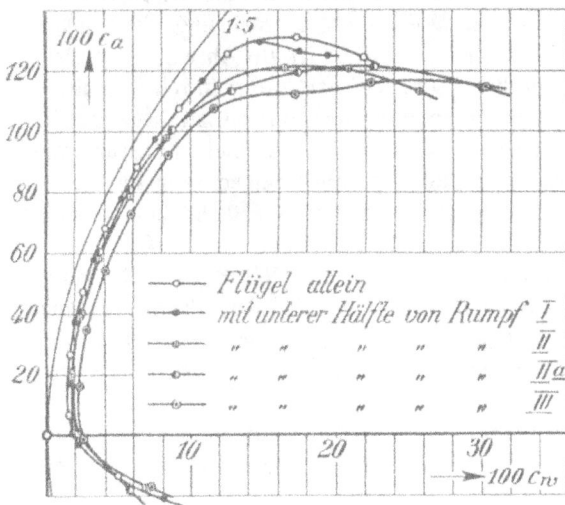

Abb. 72.

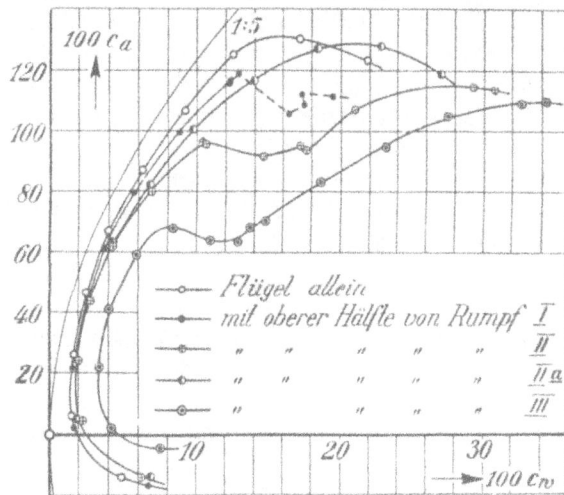

Abb. 73.

Gipsflügel von 100 cm Spannweite und 20 cm Tiefe mit dem Profil 549 (s. S. 48 und 57 dieser Lieferung).

In der ersten Versuchsreihe wurde der Flügel, der zuvor allein gemessen war, zunächst auf der Unterseite nacheinander mit den unteren Rumpfhälften, die in Flügelmitte angebracht wurden, versehen, und an ihm wurden normale Dreikomponentenmessungen vorgenommen. Darauf wurde der Flügel mit den oberen Rumpfhälften und in einer letzten Versuchsreihe mit den ganzen Rümpfen gemessen. Die Ergebnisse sind in den Abb. 72 bis 74 in der üblichen Weise aufgetragen; zum

---

[1]) Vgl. „Vorläufige Mitteilungen der A.V.A.", Heft 3: Untersuchung eines Tragflügels mit verschiedenen Rümpfen (Lit.-Verz. A).

Vergleich ist in den einzelnen Diagrammen die Polarkurve des Flügels ohne Ausbauten immer mit eingezeichnet.

Wie die Ergebnisse zeigen, ist der Einfluß von Gondeln und ähnlichen Ausbauten auf der Flügelunterseite verhältnismäßig gering. Er besteht im wesentlichen in einer Vermehrung des Profilwiderstandes; nur bei größeren Anstellwinkeln zeigt sich außerdem auch eine Abnahme des Auftriebs.

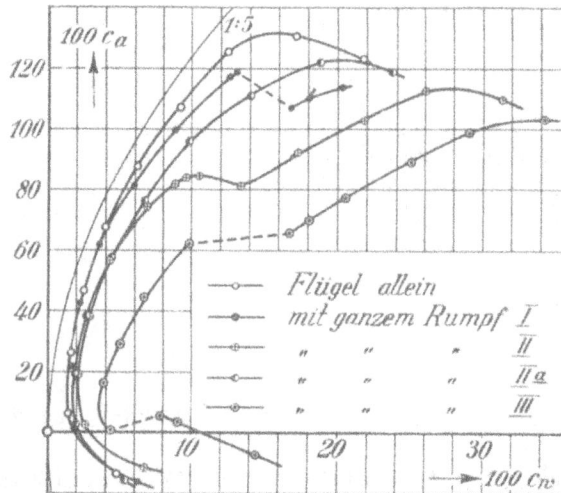

Abb. 74.

Ganz anders liegen die Verhältnisse bei Gondeln auf der Flügeloberseite (oberen Rumpfhälften) und auch bei beiderseitigen Ausbauten, also den ganzen Rümpfen. Bei kleinen Auftrieben zeigt sich der Einfluß auch hier nur in einer gleichmäßigen Widerstandsvermehrung, doch schon bei mittlerem Auftrieb nimmt der Widerstand plötzlich stark zu, so daß hier ein Abreißen der Strömung vermutet werden muß. Bei größeren Anstellwinkeln wird die Strömung durch die schräg stehende Vorderfläche der Gondel offenbar so stark nach oben abgelenkt, daß sie an dieser Stelle, also in Flügelmitte, nicht mehr zum Anliegen kommt; wir haben hier einen ähnlichen Zustand wie bei einem Flügel mit einem Ausschnitt in der Vorderkante. Und tatsächlich zeigen auch die Polarkurven der Abb. 73 und 74 eine gewisse Ähnlichkeit mit derjenigen eines Flügels mit solchem Ausschnitt (vgl. Abb. 37).

Daß die große Vorderfläche der Gondeln die Luft in der angegebenen Weise ablenkt, wurde noch durch einen weiteren Versuch aufgezeigt, bei dem die eine der Gondeln (Ausführung II) vorn halbkugelig abgerundet war (IIa). Das scharfe Abreißen der Strömung wurde hierdurch vermieden, wenn auch hier bei großen c_a-Werten noch eine geringe Zunahme des induzierten Widerstandes festzustellen ist.

In den Diagrammen sind der Deutlichkeit halber die Anstellwinkelbezeichnungen fortgelassen, doch sind dieselben aus den Zahlentafeln 197 bis 209, welche die Ergebnisse zahlenmäßig enthalten, zu ersehen.

Flügel allein.   Zahlentafel 197.
$F = 1992 \text{ cm}^2$; $t = 20 \text{ cm}$;
Profil 549.

α	$100\,c_a$	$100\,c_w$	$100\,c_m$
— 9,0°	— 13,6	4,87	4,7
— 6,0	+ 6,4	1,52	10,3
— 3,2	26,3	1,66	15,2
— 0,2	47,0	2,46	20,4
+ 2,7	67,8	4,03	25,4
5,7	87,9	6,23	30,5
8,6	107,3	9,16	35,4
11,4	125,8	12,5	40,3
14,5	130,7	17,2	42,5
17,4	123,7	21,8	41,6

1. Flügel mit Rumpfhälften auf der Unterseite.

Rumpf I.   Zahlentafel 198.

α	$100\,c_a$	$100\,c_w$	$100\,c_m$
— 8,9°	—21,3	7,97	—0,7
— 6,0	— 3,6	2,17	+7,6
— 3,1	+16,6	1,52	12,6
— 0,1	37,1	1,92	17,3
— 2,8	57,2	3,25	22,5
5,7	77,5	5,09	27,7
8,6	96,9	7,35	32,7
11,6	115,9	10,7	37,4
14,5	129,0	14,7	41,0
16,0	125,5	17,4	40,8
17,5	124,5	19,3	41,0

Rumpf II.   Zahlentafel 199.

α	$100\,c_a$	$100\,c_w$	$100\,c_m$
— 8,9°	—17,4	6,81	2,3
— 6,0	+ 0,2	2,16	8,1
— 3,1	19,1	1,74	12,9
— 0,1	38,4	2,31	17,4
+ 2,8	57,8	3,59	21,9
5,7	78,5	5,64	27,9
8,6	97,5	8,24	32,6
11,6	114,7	11,8	37,5
14,6	120,2	16,4	39,7
17,6	120,1	20,8	40,5
20,6	112,9	25,6	40,3

Rumpf II a.   Zahlentafel 200.

α	$100\,c_a$	$100\,c_w$	$100\,c_m$
— 8,9°	—18,3	5,65	1,5
— 6,0	+ 0,5	1,80	7,6
— 3,1	20,3	1,66	12,5
— 0,1	40,2	2,40	17,7
+ 2,8	60,5	3,61	22,7
5,7	81,0	5,65	28,2
8,6	100,5	8,58	33,5
11,6	113,1	12,6	37,5
14,6	119,1	17,2	40,1
17,6	121,4	22,4	42,2
20,6	114,2	29,8	42,5

Rumpf III.   Zahlentafel 201.

α	$100\,c_a$	$100\,c_w$	$100\,c_m$
— 8,9°	—17,5	7,21	2,7
— 6,0	— 1,3	2,46	7,7
— 3,1	+16,0	2,31	11,4
— 0,1	34,5	2,71	16,1
— 2,8	53,7	3,99	20,4
5,7	72,2	5,78	25,5
8,7	91,8	8,35	30,5
11,6	107,1	11,5	34,3
14,6	112,0	17,1	37,5
17,6	115,5	22,3	39,5
20,6	114,0	30,2	41,6

2. Flügel mit Rumpfhälften auf der Oberseite.

Rumpf I.   Zahlentafel 202.

α	$100\,c_a$	$100\,c_w$	$100\,c_m$
— 8,9°	—16,4	6,65	2,4
— 6,0	+ 2,3	1,69	9,0
— 3,1	22,1	1,61	13,9
— 0,2	41,8	2,31	18,6
+ 2,8	61,8	3,72	23,4
5,7	80,5	5,68	28,2
8,6	100,0	8,76	33,6
11,6	116,0	12,2	37,7
11,6	116,8	12,3	37,7
12,1	119,0	12,9	39,2
12,6	106,4	16,4	37,4
13,1	109,0	17,5	38,4
14,6	112,8	17,3	39,3
14,6	112,0	19,4	39,3

Rumpf II.   Zahlentafel 203.

α	$100\,c_a$	$100\,c_w$	$100\,c_m$
— 9,0°	—13,6	6,30	2,9
— 6,0	+ 5,0	2,25	10,5
— 3,1	24,4	1,97	15,1
— 0,2	44,2	2,83	19,3
+ 2,8	62,5	4,26	23,6
5,7	80,7	6,87	28,4
8,6	96,2	10,6	33,0
8,6	96,6	10,4	33,1
10,2	92,0	14,6	33,6
11,6	95,8	17,2	34,9
11,7	94,4	17,6	34,5
14,6	107,2	20,9	38,7
17,6	114,8	29,3	40,8
20,6	114,2	30,8	43,0

Rumpf II a.   Zahlentafel 204.

α	$100\,c_a$	$100\,c_w$	$100\,c_m$
— 9,0°	—13,3	6,87	2,5
— 6,0	+ 5,3	1,92	10,2
— 3,1	24,1	1,90	14,8
— 0,2	44,3	2,61	20,0
+ 2,8	63,6	4,37	25,3
5,7	82,5	6,75	30,2
8,6	101,0	9,72	35,2
11,6	117,0	14,0	40,4
14,5	127,3	18,4	44,0
17,3	128,1	22,8	44,8
20,6	119,1	27,0	43,5

Rumpf III.   Zahlentafel 205.

α	$100\,c_a$	$100\,c_w$	$100\,c_m$
— 9,0°	— 4,0	7,55	4,4
— 6,0	+ 2,3	4,22	7,2
— 3,1	22,3	3,36	14,0
— 0,2	41,6	4,00	18,1
+ 2,8	59,7	5,93	22,6
3,8	68,2	8,41	25,5
4,8	64,4	7,08	24,2
5,8	64,3	11,0	24,6
6,8	64,0	12,9	25,2
7,7	68,6	13,7	26,5
8,7	71,0	14,8	26,7
11,7	83,9	18,6	30,9
14,7	95,4	23,1	35,0
17,6	105,6	27,5	37,7
20,6	109,5	32,6	40,7
21,5	110,2	34,3	42,4

3. Flügel mit ganzen Rümpfen.

Rumpf I.			Zahlentafel 206.	Rumpf II.			Zahlentafel 207.	Rumpf II a.			Zahlentafel 208.
α	$100\,c_a$	$100\,c_w$	$100\,c_m$	α	$100\,c_a$	$100\,c_w$	$100\,c_m$	α	$100\,c_a$	$100\,c_w$	$100\,c_m$
— 8,9°	— 16,2	6,25	3,5	— 9,0°	— 11,4	6,82	4,2	— 8,9°	— 15,4	5,44	3,1
— 6,0	+ 1,8	1,91	9,3	— 6,0	+ 2,5	2,69	8,9	— 6,0	+ 2,4	2,00	8,2
— 3,1	21,9	1,70	13,6	— 3,1	19,6	2,15	12,9	— 3,1	19,6	2,04	12,5
— 0,2	42,7	2,29	19,1	— 0,1	38,0	2,88	17,1	— 0,1	38,3	2,76	17,5
+ 2,8	61,8	3,58	23,6	+ 2,8	56,9	4,40	21,7	+ 2,8	57,6	4,45	22,4
5,7	81,3	5,95	28,4	5,7	74,5	6,86	26,4	5,7	76,4	6,69	27,6
8,6	99,8	8,80	33,2	7,2	82,0	8,88	28,7	8,6	96,2	9,83	33,1
11,6	117,4	12,6	38,0	7,7	84,0	9,65	29,5	11,6	111,1	14,1	37,8
12,1	119,0	13,1	37,0	8,2	84,8	10,6	29,3	14,6	122,5	18,9	42,1
12,6	107,0	16,9	37,7	8,7	81,8	13,4	29,7	17,6	119,7	23,8	42,5
13,6	110,8	18,1	39,2	11,7	91,9	17,3	33,8				
14,6	114,1	20,3	40,2	14,6	103,2	21,9	37,0				
				17,6	113,0	26,1	40,0				
				20,6	110,3	31,4	42,1				

Rumpf III.			Zahlentafel 209.
α	$100\,c_a$	$100\,c_w$	$100\,c_m$
— 12,0°	— 7,2	14,5	0,7
— 9,0	+ 3,4	9,08	6,9
— 8,0	5,8	7,94	— 0,1
— 6,0	0,8	4,49	6,6
— 3,1	16,3	3,92	10,5
— 0,1	29,2	5,06	13,1
+ 2,8	44,8	6,69	17,0
5,8	62,4	9,90	22,7
8,8	66,1	16,8	25,3
9,7	70,5	18,1	27,1
11,7	77,8	20,6	29,3
14,7	89,8	25,1	32,6
17,6	99,6	29,1	36,2
20,6	103,9	34,2	39,3

15. Untersuchungen einiger Flugzeugmodelle.

Im Anschluß an die Untersuchungen von Flügelprofilen und Flugzeugtragflügeln sollen im nachfolgenden die Ergebnisse von Messungen an ganzen Flugzeugmodellen mitgeteilt werden, um den Flugzeugkonstrukteuren auch in dieser Richtung einige Unterlagen zu geben. Aus der großen Reihe der an der Versuchsanstalt untersuchten Flugzeugmodelle mögen hier nur ein paar besonders interessante Beispiele herausgegriffen werden, ohne damit indes irgendein Werturteil über die gemessenen Flugzeuge verbinden zu wollen.

a) Segelflugzeug „Vampyr".

Das in Abb. 75 wiedergegebene Flugzeugmodell ist das Modell des von den Rhönsegelflugwettbewerben her bekannten Segelflugzeuges „Vampyr" des Flugwissenschaftlichen Forschungsinstitutes der Technischen Hochschule Hannover[1]). An dem Modell wurden seinerzeit Untersuchungen über den Einfluß verschiedener Rumpfformen vorgenommen. Form und Hauptabmessungen des Modelles sowie der beiden Rümpfe sind aus Abb. 75 zu ersehen.

---

[1]) Nach Entwürfen von G. Madelung gebaut von der Hawa A.-G., Hannover; vgl. auch Z.F.M. 1921. S. 313.

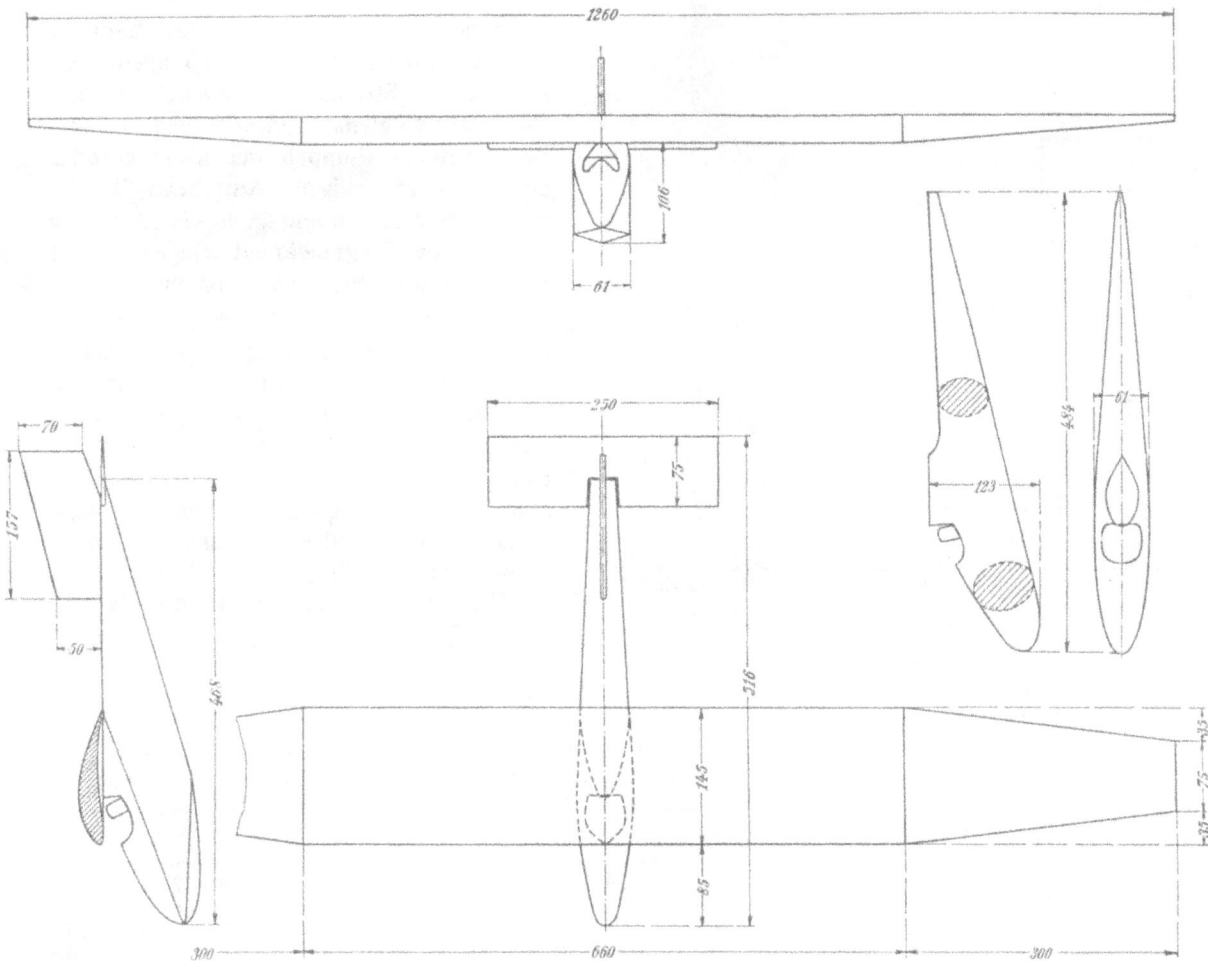

Abb. 75.

Die Rümpfe waren aus Holz hergestellt, der Tragflügel in der üblichen Weise aus Gips, der auf ein Blechgerippe gebracht war. Der Flügel besaß an dem großen Mittelstück das Profil 482 (s. S. 37 und 53 dieser Lieferung), an den Enden verjüngte er sich und lief in das Profil 427 (s. I. Lieferung, S. 98 bzw. 109) aus. Das Leitwerk bestand aus Blech, ohne irgendeine besondere Profilform zu besitzen. Die Aufhängung in der Dreikomponentenwage erfolgte in derselben Weise wie bei Tragflügeln allein, wobei jedoch die hintere Aufhängung direkt am Rumpf angriff; in perspektivischer Skizze ist sie in Abb. 76 dargestellt (vgl. hierzu auch Abb. 19 der I. Lieferung, S. 27).

Abb. 77 enthält in der üblichen Form von Polarkurven das Ergebnis der Untersuchungen. Es ist sowohl das ganze Flugzeug und zwar mit eckigem sowie mit rundem Rumpf[1]) gemessen worden als auch der Flügel allein. Das ganze Flugzeug besitzt namentlich bei An-

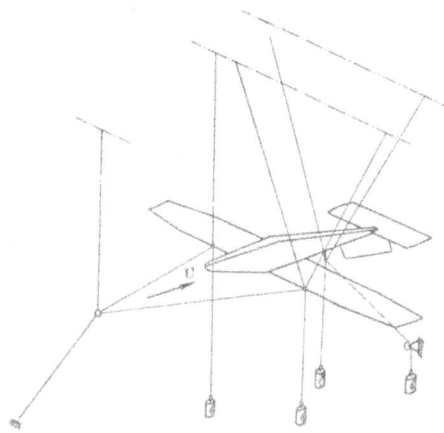

Abb. 76.

[1]) Das Segelflugzeug selbst erhielt bekanntlich die eckige Rumpfausführung.

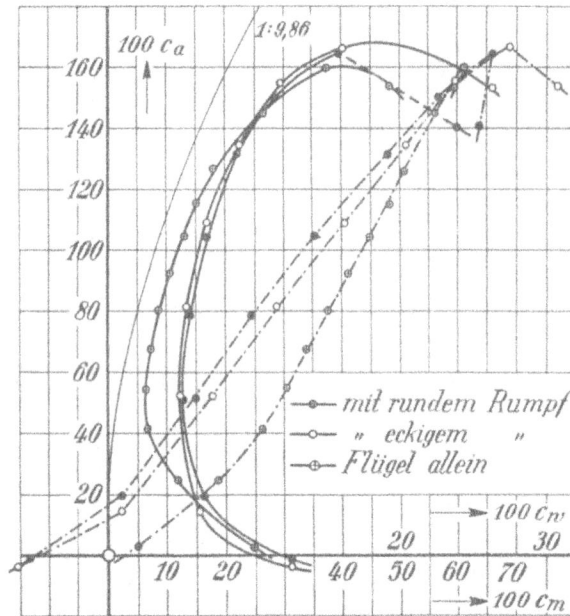

Abb. 77.

bringung des eckigen Rumpfes teilweise größeren Auftrieb als der Flügel allein; das Abreißen der Strömung erfolgte bei allen drei Messungen so ziemlich in demselben Gebiet, bei dem runden Rumpf jedoch etwas schroffer als bei dem eckigen. Auffallend ist der kleinere Widerstand und damit die günstigere Gleitzahl des Flugzeuges mit eckigem Rumpf gegenüber dem mit rundem Rumpf.

Die zahlenmäßige Wiedergabe der in Abb. 77 zeichnerisch aufgetragenen Werte findet sich in den Zahlentafeln 210 bis 212. Als Fläche zur Berechnung von c_a, c_w, und c_m wurde in jedem Falle die Projektion des ganzen Flügels, also ohne Abzug des Rumpfstückes, zugrunde gelegt. Momentenbezugspunkt ist der vorderste Punkt der Profilsehne [1] am Mittelflügel, Bezugstiefe für c_m die Tiefe $t = 14,5$ cm des Mittelflügels (vgl. auch Zahlentafel 210).

Zahlentafel 210.

Flügel allein;
$F = 1612$ cm²; $t = 14,5$ cm.

α	$100 c_a$	$100 c_w$	$100 c_m$
— 9,0°	2,9	9,82	4,9
— 6,1	24,8	4,80	18,8
— 4,6	41,4	2,71	26,2
— 3,2	54,8	2,63	30,4
— 1,7	67,7	2,97	34,2
— 0,2	80,3	3,54	37,6
+ 1,2	92,5	4,28	41,2
2,7	104,9	5,17	44,8
4,2	115,3	6,05	48,1
5,6	126,9	7,15	50,8
8,6	145,0	10,6	56,2
11,5	160,0	15,0	61,3
14,5	154,0	19,3	59,7

Zahlentafel 211.

Flugzeug mit eckigem Rumpf.

α	$100 c_a$	$100 c_w$	$100 c_m$
— 9,0°	— 3,8	12,6	—15,8
— 6,0	+ 14,6	6,32	+ 2,2
— 3,1	52,4	4,96	17,7
— 0,2	81,6	5,42	28,6
+ 2,7	109,2	6,80	40,5
5,6	134,4	8,97	51,1
8,5	155,0	11,8	59,6
11,5	166,2	16,1	68,9
14,5	153,5	26,4	77,2

Zahlentafel 212.

Flugzeug mit rundem Rumpf.

α	$100 c_a$	$100 c_w$	$100 c_m$
— 9,0°	— 1,3	12,6	—13,4
— 6,1	+ 19,7	6,63	+ 2,5
— 3,2	51,2	5,20	15,0
— 0,2	78,5	5,69	24,6
+ 2,7	104,8	6,79	35,5
5,6	131,3	8,80	48,1
8,6	150,3	11,4	56,9
11,5	164,4	15,8	66,2
14,6	140,9	24,0	64,0

b) Segelflugzeug „Greif".

Auf den „Greif", ebenfalls ein Segelflugzeug der Technischen Hochschule Hannover [2]), wurde bereits bei der Behandlung der Flügel mit Ausschnitten (s. unter Nr. III, 3) hingewiesen [3]). Abb. 78 stellt das untersuchte Modell des „Greif" mit den Hauptabmessungen dar; die Stelle des Flügels mit dem Ausschnitt in der Vorderkante [4]) ist in größerem Maßstabe noch besonders wiedergegeben. Im Gegensatz zum „Vampyr" besitzt der Tragflügel des „Greif" nur ein kleines Mittelstück, an das sich die beiden trapezförmigen sich nach außen verjüngenden Endflügel anschließen. Die Aufhängung des Modells in der Dreikomponentenwage war die gleiche wie beim Vampyr (vgl. Abb. 76).

---

[1]) s. Definition S. 32, I. Lieferung.
[2]) Ebenfalls von der Hawa gebaut.
[3]) s. Fußnote 3, S. 93.
[4]) Der Ausschnitt war für den Führer, dessen Kopf sich an dieser Stelle befand, vorgesehen.

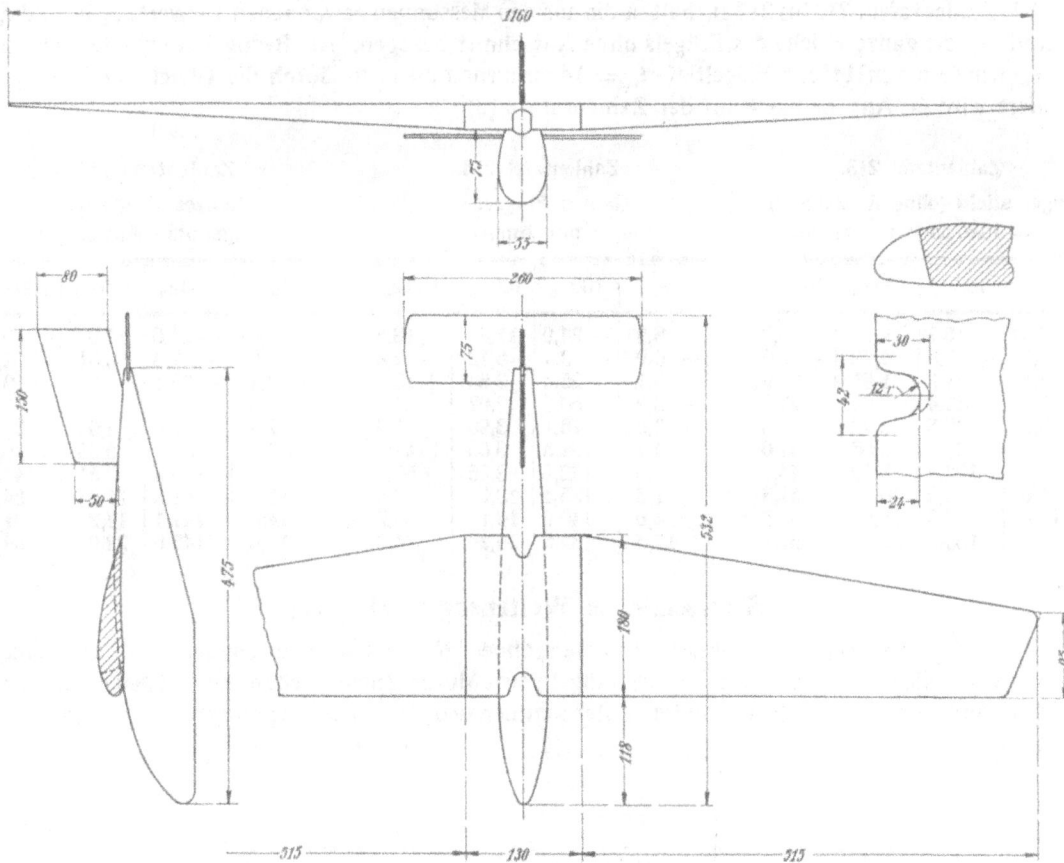

Abb. 78.

Untersucht wurde außer dem Tragflügel, der jedoch nur ohne Ausschnitt gemessen wurde, zunächst das ganze Flugzeug in der Ausführung, die es auch im Großen erhielt, also mit dem Ausschnitt für den Führer. Um den Einfluß des Ausschnittes auf den Verlauf der Polare festzustellen, wurde alsdann bei einem weiteren Versuch der Ausschnitt verschlossen, so daß der Flügel an dieser Stelle wieder das volle Profil erhielt. Das Ergebnis dieser beiden Untersuchungen ist aus Abb. 79 zu ersehen: im unteren Anstellwinkelbereich fallen die Polarkurven zusammen, von etwa 3° Anstellwinkel an macht sich indes die Wirkung des Ausschnittes im Flügel durch vergrößerten Widerstand und ziemlich merkliche Abnahme des Auftriebs bemerkbar. Der Höchstauftrieb bleibt sogar hinter dem des Tragflügels allein, dessen Polarkurve zum Vergleich ebenfalls mit eingezeichnet ist, zurück, während das Flugzeug ohne Ausschnitt ein größeres Auftriebsmaximum besitzt als der Flügel allein. Auffallend ist der äußerst geringe Widerstand des Rumpfes namentlich im Vergleich zu demjenigen des „Vampyr" (vgl. Abb. 77).

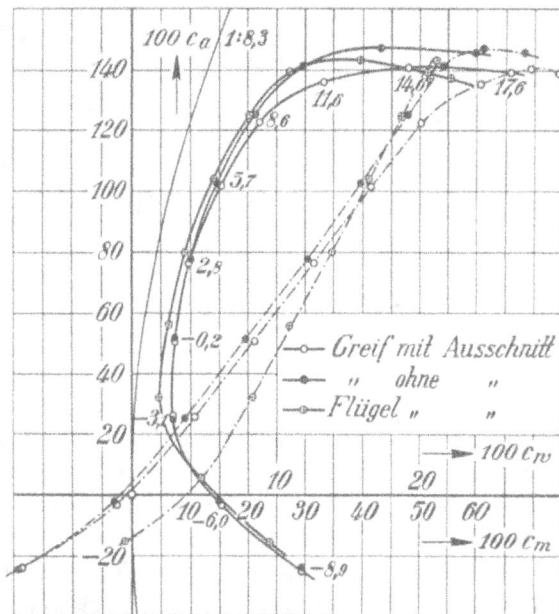

Abb. 79.

Die Zahlentafeln 213 bis 215 enthalten die aus den Messungen gewonnenen Beiwerte c_a, c_w und c_m; sie sind auf die ganze Fläche des Flügels ohne Ausschnitt bezogen. Als Bezugstiefe zur Berechnung von c_m wurde die mittlere Flügeltiefe $t_m = 14$ cm genommen, die durch die Gleichung $F = t_m \cdot b$ definiert wird (s. Angabe am Kopf der Zahlentafel 213).

Zahlentafel 213. Flügel allein (ohne Ausschnitt). $F = 1620$ cm²; $t = 14$ cm.				Zahlentafel 214. Ganzes Flugzeug; Flügel mit Ausschnitt.				Zahlentafel 215. Ganzes Flugzeug; Flügel ohne Ausschnitt.			
α	$100\,c_a$	$100\,c_w$	$100\,c_m$	α	$100\,c_a$	$100\,c_w$	$100\,c_m$	α	$100\,c_a$	$100\,c_w$	$100\,c_m$
— 9,0°	— 15,1	9,56	— 0,9	— 8,9°	—24,9	11,8	—18,8	— 8,9°	—24,6	11,8	—·19,3
— 6,0	+ 5,6	4,72	+12,0	— 6,0	— 3,1	6,12	— 2,4	— 6,0	— 2,3	6,01	— 2,8
— 3,1	31,9	1,91	20,9	— 3,1	+25,4	2,80	+10,7	— 3,1	+25,1	2,82	+ 9,3
— 0,2	55,4	2,60	27,2	— 0,2	50,6	2,97	21,0	— 0,2	51,2	2,99	19,7
+ 2,8	79,5	3,72	34,6	+ 2,8	76,1	3,90	31,4	+ 2,8	77,6	4,05	30,4
5,7	103,4	5,66	41,0	5,7	101,5	6,06	41,4	5,7	102,7	5,86	39,6
8,6	124,5	8,10	46,7	8,6	122,9	8,66	50,1	8,6	125,2	8,51	47,8
11,6	139,0	10,9	51,3	11,6	135,5	13,2	60,5	11,6	141,5	11,8	54,2
14,6	142,3	15,8	52,8	14,6	140,9	19,1	69,2	14,6	147,1	17,2	61,0
17,6	136,6	22,1	51,7	17,6	139,6	26,2	74,3	17,6	145,6	23,9	68,0

c) Schwanzloses Weltensegler-Flugzeug.

Versuche, Flugzeuge mit kurzen Rümpfen ohne Höhenleitwerk zu bauen und die Längsstabilität lediglich durch Verwindung der Flügel sowie durch Zurückziehen der Flügelenden zu erreichen, sind von verschiedenen Seiten unternommen worden. Als Segelflugzeuge sind aus den

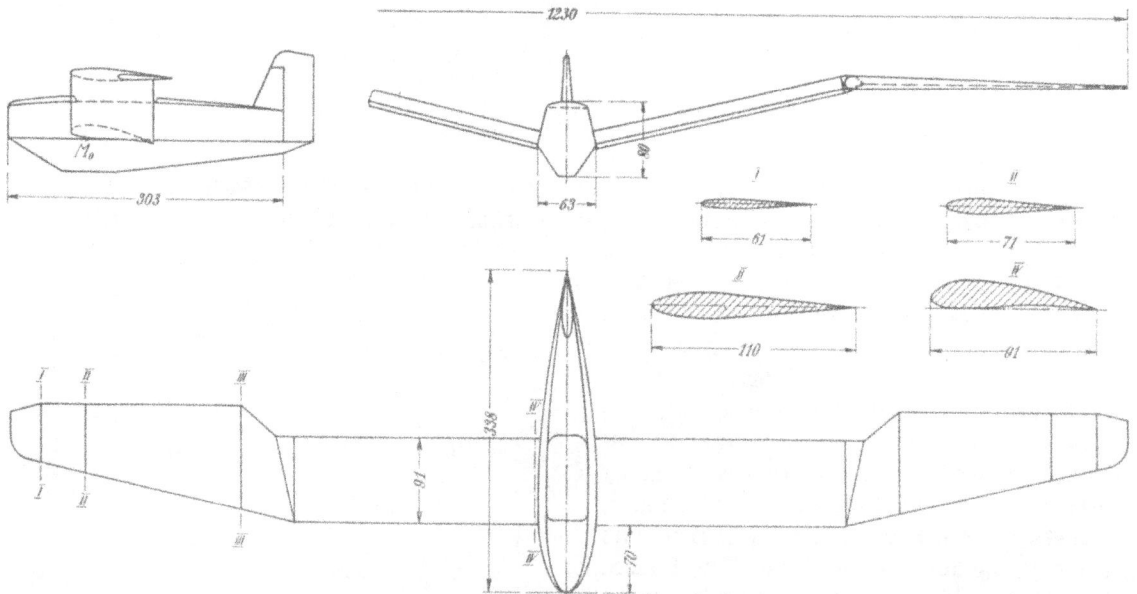

Abb. 80.

letzten Jahren mehrere derartige schwanzlose Flugzeuge von den Rhön-Segelflugwettbewerben her bekannt. Es dürfte daher nicht ohne Interesse sein, auch einmal die aerodynamischen Eigenschaften solch eines Flugzeugtypes kennenzulernen.

Das Flugzeug, dessen Messungsergebnisse im nachfolgenden mitgeteilt sind, ist ein leichtmotoriges Zweisitzerversuchsflugzeug (Type „V.E.I.") der Weltensegler-Flugzeugbau G. m. b. H., Baden-Baden. Form und Hauptabmessungen des untersuchten Modells sind aus Abb. 80 zu ersehen. Das Flugzeug besaß kein eigentliches Leitwerk, sondern nur eine senkrechte

Kielflosse am Ende des ziemlich kurzen Rumpfes. Der Rumpf des Modells war, wie auch bei den vorher beschriebenen Flugzeugen, aus Holz hergestellt, die Kielflosse aus dünnem Blech und der Tragflügel in der üblichen Weise aus Blech und Gips.

Die Polarkurve und Momentenkurve des ganzen Flugzeuges ist im Diagramm Abb. 81 aufgezeichnet, desgleichen diejenige des Flügels allein. Auffalllend klein ist der Widerstand des Tragflügels, verhältnismäßig groß derjenige des Rumpfes. Der immerhin geringe Auftrieb des Flugzeuges hat übrigens mit der schwanzlosen Bauart unmittelbar nichts zu tun, sondern rührt lediglich von der in diesem Falle angewandten Profilgestaltung an den Flügelenden her.

Die Zahlentafeln 216 und 217 geben das Ergebnis der Untersuchung zahlenmäßig wieder. Die Querachse, auf die das Längsmoment bezogen ist, geht durch den in Abb. 80 mit M_0 bezeichneten Punkt, der abweichend von der sonst üblichen Annahme 1,75 cm hinter der Flügelvorderkante liegt; Bezugstiefe für die Berechnung von c_m ist die Tiefe $t = 9,1$ cm des Mittelflügels.

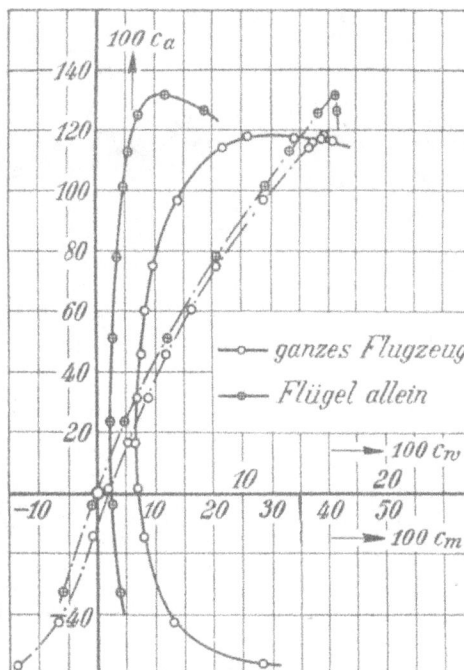

Abb. 81.

Zahlentafel 216.

Flügel allein;

$F = 1005$ cm²; $t = 9,1$ cm.

α	$100\,c_a$	$100\,c_w$	$100\,c_m$
— 8,9°	— 32,3	3,61	—6,0
— 6,0	— 3,6	2,65	—1,1
— 3,1	+ 24,0	2,23	+4,8
— 0,1	51,3	2,67	12,1
+ 2,9	78,5	3,44	20,6
5,8	101,8	4,65	29,0
7,3	113,2	5,64	33,2
8,8	125,6	7,47	38,2
11,8	131,8	11,7	41,3
13,8	126,4	18,6	41,6

Zahlentafel 217.

Ganzes Flugzeug.

α	$100\,c_a$	$100\,c_w$	$100\,c_m$
— 11,9°	— 56,2	11,2	—14,0
— 8,9	— 42,6	5,16	— 6,9
— 6,0	— 14,0	3,14	— 1,1
— 4,5	+ 1,0	2,70	+ 1,7
— 3,0	16,6	2,52	5,4
— 1,6	31,6	2,73	8,5
— 0,1	45,9	2,94	11,6
—|— 1,4	60,2	3,28	16,1
2,9	75,0	3,79	20,5
5,8	96,9	5,62	28,4
8,8	114,3	8,61	36,2
9,8	118,0	10,3	38,8
10,8	117,3	13,5	38,5
11,8	116,3	16,2	36,8

d) Rohrbach Zweimotoren-Landflugzeug.

Hier sollen noch Messungen an einem Flugzeug mitgeteilt werden, auf Grund deren man einen kleinen Überblick über den Anteil der einzelnen Organe eines Flugzeuges an dem Gesamtwiderstand desselben gewinnen kann. Das untersuchte Flugzeug war ein zweimotoriges Landflugzeug der Rohrbach Metall-Flugzeugbau G. m. b. H. In Abb. 82 ist das Modell desselben mit den Hautpabmessungen dargestellt; das Fahrgestell war bei der Modellherstellung fortgelassen. Rumpf und Motorgondeln waren aus Holz, das Leitwerk, das ein symmetrisches Profil von mittlerer Stärke besaß, aus dünnem Blech hergestellt; der Flügel war ein normaler Gipsflügel mit durchgehendem Profil (Profil Nr. 449 der I. Lieferung, s. S. 101 bzw. 112). Die Aufhängung des Modells war die übliche Dreikomponentenaufhängung; Abb. 83 zeigt ein Rohrbach-Modell, allerdings ein Flugboot mit einer etwas anderen Anordnung der Motorgondeln, im Windkanal hängend.

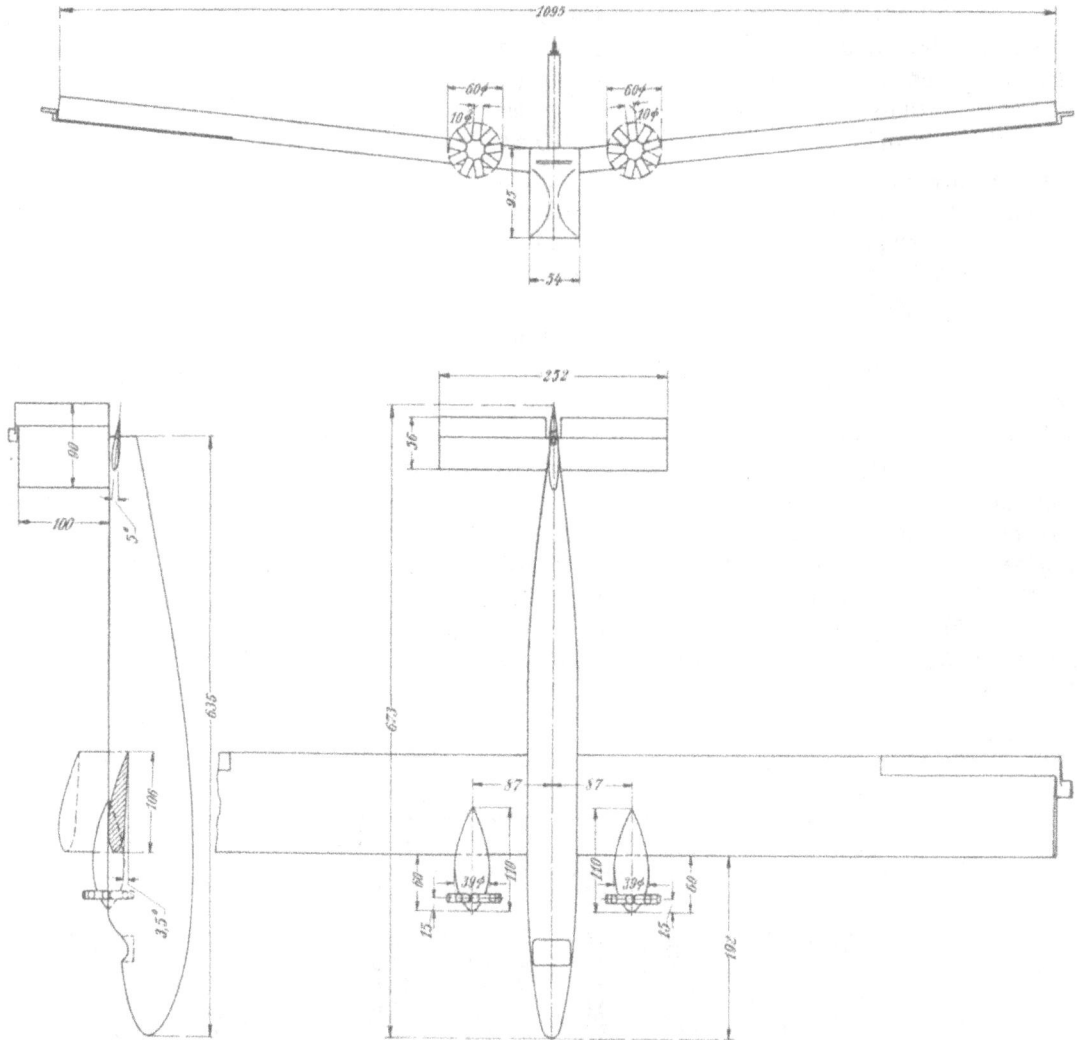

Abb. 82.

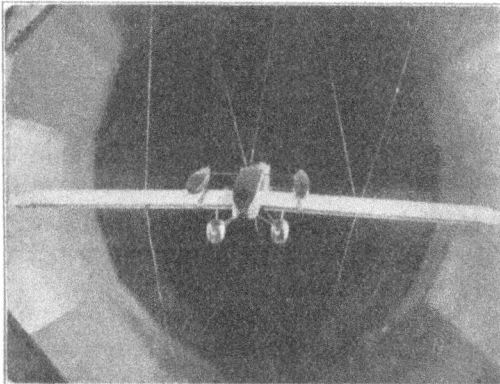

Abb. 83.

Aufhängung eines Modells im Windkanal.

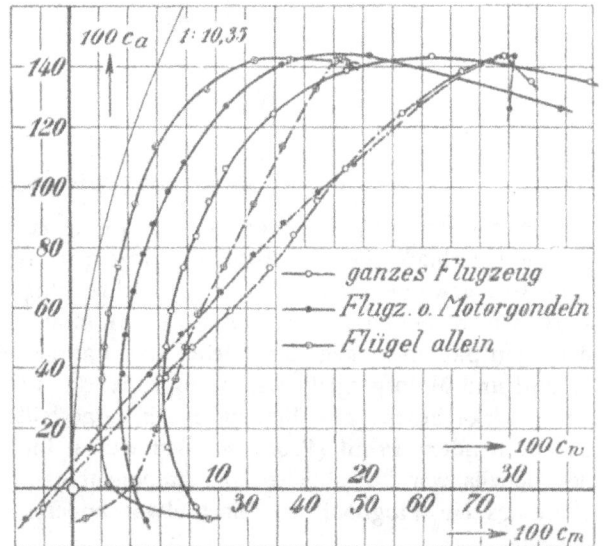

Abb. 84.

Die Untersuchungen, deren Ergebnisse in Abb. 84 in Polarkurven und in den Zahlentafeln 218 bis 220 zahlenmäßig wiedergegeben sind, erstreckten sich auf Dreikomponentenmessungen des ganzen Flugzeuges, des Flugzeuges ohne die beiden Motoren und Motorgondeln sowie auf eine Messung des Tragflügels allein. Der störende Einfluß der an der Flügelvorderkante angebrachten Motorgondeln auf den Widerstand und auch den Auftrieb — das Flugzeug ohne die Motorgondeln besitzt teilweise größeren Auftrieb als der Flügel allein — ist deutlich sichtbar. Gut zu erkennen ist auch der Einfluß des Leitwerks auf die Lage des Druckmittelpunktes.

Zahlentafel 218.
Flügel allein (Profil 449);
$F = 1158$ cm²; $t = 10,6$ cm.

α	$100\,c_a$	$100\,c_w$	$100\,c_m$
— 12,0°	— 10,1	9,34	2,2
— 9,0	+ 1,3	2,47	10,7
— 6,0	19,7	1,95	14,5
— 4,6	36,1	2,13	17,9
— 3,1	46,9	2,23	19,5
— 1,6	58,0	2,59	21,7
— 0,2	73,7	3,31	26,3
+ 2,8	94,3	4,57	31,5
5,8	113,4	5,96	36,3
8,7	132,4	9,40	42,0
11,7	142,0	12,7	45,6
13,2	142,2	15,1	46,3
14,7	141,5	18,1	47,3

Zahlentafel 219.
Ganzes Flugzeug.

α	$100\,c_a$	$100\,c_w$	$100\,c_m$
— 8,7°	— 6,7	8,40	— 5,3
— 6,0	+ 13,2	6,64	+ 4,5
— 3,1	36,8	6,45	15,2
— 1,6	46,8	6,53	20,7
— 0,1	59,1	6,86	27,3
+ 1,3	73,1	7,72	34,0
2,8	84,0	8,55	38,2
4,3	95,1	9,53	42,0
5,8	106,0	10,7	47,0
8,7	124,3	13,9	56,7
11,7	138,6	18,1	67,1
14,7	143,3	24,7	74,3
17,7	134,9	35,8	79,0

Zahlentafel 220.
Flugzeug ohne Motorgondeln.

α	$100\,c_a$	$100\,c_w$	$100\,c_m$
— 9,0°	— 10,9	5,07	— 8,0
— 6,0	+ 13,1	3,64	+ 3,0
— 3,1	37,9	3,56	13,5
— 1,6	50,6	3,77	18,9
— 0,1	65,3	4,33	25,6
+ 1,3	77,8	5,07	31,4
2,8	88,0	5,78	36,4
4,3	98,1	6,71	42,3
5,8	107,9	7,81	48,3
8,7	127,0	10,8	59,5
11,7	140,5	14,5	70,3
14,7	143,1	20,4	76,0
17,7	125,7	33,6	75,2

e) Flugzeugmodell mit Propeller.

Für den hier beschriebenen Versuch wurde das Modell eines Verkehrsflugzeuges der Firma Focke-Wulf-Flugzeugbau, Bremen, verwandt (Abb. 85). Es war im Maßstab 1 : 10 ausgeführt und hatte eine Spannweite von 140 cm und eine Tragfläche von 2950 cm². Die Bezugstiefe für die Längsmomentenzahl c_m ist die Flügeltiefe von 26 cm in Flügelmitte, die Querachse für das Längsmoment geht durch den vordersten Punkt der Profilsehne (entsprechend S. 32, I. Lief.) des größten Profils (M_0 in Abb. 85).

Nach den Angaben der Firma über Motorleistung und Drehzahl, Propellerdurchmesser und Fluggeschwindigkeit wurde aus amerikanischen Untersuchungen[1]) der in Abb. 86 dargestellte Schmalblatt-Propeller mit einer Sehnensteigung gleich der Hälfte des Durchmessers ($H/D = 0,5$) ausgewählt. Zum Antrieb des Propellers war der Motor[2]) im Verhältnis 2 : 1 untersetzt.

Des Vergleiches halber wurde der Propeller zunächst allein untersucht.

1. Untersuchung des alleinfahrenden Propellers.

Es wurde die unter Nr. II, 1 beschriebene Propeller-Prüfeinrichtung benutzt. Die Untersuchung wurde bei vier verschiedenen Drehzahlen in dem Bereich von 7400 bis 13200 Umdr./min ausgeführt. Während eines Versuches wurde die Drehzahl möglichst konstant gehalten, die verschiedenen Fortschrittsgrade wurden durch Änderung der Windgeschwindigkeit zwischen 0 und 40 m/s eingestellt. Dabei bleibt bei Propellern kleiner Steigung während eines Versuches der Propellerkennwert ungefähr konstant.

Bei den kleinen Propellerabmessungen ist natürlich der Kennwert (vgl. I. Lieferung, Nr. II, 2: Das Ähnlichkeitsgesetz) recht klein. Wenn man einen Modellpropeller von etwa 24 cm Durchmesser mit rd. 10000 Umdr./min zugrunde legt, so erhält man auf 60 bis 70% des Radius, wo

---

[1]) Untersuchungen des National Advisory Comittee for Aeronautics: Experimental Research on Air Propellers V. 1922. By F. W. Durand and E. P. Lesley, Report Nr. 141.
[2]) Vgl. Nr. II, 1.

der Schwerpunkt der Schubverteilung liegt, einen Kennwert $E = 1700$ mm · m/s (Produkt aus Profiltiefe und dazugehöriger Anblasgeschwindigkeit) gegenüber z. B. $E = 6000$ bei Normalflügeln. In dem Bereich dieser kleinen Kennwerte ändert sich der Beiwert des Profilwiderstandes ziemlich stark, wenn man den Kennwert ändert. Um den Einfluß desselben feststellen und auf größere Kennwerte extrapolieren zu können, werden die Propellerkurven daher meist bei mehreren verschiedenen Kennwerten aufgenommen.

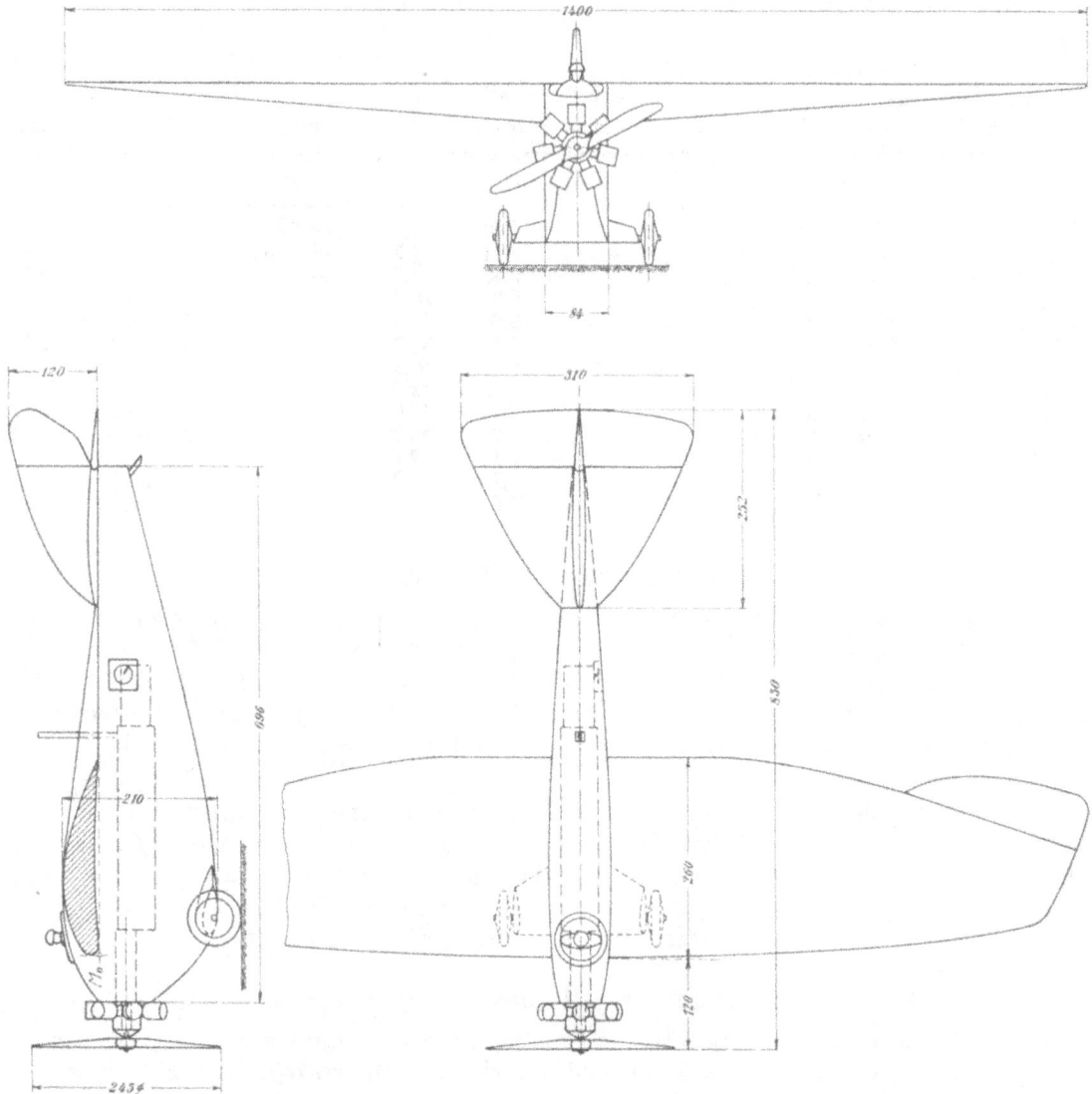

Abb. 85.

Die Beiwerte für den Schub S und das Drehmoment D wurden nach folgenden Gleichungen berechnet:

$$k_s = \frac{S}{\frac{\varrho}{2}\, u^2\, F}; \quad k_d = \frac{D}{\frac{\varrho}{2}\, u^2\, F\, R}.$$

Dabei ist u die Umfangsgeschwindigkeit an den Propellerspitzen und $F = \pi \cdot R^2$ die Propellerkreisfläche. Der Fortschrittsgrad ist $\lambda = v/u$ und der Wirkungsgrad (mit ω als Winkelgeschwindigkeit)

$$\eta = \frac{S \cdot v}{D \cdot \omega} = \frac{k_s}{k_d} \cdot \lambda.$$

In den Tafeln 221 bis 224 sind die Untersuchungsergebnisse zahlenmäßig wiedergegeben und in Abb. 87 über λ aufgetragen. Dort ist auch die amerikanische Messung gestrichelt mit eingezeichnet. Unsere Kurven nähern sich mit steigendem Kennwert immer mehr den amerikanischen, die bei einem etwa doppelt so großen Kennwert auf-genommen wurden.

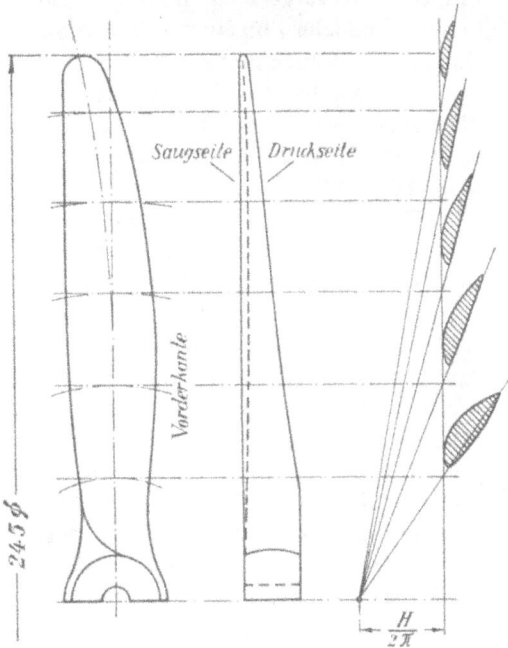

Abb. 86.

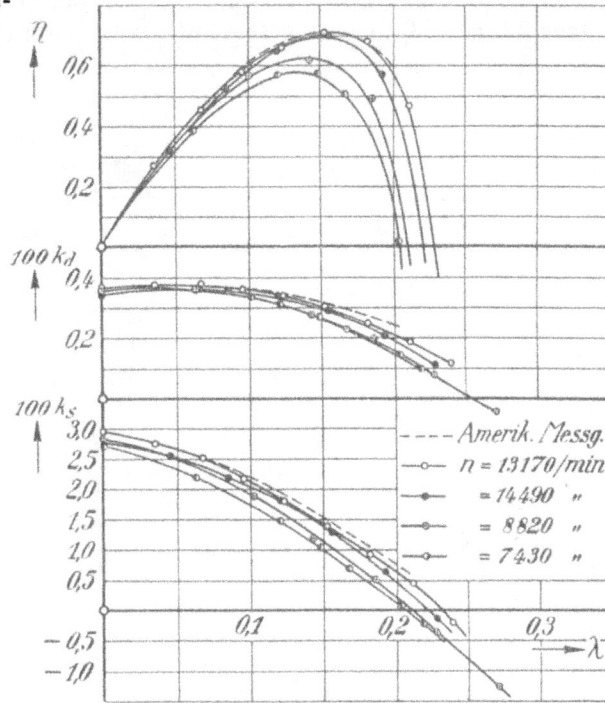

Abb. 87.

2. Untersuchung des Flugzeugmodells mit Propeller.

Das Modell wurde in der bei Dreikomponentenmessungen üblichen Weise an dünnen Stahl-drähten aufgehängt. Die Messung von Drehzahl und Drehmoment geschah so wie bei der Unter-suchung des alleinfahrenden Propellers. In Abb. 85 erkennt man hinten am Motor den Umdrehungszähler, der durch ein Fensterchen in der Rumpfwand sichtbar ist, und den oben aus dem Rumpf heraus-ragenden Momentenhebel. Die Strom-zuführung erfolgte durch blanke Kupfer-drähte, die so dünn wie möglich gewählt wurden, um den Luftwiderstand der Auf-hängung nicht unnötig zu vergrößern. Der Widerstand der Drähte für die Dreh-momentenmessung und für die Strom-zuführung sowie der des herausstehen-den Momentenhebels wurden aus einer besonderen Messung mittels Differenz-bildung bestimmt.

Die ganze Untersuchung wurde bei einer konstanten Windgeschwindigkeit von nur rd. 20 m/s durchgeführt, um angesichts der begrenzten Propellerdrehzahl einen

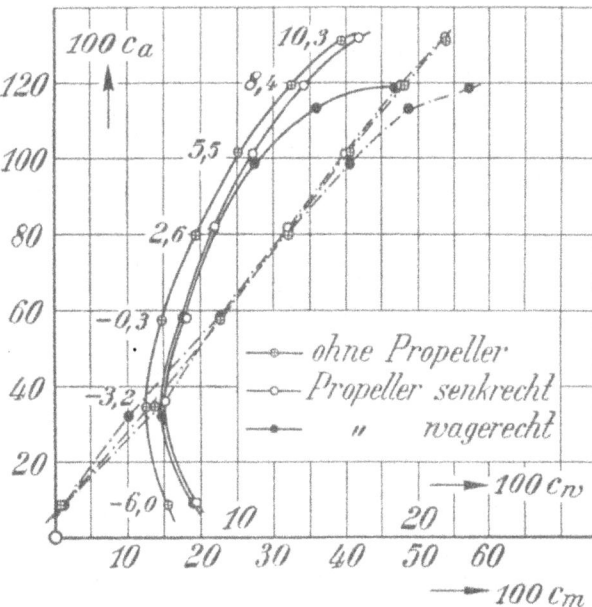

Abb. 88.

möglichst großen Bereich von Fortschrittsgraden zu bekommen. Diese wurden durch Änderung der Drehzahl eingestellt.

Abb. 88 zeigt zunächst die Polaren und Momentenlinien des Flugzeugmodells ohne Propeller und mit stehendem Propeller in senkrechter sowie wagerechter Stellung (dazu Zahlentafel 225 bis 227). Bemerkenswert ist das vorzeitige Abbiegen der Polare bei wagerecht stehendem Propeller hervorgerufen dadurch, daß die empfindliche Flügelvorderkante auf eine größere Breite gestört wird.

In Abb. 89 bis 91 ist die Abhängigkeit der drei Flugzeugbeiwerte c_a, c_w und c_m vom Propellerfortschrittsgrad dargestellt.

Für c_w ist die Auftragung über $1/\lambda = u/v$ statt über λ gewählt, weil sich so in dem wichtigsten Gebiet der Fortschrittsgrade eine flachgestreckte Kurve ergibt, die eine größere Genauigkeit der Auftragung und Interpolation gewährleistet. Außerdem kann in dieser Darstellung auch der Widerstandsbeiwert für stillstehenden Propeller, also für $u/v = 0$, eingezeichnet werden; es ist beachtlich, daß er kleiner ist als der für langsam laufenden Propeller ($u/v = $ rd. 2).

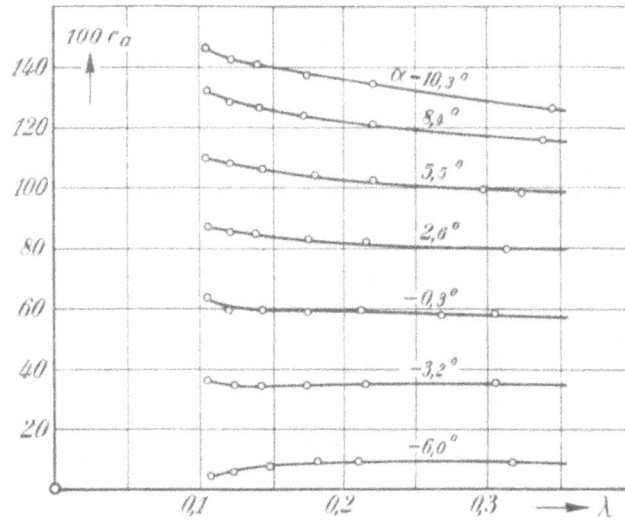

Abb. 89.

Bei den Kurven c_a über λ wird bei großer Drehzahl, also bei kleinem λ, die Auftriebsvergrößerung bei den großen Anstellwinkeln zum einen Teil durch die senkrechte Komponente des

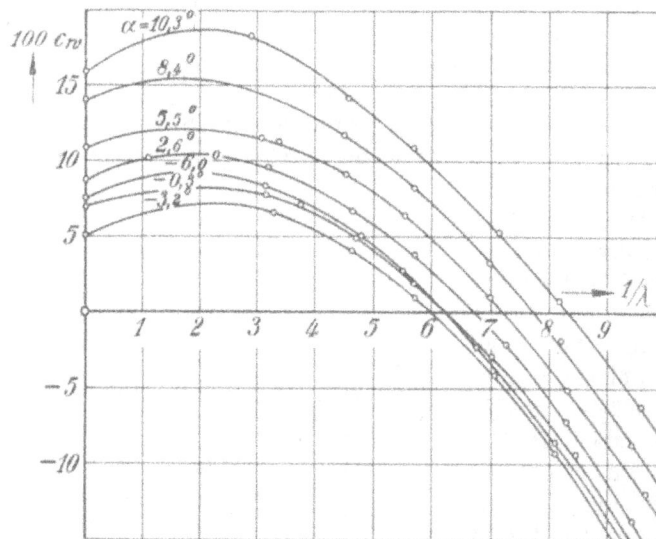

Abb. 90.

Propellerschubs, zum anderen Teil durch die größere Windgeschwindigkeit im Schraubenstrahl, der die Tragfläche trifft, verursacht.

Daß c_m mit zunehmender Drehzahl kleiner wird, liegt in erster Linie an der Wahl des Momentenbezugspunktes. Der Propellerschub erzeugt ein aufrichtendes negatives Moment um diesen Punkt.

Aus den drei Kurvenblättern Abb. 89 bis 91 wurden die Polaren und Momentenlinien für verschiedene Fortschittsgrade ($\lambda = 0{,}125$, $0{,}150$, $0{,}175$, $0{,}200$, $0{,}225$, $0{,}250$ und $0{,}300$) interpoliert und in Abb. 92 zusammengestellt. Die Anstellwinkel sind nur an die Punkte der am weitesten links liegenden Polare angeschrieben, sie gelten aber auch für die mit ihnen gestrichelt verbundenen Punkte der anderen Polaren. Die Kurve des Modells ohne Propeller ist gestrichelt mit eingezeichnet. In den Schnittpunkten der Polaren mit der Geraden $c_w = 0$ ist Horizontalflug möglich, die Punkte weiter links bedeuten Steigflug, diejenigen rechts Gleitflug. Für den jeweiligen Flugzustand kann man die Propellerdrehzahl aus diesem Kurvenblatt entnehmen, wenn die Fluggeschwindigkeit bekannt ist.

Abb. 93 bis 99 zeigt den Verlauf des Drehmomentenbeiwertes k_d für die einzelnen Anstellwinkel wiederum abhängig vom Fortschrittsgrad. Gegenüber der gestrichelt mit eingezeichneten

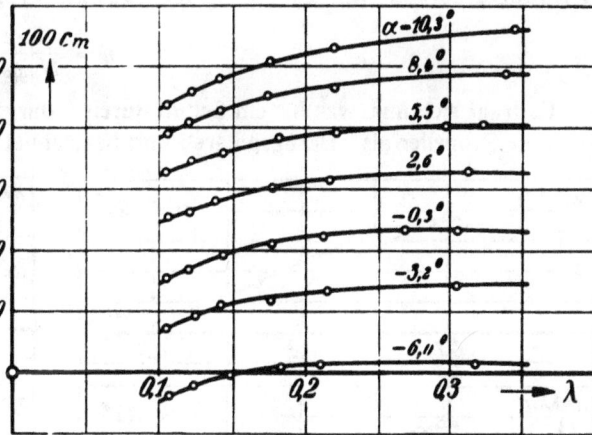

Abb. 91.

k_d-Kurve des alleinfahrenden Propellers hat eine Verschiebung nach oben stattgefunden. Das ist ohne weiteres verständlich, denn der Propeller arbeitet infolge der Stauung der Luft

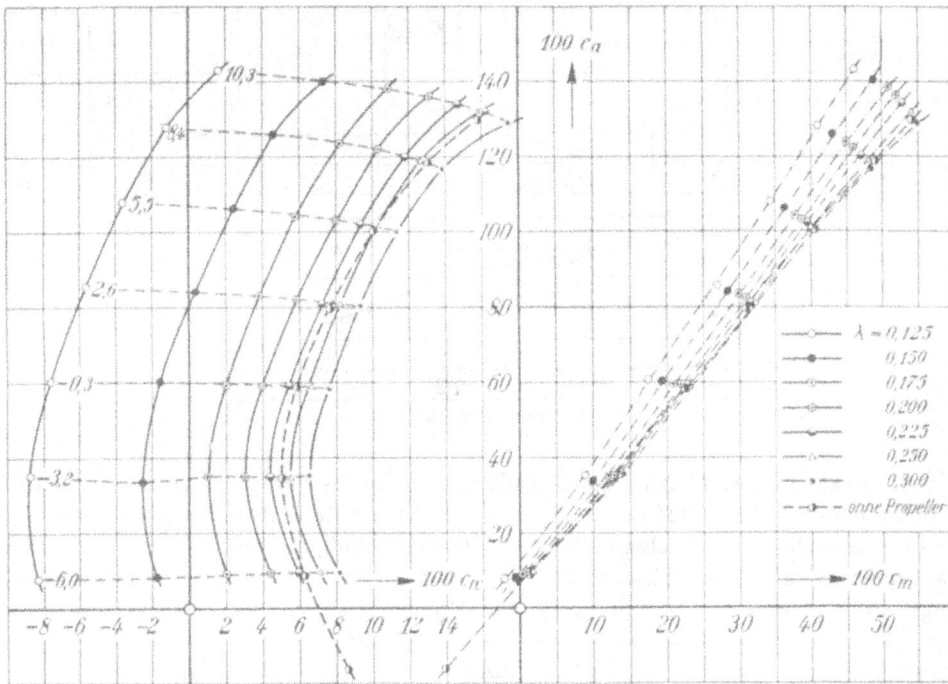

Abb. 92.

vor dem dicken Rumpf und Flügel in einer Strömung geringerer Geschwindigkeit, seine einzelnen Profile haben daher größeren Anstellwinkel und erfordern ein größeres Drehmoment. Diese k_d-Kurve des alleinfahrenden Propellers gilt für diejenigen Propellerkennwerte, die bei der Untersuchung des Flugzeuges mit Propeller vorhanden waren; sie ist gewonnen durch Interpolation aus den Kurven der Abb. 87, die für verschiedene Kennwerte gelten. Auf die gleiche Weise wurden auch die Kurven für k_s und η interpoliert und in Abb. 100 zusammengestellt.

Damit hat man alles, was zu einer Leistungsberechnung für dieses Flugzeug erforderlich ist. Man kann jedoch in der Auswertung noch weiter gehen und aus den bisherigen Ergebnissen einen „Wirkungsgrad" für das System „Flugzeug mit Propeller" ausrechnen:

$$\eta = \frac{S \cdot v}{N_{\text{Motor}}}.$$

Es fragt sich nur, was für ein Schub durch S dargestellt werden soll. Meist wählt man die Polare ohne Propeller als „Bezugspolare" und bezeichnet die Widerstandsdifferenz zwischen ihr und

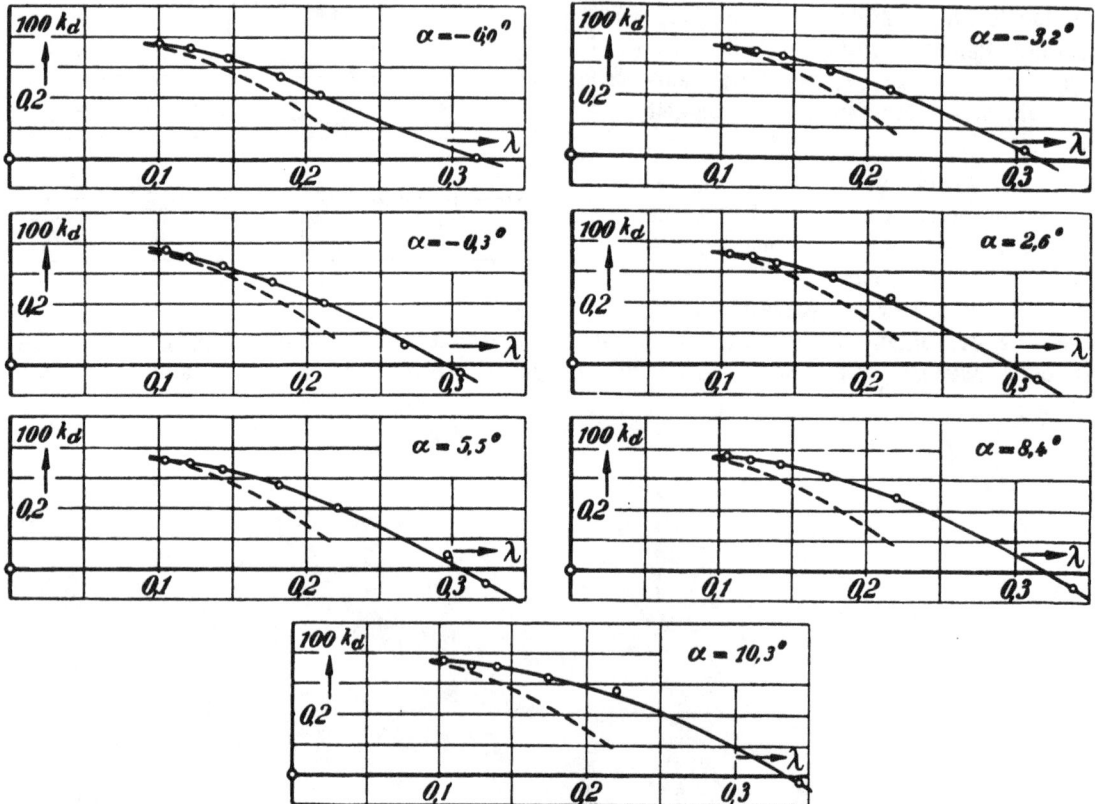

Abb. 93 bis 99.

irgendeinem Punkte mit laufendem Propeller als Schub. Dabei wäre noch zu entscheiden, ob man die Schubbestimmung bei konstantem c_a oder bei konstantem Anstellwinkel vornehmen soll. Der Schub S ist nicht zu verwechseln mit dem „Nabenschub", dem Schub relativ zur Propeller- welle, wie man ihn mit der Meßnabe feststellen kann. Dieser ist um den Widerstandszuwachs von Flügel, Rumpf und Fahrgestell durch den Propellerstrahl größer als der hier betrachtete Schub.

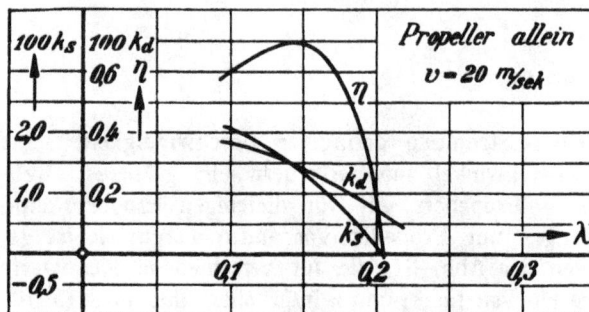

Abb. 100.

Wenn man den alleinfahrenden Propeller mit dem Propeller am Flugzeug vergleicht, so findet man, daß sich unter der gegen- seitigen Beeinflussung von Rumpf und Tragflügel einerseits und Propeller anderer- seits sowohl Propellerschub und Dreh- moment als auch Auftrieb und Widerstand von Tragflügel und Rumpf ändern. In unserem Schub S sind alle diese Einflüsse mit enthalten.

Man sieht, daß man den Wirkungsgrad eines Flugzeugs mit Propeller nicht so klar und eindeutig definieren kann wie z. B. den des alleinfahrenden Propellers.

Für das untersuchte Modell erhält man für η Werte zwischen 0,50 und 0,53 (für α = konst). Dieser auffallend niedrige Wert ist hauptsächlich dadurch bedingt, daß der Propeller vor einem ungewöhnlich dicken Rumpfe arbeitet.

1. Propeller allein laufend; Propeller-Durchmesser = 24,5 cm.

Zahlentafel 221.

a) Mittlere Drehzahl
n = 13170 Umdr min.

λ	η	100 k_s	100 k_d
0	0	2,96	0,37
0,0353	0,266	2,75	0,37
0,0675	0,450	2,52	0,38
0,0955	0,578	2,16	0,36
0,123	0,656	1,79	0,34
0,153	0,707	1,39	0,30
9,182	0,675	0,92	0,25
0,212	0,465	0,40	0,18
0.240	—	—0,22	0,11

Zahlentafel 222.

b) Mittlere Drehzahl
n = 10490 Umdr/min.

λ	η	100 k_s	100 k_d
0	0	2,76	0,34
0,0454	0,319	2,54	0,36
0,0850	0,527	2,18	0,35
0,120	0,644	1,80	0,34
0,156	0,694	1,28	0,29
0,193	0,567	0,60	0,20
0,229	—	—0,15	0,11

Zahlentafel 223.

c) Mittlere Drehzahl
n = 8820 Umdr/min.

λ	η	100 k_s	100 k_d
0	0	2,83	0,36
0,102	0,566	1,87	0,34
0,143	0,617	1,18	0,27
0,186	0,490	0,52	0,20
0,228	—	—0,37	0,076
0,272	—	—1,29	—0,048

Zahlentafel 224.

d) Mittlere Drehzahl
n = 7430 Umdr/min.

λ	η	100 k_s	100 k_d
0	0	2,72	0,36
0,0626	0,385	2,19	0,36
0,120	0,567	1,49	0,31
0,148	0,570	1,03	0,27
0,168	0,508	0,68	0,23
0,204	0,122	0,08	0,14
0,219	—	—0,23	0,108

2a. Flugzeug ohne und mit stehendem Propeller; v = 20,4 m/s.

Zahlentafel 225.

ohne Propeller.

α	100 c_a	100 c_w	100 c_m
— 6,0°	9,15	6,25	1,2
— 3,2	34,8	5,00	13,3
— 0,3	58,5	5,89	22,9
+ 2,6	80,4	7,75	32,0
5,5	101,1	10,1	40,7
8,4	119,0	13,0	48,2
10,3	130,6	15,8	54,0

Zahlentafel 226.

Propeller senkrecht.

α	100 c_a	100 c_w	100 c_m
— 6,0°	9,15	7,62	1,3
— 3,2	36,0	5,95	15,0
— 0,3	58,1	7,04	22,4
+ 2,6	81,9	8,66	31,8
5,5	101,2	10,8	39,7
8,4	119,5	13,6	47,3
10,3	132,0	16,6	53,5

Zahlentafel 227.

Propeller wagerecht.

α	100 c_a	100 c_w	100 c_m
— 6,0°	9,24	7,50	1,3
— 3,2	32,2	5,80	10,7
— 0,3	58,2	6,96	22,4
+ 2,6	81,0	8,63	31,8
5,5	98,6	10,9	40,4
8,4	113,5	14,3	48,5
10,3	119,1	18,7	57,0

2b. Flugzeug mit laufendem Propeller; v = 20,4 m/s.

a) Anstellwinkel α = —6,0°.   **Zahlentafel 228.**

λ	100 c_d	100 c_w	100 c_m	100 k_d
0,107	4,72	— 16,1	— 4,1	0,376
0,123	6,33	— 8,63	—2,3	0,358
0,148	7,98	— 2,25	—0,5	0,330
0,182	9,65	+ 2,78	+0,9	0,268
0,210	9,72	5,01	1,2	0,206
0,318	9,15	8,27	1,3	0

b) Anstellwinkel α = —3,2°.   **Zahlentafel 229.**

λ	100 c_a	100 c_w	100 c_m	100 k_d
0,105	36,3	— 17,4	7,1	0,359
0,124	34,7	— 9,31	9,2	0,346
0,142	34,6	— 4,04	11,0	0,330
0,175	34,5	+ 1,01	11,7	0,282
0,215	35,1	3,95	13,1	0,228
0,305	35,5	6,57	14,2	0,030

c) Anstellwinkel $\alpha = -0,3^0$.   Zahlentafel 230.

λ	$100\,c_a$	$100\,c_w$	$100\,c_m$	$100\,k_d$
0,105	61,8	— 16,9	15,3	0,376
0,120	59,7	— 9,39	16,8	0,352
0,143	59,8	— 2,91	19,1	0,326
0,176	58,9	+ 2,02	21,0	0,272
0,212	59,2	4,94	22,2	0,204
0,268	58,2	7,02	23,2	0,066
0,305	58,3	7,76	23,2	— 0,027

d) Anstellwinkel $\alpha = 2,6^0$.   Zahlentafel 231.

λ	$100\,c_a$	$100\,c_w$	$100\,c_m$	$100\,k_d$
0,106	87,5	— 13,8	25,3	0,358
0,121	85,5	— 7,22	26,1	0,350
0,138	85,1	— 2,09	28,0	0,328
0,176	83,0	+ 3,75	30,2	0,280
0,216	82,1	6,68	31,4	0,214
0,313	80,0	9,47	32,9	— 0,051

e) Anstellwinkel $\alpha = 5,5^0$.   Zahlentafel 232.

λ	$100\,c_a$	$100\,c_w$	$100\,c_m$	$100\,k_d$
0,104	109,7	— 12,0	32,7	0,358
0,121	108,1	— 5,13	34,5	0,350
0,143	106,4	+ 1,03	35,9	0,326
0,181	104,0	6,40	38,1	0,272
0,221	102,7	9,14	39,2	0,202
0,297	99,3	11,3	40,3	0,052
0,323	98,3	11,5	40,4	— 0,048

f) Anstellwinkel $\alpha = 8,4^0$.   Zahlentafel 233.

λ	$100\,c_a$	$100\,c_w$	$100\,c_m$	$100\,k_d$
0,105	132,2	— 8,72	38,8	0,376
0,121	128,6	— 1,92	40,7	0,362
0,141	126,8	+ 3,22	42,7	0,348
0,173	124,0	8,25	45,0	0,308
0,220	121,0	11,7	46,5	0,244
0,338	116,0	14,8	48,7	— 0,052

g) Anstellwinkel $\alpha = 10,3^0$.   Zahlentafel 234.

λ	$100\,c_a$	$100\,c_w$	$100\,c_m$	$100\,k_d$
0,104	146,6	— 6,22	43,6	0,374
0,122	143,0	+ 0,85	45,8	0,358
0,140	141,0	5,26	47,8	0,356
0,175	138,0	10,9	50,7	0,320
0,220	134,3	14,1	53,0	0,288
0,344	126,9	18,3	56,2	— 0,023

16. Untersuchungen über Druckverteilungen an gestaffelten Flügelgittern.

Diese Messungen hatten den Zweck, Aufschluß zu geben über die Druckverteilung an Schaufelsystemen, wie sie bei Turbinen angewandt werden. Mit Rücksicht auf moderne Turbinenbauarten („Propellerturbinen") wurden auch besonders stark gestaffelte Systeme untersucht.

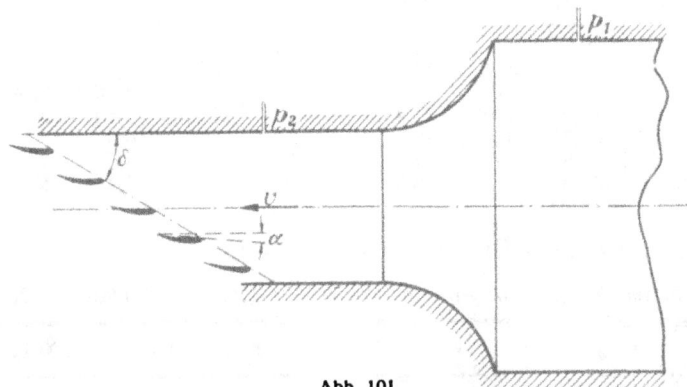

Abb. 101.

Die bei den Versuchen verwandten Flügel besaßen bei rechteckigem Grundriß eine Spannweite von 60 cm und eine Tiefe von 20 cm. Fünf solcher Flügel waren, zu einem Gitter vereinigt, zwischen zwei senkrechten Wänden eingebaut, die mit der Düse verbunden waren (s. Abb. 101). Oberhalb und unterhalb des Gitters in halber Gitterteilung von den äußeren Flügeln entfernt waren als horizontale Begrenzung ebenfalls zwei Wände angebracht, die von der Düse bis an die oberste bzw. unterste Fläche reichten. Die Flügel selbst mit dem Profil 587, dessen Polarkurve und Zahlentafel auf S. 50 bzw. 58 dieser Lieferung wiedergegeben ist, waren normale Gipsflügel; sie wurden mit zwei Zapfen, die sich an den Enden befanden, in entsprechende

Löcher der senkrechten Wände gesteckt und nach Einstellung des Anstellwinkels von außen fest-
geschraubt. Der mittelste Flügel war in der Mitte
an einem besonderen Einsatzstück mit einer Anzahl Bohrungen von 0,5 mm Durchmesser zur Vor-
nahme der Druckmessungen versehen. Die Lage
dieser Meßstellen ist in der Profilzeichnung Abb. 102

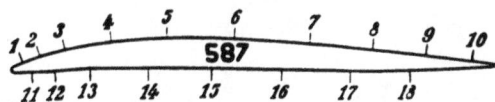

Abb. 102.

angegeben; ihre Abstände von der Vorderkante des Profils, parallel zur Profilsehne gemessen,
sind die folgenden:

Bohrung Nr.	1	2	3	4	5	6	7	8	9	10
Abstand mm	4,5	11	22	41,5	63,5	91	121	148	170	188

Bohrung Nr.	11	12	13	14	15	16	17	18
Abstand mm	8,5	17,5	31,5	54,5	81	111	140	164

Bei den Versuchen wurden Staffelungswinkel (δ) von 16°, 22° und 29° angewandt; die Gitterteilungen T (Abstand der Flügel in der jeweiligen Gitterebene) wurden nach folgendem Schema
geändert:

Versuchsreihe:	I	II	III	IV	V	VI
$T:t =$	2,0	1,43	1,175	1,0	0,87	0,77

Innerhalb jedes der 18 Versuche wurde bei drei verschiedenen Anstellwinkeln ($\alpha = 1,4°, 2,8°$ und
$4,2°$) gemessen, wobei sämtliche Flügel jedesmal den gleichen Anstellwinkel besaßen. Neben den
Drücken in den Anbohrungen wurde bei den einzelnen Versuchsanordnungen auch der Druck p_1
in der Düsenkammer, sowie der Druck p_2 im Kanal vor dem Gitter gemessen (s. Abb. 101); aus
beiden ergibt sich nach der Bernoullischen Gleichung der Staudruck q vor dem Gitter.

Zur Wiedergabe der Messungsergebnisse in Tafeln und Schaubildern wurde der an den einzelnen Meßstellen gemessene Druck p durch den jeweiligen Staudruck q dividiert; diese Werte sind
in den Zahlentafeln 235 bis 240 enthalten. Außerdem ist in den Abb. 103 bis 108 dieses Verhältnis
p/q für die einzelnen Punkte über der Flügelsehne aufgetragen und zwar nach oben der Überdruck
und unten der Unterdruck. Als Vergleichsmessung wurde eine Druckverteilungsmessung an dem
Flügel allein, ebenfalls zwischen den beiden senkrechten
Wänden, jedoch ohne die horizontalen Begrenzungswände,
vorgenommen; das Ergebnis enthält die Zahlentafel 241;
desgleichen sind in Abb. 109 die Werte p/q wieder über der
Flügelsehne aufgetragen.

Gegenüber der Druckverteilung an dem einzelnen
Flügel zeigt sich bei dem Flügelgitter auf der Oberseite
der Flügel eine wesentliche Zunahme des Unterdruckes
mit abnehmender Gitterteilung, also kleinerem T. Außerdem verschiebt sich die Stelle des größten Unterdruckes
mehr nach der Profilmitte, wobei sich dieses Druckmaximum
namentlich bei kleinen Gitterteilungen über einen größeren
Bereich erstreckt, die Druckkurve also hier ziemlich flach
verläuft. Der Druck auf der Profilunterseite geht namentlich
bei kleinerer Gitterteilung stark ins negative Gebiet; außerdem verläuft die Druckkurve hier zur Profilhinterkante hin wesentlich steiler.

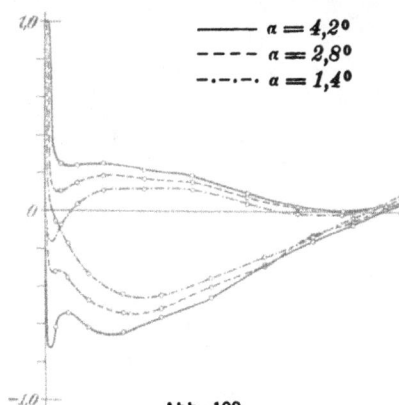

Abb. 109.
Druckverteilung am Flügel allein.

Die ungewöhnlich großen Inhalte der Druckverteilungskurven kommen dadurch zustande,
daß die Drücke auf den Staudruck der Strömung vor dem Schaufelsystem bezogen sind.
Vom hydrodynamischen Standpunkt wäre es übersichtlicher gewesen, sie auf den Staudruck hinter dem Schaufelsystem zu beziehen, doch standen der genauen Bestimmung dieses
Staudrucks versuchstechnische Hindernisse im Wege; es ist deshalb auf diese Darstellungsart ver-
zichtet worden.

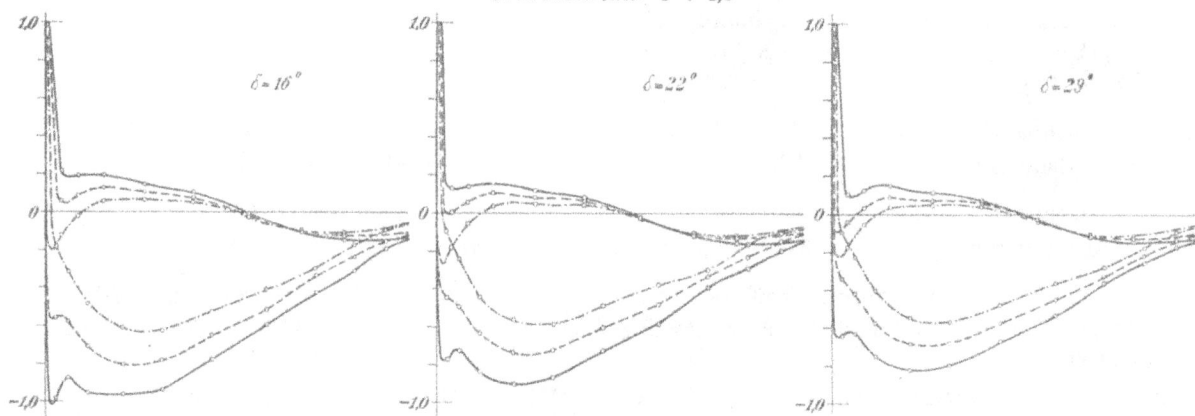

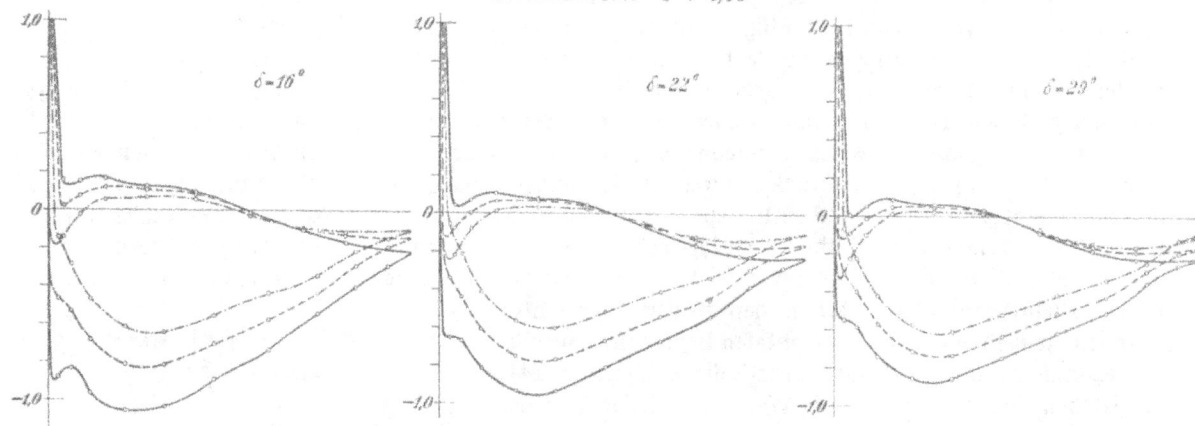

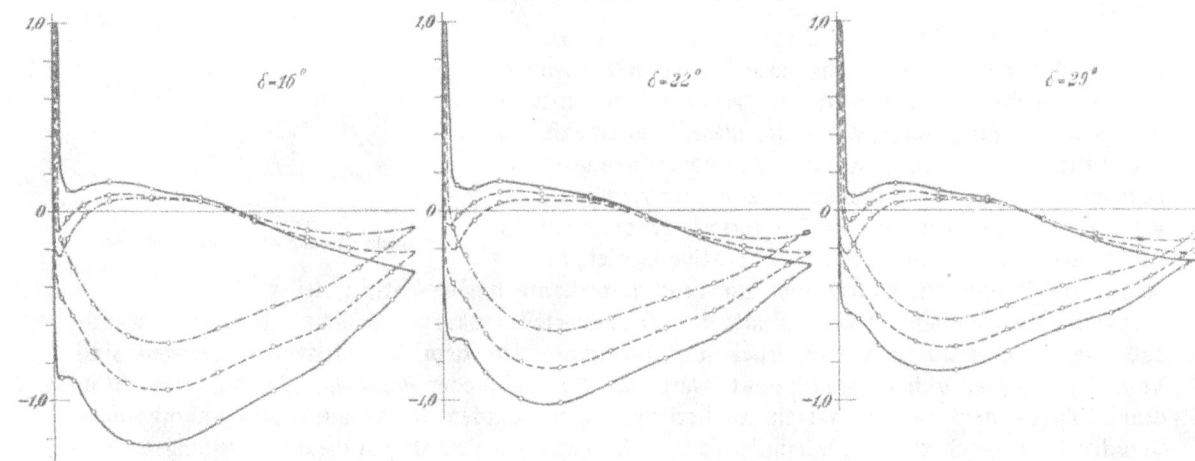

Abb. 103 bis 105.

IV. Versuchsreihe: $T:t=1,0$

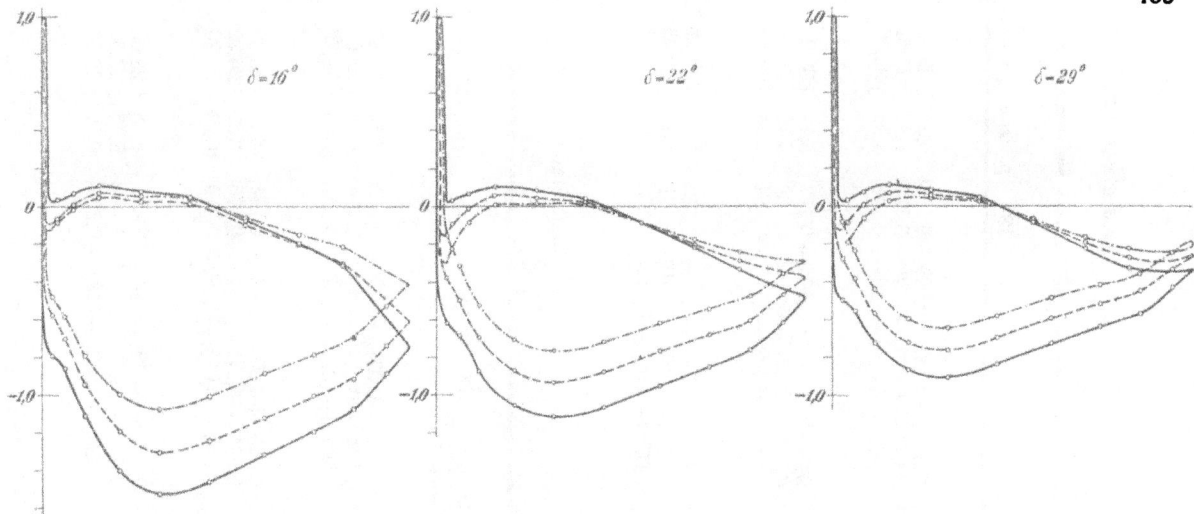

$\delta=16°$ $\delta=22°$ $\delta=29°$

V. Versuchsreihe: $T:t=0,87$

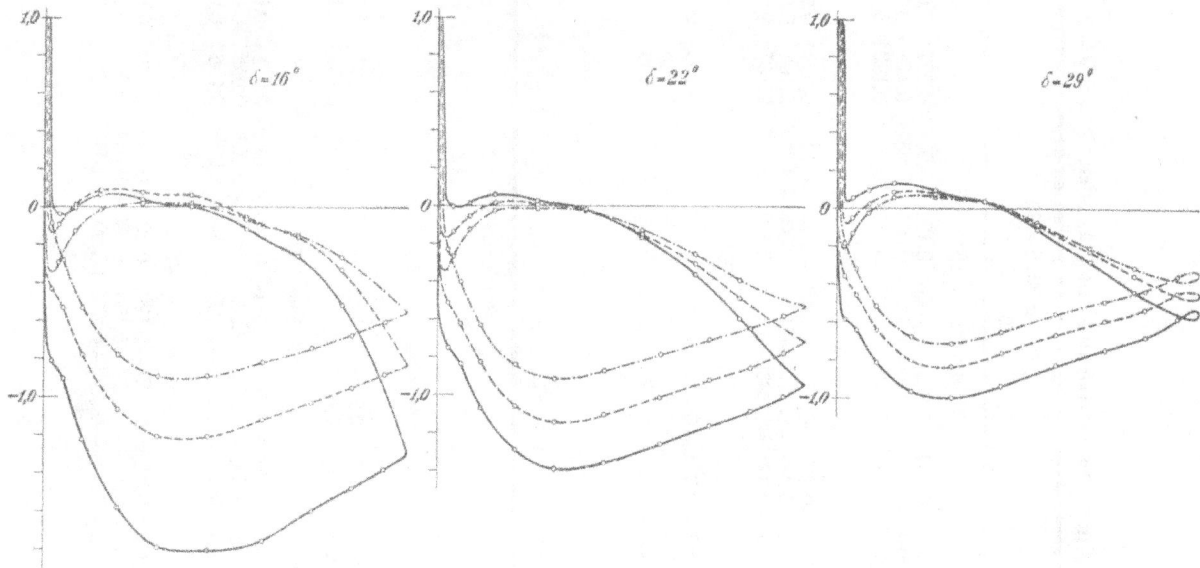

$\delta=16°$ $\delta=22°$ $\delta=29°$

VI. Versuchsreihe: $T:t=0,77$

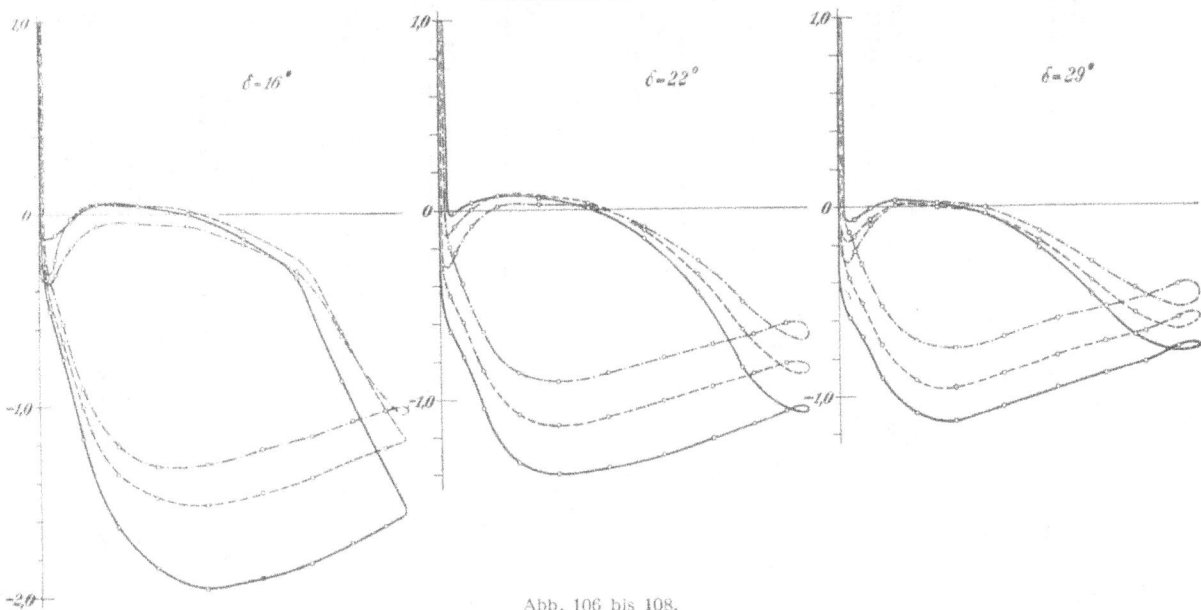

$\delta=16°$ $\delta=22°$ $\delta=29°$

Abb. 106 bis 108.

I. Versuchsreihe.

Verhältnis von Gitterteilung zu Flügeltiefe $T : t = 2{,}0$.

Zahlentafel 235.

Anstellwinkel α	p/q bei Meßstelle:																		p_2 kg/m²	q kg/m²
	1	2	3	4	5	6	7	8	9	10	11	12	13	14	15	16	17	18		
Winkel $\delta = 16^0$																				
1,4°	−0,184	−0,315	−0,485	−0,613	−0,625	−0,523	−0,407	−0,297	−0,172	−0,095	−0,125	−0,021	0,057	0,063	0,051	−0,030	−0,095	−0,108	5,57	29,42
2,8	−0,559	−0,578	−0,711	−0,804	−0,780	−0,650	−0,518	−0,337	−0,239	−0,151	+0,055	+0,087	0,128	0,103	0,077	−0,022	−0,099	−0,127	7,39	27,62
4,2	−0,986	−0,878	−0,953	−0,962	−0,939	−0,777	−0,595	−0,423	−0,306	−0,191	−0,219	−0,192	0,193	0,144	0,102	−0,010	−0,104	−0,148	8,99	26,00
Winkel $\delta = 22^0$																				
1,4	−0,096	−0,245	−0,443	−0,565	−0,585	−0,489	−0,379	−0,295	−0,161	−0,085	−0,181	−0,056	0,032	0,046	0,040	−0,041	−0,105	−0,117	5,17	30,01
2,8	−0,442	−0,488	−0,635	−0,734	−0,724	−0,601	−0,482	−0,332	−0,221	−0,145	+0,006	+0,057	0,105	0,083	0,064	−0,031	−0,105	−0,129	6,75	28,50
4,2	−0,775	−0,729	−0,838	−0,905	−0,870	−0,725	−0,472	−0,391	−0,289	−0,194	−0,127	−0,137	0,157	0,118	0,082	−0,027	−0,115	−0,154	8,24	26,68
Winkel $\delta = 29^0$																				
1,4	−0,094	−0,228	−0,407	−0,549	−0,566	−0,475	−0,367	−0,274	−0,154	−0,089	−0,180	−0,055	0,033	0,044	0,039	−0,043	−0,119	−0,120	4,67	30,85
2,8	−0,342	−0,419	−0,573	−0,684	−0,677	−0,568	−0,446	−0,318	−0,207	−0,149	+0,042	+0,029	0,089	0,074	0,056	−0,036	−0,110	−0,131	6,05	29,45
4,2	−0,642	−0,633	−0,748	−0,821	−0,793	−0,665	−0,534	−0,361	−0,258	−0,164	+0,106	0,121	0,146	0,112	0,078	−0,028	−0,111	−0,146	7,34	28,15

II. Versuchsreihe.

Verhältnis von Gitterteilung zu Flügeltiefe $T : t = 1{,}43$.

Zahlentafel 236.

Anstellwinkel α	p/q bei Meßstelle:																		p_2 kg/m²	q kg/m²
	1	2	3	4	5	6	7	8	9	10	11	12	13	14	15	16	17	18		
Winkel $\delta = 16^0$																				
1,4°	−0,147	−0,285	−0,470	−0,618	−0,643	−0,552	−0,439	−0,345	−0,213	−0,147	−0,140	−0,027	0,054	0,064	0,058	−0,027	−0,094	−0,112	7,14	27,80
2,8	−0,468	−0,533	−0,690	−0,813	−0,816	−0,704	−0,575	−0,435	−0,290	−0,195	+0,020	+0,078	0,121	0,108	0,084	−0,014	−0,096	−0,134	9,29	25,62
4,2	−0,880	−0,838	−0,963	−1,057	−1,037	−0,892	−0,737	−0,541	−0,405	−0,292	0,156	0,152	0,168	0,125	0,096	−0,013	−0,107	−0,191	11,68	23,22
Winkel $\delta = 22^0$																				
1,4	−0,061	−0,218	−0,419	−0,570	−0,607	−0,525	−0,416	−0,339	−0,227	−0,131	−0,224	−0,085	0,011	0,026	0,003	+0,057	−0,125	−0,141	6,72	28,30
2,8	−0,342	−0,443	−0,613	−0,753	−0,770	−0,666	−0,543	−0,463	−0,296	−0,202	−0,082	−0,001	0,065	0,064	0,035	−0,049	−0,142	−0,176	8,82	26,20
4,2	−0,658	−0,671	−0,820	−0,934	−0,934	−0,809	−0,675	−0,543	−0,388	−0,287	+0,044	0,070	0,106	0,077	0,044	−0,063	−0,168	−0,219	10,81	24,20
Winkel $\delta = 29^0$																				
1,4	−0,070	−0,229	−0,425	−0,578	−0,608	−0,524	−0,419	−0,342	−0,240	−0,128	−0,221	−0,103	0,010	0,019	0,013	−0,073	−0,142	−0,162	6,55	28,60
2,8	−0,295	−0,402	−0,580	−0,713	−0,733	−0,632	−0,516	−0,428	−0,289	−0,198	−0,098	−0,014	0,048	0,042	0,022	−0,075	−0,160	−0,188	8,15	27,00
4,2	−0,550	−0,591	−0,746	−0,856	−0,860	−0,743	−0,615	−0,508	−0,354	−0,254	+0,004	+0,046	0,087	0,060	0,028	−0,089	−0,181	−0,226	9,75	25,35

III. Versuchsreihe.   Verhältnis von Gitterteilung zu Flügeltiefe $T:t = 1,175$.   Zahlentafel 237.

Anstellwinkel α	p/q bei Meßstelle: 1	2	3	4	5	6	7	8	9	10	11	12	13	14	15	16	17	18	p_2 kg/m²	q kg/m²
Winkel δ = 16°																				
1,4°	−0,149	−0,299	−0,493	−0,660	−0,700	−0,620	−0,506	−0,420	−0,303	−0,177	−0,145	−0,023	0,057	0,065	0,053	−0,031	−0,100	−0,124	9,10	26,20
2,8	−0,458	−0,551	−0,746	−0,911	−0,945	−0,851	−0,718	−0,616	−0,459	−0,325	−0,034	+0,035	0,090	0,076	0,054	−0,059	−0,140	−0,191	12,36	23,00
4,2	−0,878	−0,893	−1,060	−1,220	−1,233	−1,110	−0,952	−0,804	−0,620	−0,473	+0,114	0,129	0,157	0,119	0,073	−0,049	−0,158	−0,232	15,09	20,25
Winkel δ = 22°																				
1,4	−0,090	−0,240	−0,439	−0,599	−0,644	−0,572	−0,472	−0,393	−0,299	−0,181	−0,179	−0,051	0,041	0,050	0,044	−0,041	−0,116	−0,146	8,19	26,80
2,8	−0,384	−0,474	−0,650	−0,801	−0,830	−0,747	−0,628	−0,539	−0,404	−0,298	−0,023	+0,042	0,097	0,084	0,062	−0,039	−0,136	−0,192	10,65	24,30
4,2	−0,685	−0,701	−0,855	−0,950	−1,020	−0,914	−0,785	−0,678	−0,526	−0,386	+0,135	0,120	0,152	0,117	0,076	−0,032	−0,147	−0,225	12,70	22,22
Winkel δ = 29°																				
1,4	−0,087	−0,217	−0,395	−0,550	−0,578	−0,507	−0,409	−0,338	−0,274	−0,161	−0,180	−0,049	0,040	0,054	0,045	−0,047	−0,126	−0,157	5,56	22,65
2,8	−0,304	−0,399	−0,563	−0,692	−0,722	−0,636	−0,521	−0,445	−0,354	−0,243	−0,042	+0,034	0,094	0,079	0,054	−0,057	−0,143	−0,193	7,13	21,05
4,2	−0,535	−0,571	−0,712	−0,830	−0,845	−0,744	−0,625	−0,543	−0,426	−0,308	+0,079	0,106	0,143	0,101	0,068	−0,045	−0,158	−0,228	8,41	19,72

IV. Versuchsreihe.   Verhältnis von Gitterteilung zu Flügeltiefe $T:t = 1,0$.   Zahlentafel 238.

Anstellwinkel α	p/q bei Meßstelle: 1	2	3	4	5	6	7	8	9	10	11	12	13	14	15	16	17	18	p_2 kg/m²	q kg/m²
Winkel δ = 16°																				
1,4°	−0,480	−0,583	−0,793	−1,000	−1,075	−1,006	−0,888	−0,788	−0,699	−0,527	−0,069	+0,005	0,069	0,052	0,040	−0,060	−0,151	−0,219	14,44	20,35
2,8	−0,578	−0,700	−0,946	−1,192	−1,302	−1,240	−1,120	−1,003	−0,913	−0,739	−0,090	0,017	0,044	0,025	0,011	−0,100	−0,201	−0,308	16,79	18,04
4,2	−0,797	−0,860	−1,110	−1,402	−1,525	−1,460	−1,318	−1,195	−1,078	−0,887	+0,037	+0,064	0,107	0,079	0,049	−0,070	−0,197	−0,314	18,40	16,42
Winkel δ = 22°																				
1,4	−0,157	−0,314	−0,522	−0,707	−0,767	−0,716	−0,617	−0,541	−0,475	−0,354	−0,226	−0,087	0,004	0,015	0,008	−0,087	−0,178	−0,244	11,00	23,90
2,8	−0,374	−0,498	−0,693	−0,873	−0,937	−0,877	−0,769	−0,679	−0,608	−0,469	−0,096	−0,014	0,057	0,046	0,021	−0,089	−0,203	−0,290	13,00	21,90
4,2	−0,618	−0,685	−0,874	−1,055	−1,125	−1,664	−0,950	−0,852	−0,760	−0,613	+0,032	+0,066	0,103	0,081	0,040	−0,083	−0,215	−0,335	15,08	19,78
Winkel δ = 29°																				
1,4	−0,083	−0,238	−0,437	−0,597	−0,641	−0,577	−0,485	−0,413	−0,353	−0,248	−0,191	−0,063	0,029	0,040	0,029	−0,069	−0,162	−0,221	8,48	26,50
2,8	−0,277	−0,383	−0,567	−0,720	−0,760	−0,692	−0,591	−0,515	−0,448	−0,333	−0,081	+0,007	0,070	0,060	0,038	−0,078	−0,192	−0,270	10,32	24,65
4,2	−0,499	−0,553	−0,722	−0,865	−0,906	−0,830	−0,722	−0,637	−0,566	−0,429	+0,033	0,074	0,111	0,087	0,048	−0,087	−0,229	−0,325	12,27	22,68

V. Versuchsreihe.

Verhältnis von Gitterteilung zu Flügeltiefe $T : t = 0,87$.   Zahlentafel 239.

Anstell-winkel α	1	2	3	4	5	6	7	8	9	10	11	12	13	14	15	16	17	18	p_2 kg/m²	q kg/m²
Winkel δ = 16°																				
1,4°	−0,090	−0,282	−0,536	−0,785	−0,900	−0,895	−0,820	−0,743	−0,678	−0,607	−0,297	−0,130	−0,018	0,018	0,018	−0,068	−0,149	−0,262	14,53	20,95
2,8	−0,431	−0,531	−0,781	−1,071	−1,212	−1,212	−1,123	−1,035	−0,953	−0,882	−0,094	+0,001	+0,084	0,077	0,060	−0,052	−0,158	−0,330	17,38	17,95
4,2	−0,815	−0,906	−1,222	−1,586	−1,796	−1,810	−1,761	−1,605	−1,480	−1,380	−0,038	−0,009	0,062	0,037	0,001	−0,119	−0,258	−0,513	21,38	14,10
Winkel δ = 22°																				
1,4	−0,231	−0,402	−0,634	−0,840	−0,914	−0,872	−0,786	−0,708	−0,646	−0,576	−0,264	−0,124	−0,028	−0,014	−0,023	−0,129	−0,255	−0,390	13,46	21,40
2,8	−0,511	−0,621	−0,825	−1,060	−1,142	−1,100	−1,010	−0,920	−0,852	−0,773	−0,137	+0,055	+0,016	+0,005	−0,022	−0,150	−0,303	−0,488	15,89	18,97
4,2	−0,696	−0,776	−1,000	−1,220	−1,315	−1,281	−1,185	−1,090	−1,019	−0,943	+0,006	+0,046	0,092	+0,059	+0,017	−0,130	−0,314	−0,540	18,10	17,35
Winkel δ = 29°																				
1,4	−0,187	−0,321	−0,520	−0,680	−0,718	−0,655	−0,558	−0,490	−0,435	−0,355	−0,132	−0,022	0,058	0,058	0,037	−0,077	−0,212	−0,317	10,20	25,13
2,8	−0,356	−0,461	−0,643	−0,805	−0,838	−0,765	−0,669	−0,592	−0,533	−0,442	−0,051	+0,026	0,086	0,077	0,039	−0,087	−0,228	−0,351	12,00	23,30
4,2	−0,586	−0,641	−0,815	−0,970	−1,001	−0,934	−0,830	−0,750	−0,680	−0,576	+0,052	0,096	0,132	0,092	0,037	−0,112	−0,282	−0,436	14,05	21,27

VI. Versuchsreihe.

Verhältnis von Gitterteilung zu Flügeltiefe $T : t = 0,77$.   Zahlentafel 240.

Anstell-winkel α	1	2	3	4	5	6	7	8	9	10	11	12	13	14	15	16	17	18	p_2 kg/m²	q kg/m²
Winkel δ = 16°																				
1,4°	−0,345	−0,579	−0,906	−1,212	−1,318	−1,308	−1,230	−1,170	−1,089	−1,039	−0,318	−0,174	−0,067	−0,053	−0,067	−0,163	−0,302	−0,644	18,30	16,53
2,8	−0,458	−0,669	−1,003	−1,359	−1,480	−1,520	−1,457	−1,381	−1,287	−1,230	−0,239	−0,020	+0,050	+0,040	+0,017	−0,093	−0,233	−0,622	19,76	15,88
4,2	−0,503	−0,759	−1,172	−1,637	−1,850	−1,960	−1,903	−1,835	−1,723	−1,636	−0,109	−0,032	0,049	0,036	0,001	−0,131	−0,337	−0,879	22,21	12,62
Winkel δ = 22°																				
1,4	−0,198	−0,388	−0,640	−0,859	−0,904	−0,860	−0,780	−0,715	−0,661	−0,607	−0,223	−0,083	0,017	0,024	0,017	−0,096	−0,273	−0,492	13,65	21,20
1,8	−0,453	−0,591	−0,845	−1,079	−1,138	−1,090	−1,006	−0,933	−0,866	−0,817	−0,088	0,000	0,073	0,064	0,032	−0,113	−0,346	−0,640	16,10	18,75
4,2	−0,646	−0,773	−1,045	−1,330	−1,398	−1,360	−1,292	−1,206	−1,162	−1,067	−0,017	+0,037	0,073	0,058	0,009	−0,156	−0,443	−0,839	18,51	16,35
Winkel δ = 29°																				
1,4	−0,132	−0,303	−0,527	−0,709	−0,748	−0,683	−0,592	−0,532	−0,480	−0,415	−0,234	−0,092	+0,004	+0,017	−0,005	−0,132	−0,299	−0,437	10,43	24,10
2,8	−0,375	−0,509	−0,729	−0,916	−0,956	−0,880	−0,786	−0,716	−0,664	−0,591	−0,159	−0,064	−0,009	−0,001	−0,037	−0,184	−0,391	−0,566	13,43	21,50
4,2	−0,585	−0,688	−0,902	−1,093	−1,134	−1,053	−0,956	−0,880	−0,822	−0,741	−0,066	−0,007	+0,037	+0,014	−0,040	−0,219	−0,468	−0,688	15,30	19,58

Druckverteilung am Flügel allein; $q = 36,1$ kg/m².   Zahlentafel 241.

p/q bei Meßstelle:

Anstell-winkel α	1	2	3	4	5	6	7	8	9	10	11	12	13	14	15	16	17	18
1,4°	−0,055	−0,178	−0,336	−0,442	−0,444	−0,353	−0,242	−0,137	−0,034	0,026	0,032	0,108	0,115	0,110	0,039	−0,014	−0,019	
2,8	−0,321	−0,353	−0,471	−0,543	−0,519	−0,401	−0,291	−0,127	−0,057	0,014	0,146	0,187	0,168	0,151	0,072	−0,012	0,000	
4,2	−0,615	−0,542	−0,618	−0,643	−0,565	−0,454	−0,281	−0,158	−0,072	0,007	0,242	0,252	0,252	0,214	0,185	0,094	0,023	+0,002

17. Untersuchungen von Windrädern.

Für die Untersuchung von Windrädern wurde die unter Nr. II, 2 beschriebene Wirbelstrombremse benutzt, welche bei Wind von etwa 10 bis 15 m/s Windräder bis zu 100 cm Durchmesser

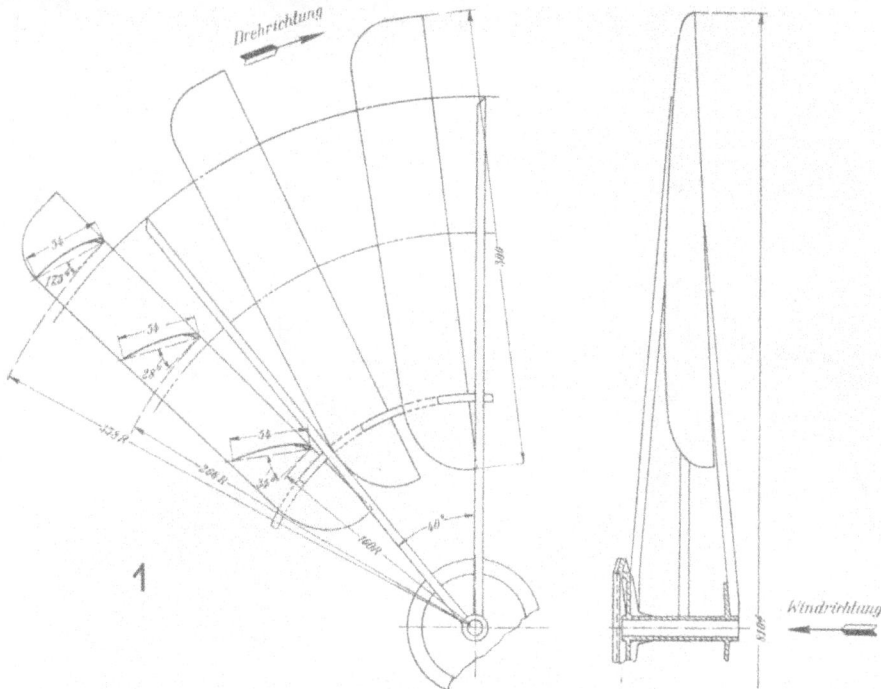

Abb. 110.

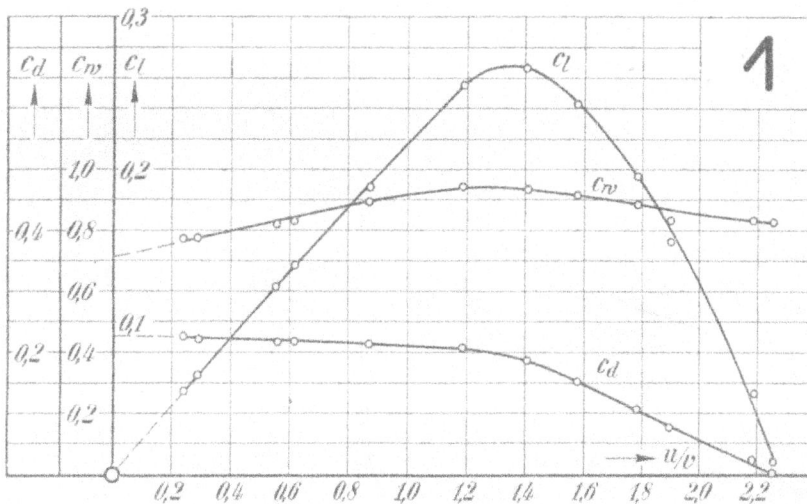

Abb. 111.

abzubremsen und dabei das Drehmoment, den Widerstand und die Drehzahl zu messen gestattet.
An der durch die hohle Nabe des Windrades hindurchragenden Verlängerung der Ankerwelle greift
der Widerstandsdraht an; vom Ende des Momentenhebels führt ein Draht nach oben zur Dreh-

momentenwage. Hinten auf der feststehenden Ankerwelle ist ein Umdrehungszähler befestigt, der im Verhältnis 12:1 gegen das Gehäuse der Bremse untersetzt ist.

Ist W der Widerstand und D das Drehmoment, so kann man eine Widerstandszahl c_w und eine Drehmomentenzahl c_d definieren durch die Beziehung

$$c_w = \frac{W}{q \cdot F} \quad \text{und} \quad c_d = \frac{D}{q \cdot F \cdot R}.$$

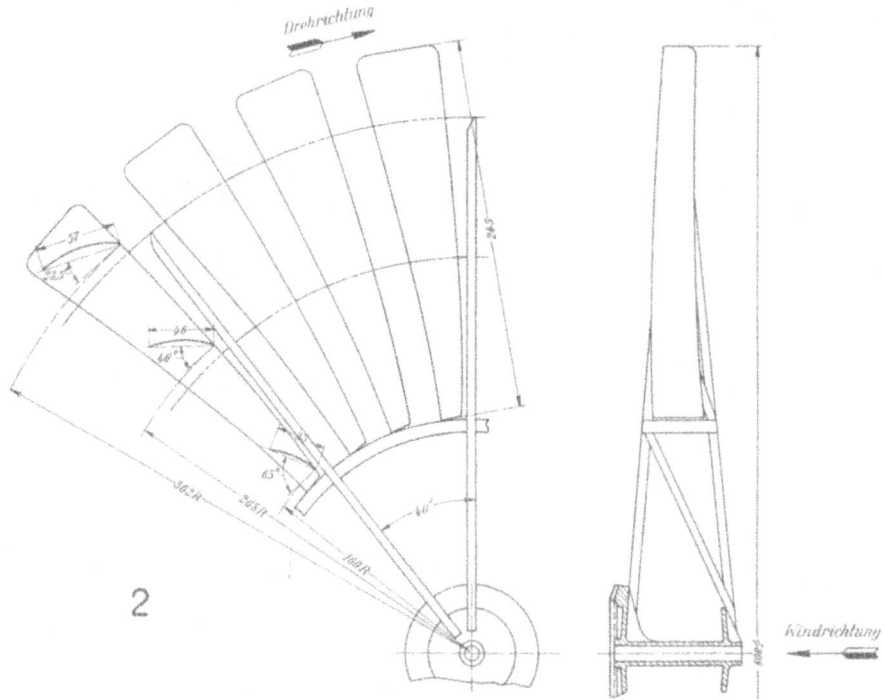

Abb. 112.

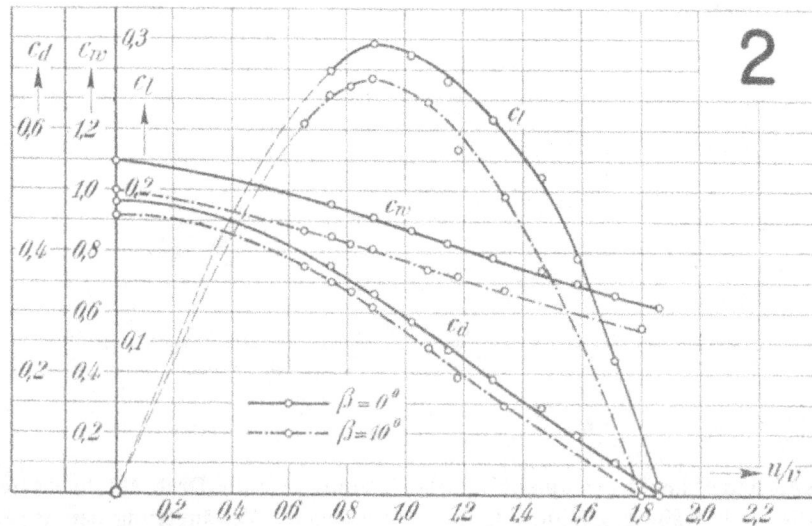

Abb. 113.

Hierbei ist $F = \pi \cdot R^2$ die Kreisfläche des Windrades und $q = \frac{\varrho}{2} v^2$ der Staudruck der Windgeschwindigkeit. Außerdem wurde die Leistungszahl berechnet

$$c_l = \frac{L}{q \cdot F \cdot v}\,;$$

$L = D \cdot \dfrac{\pi \cdot n}{30}$ ist dabei die abgebremste Leistung.

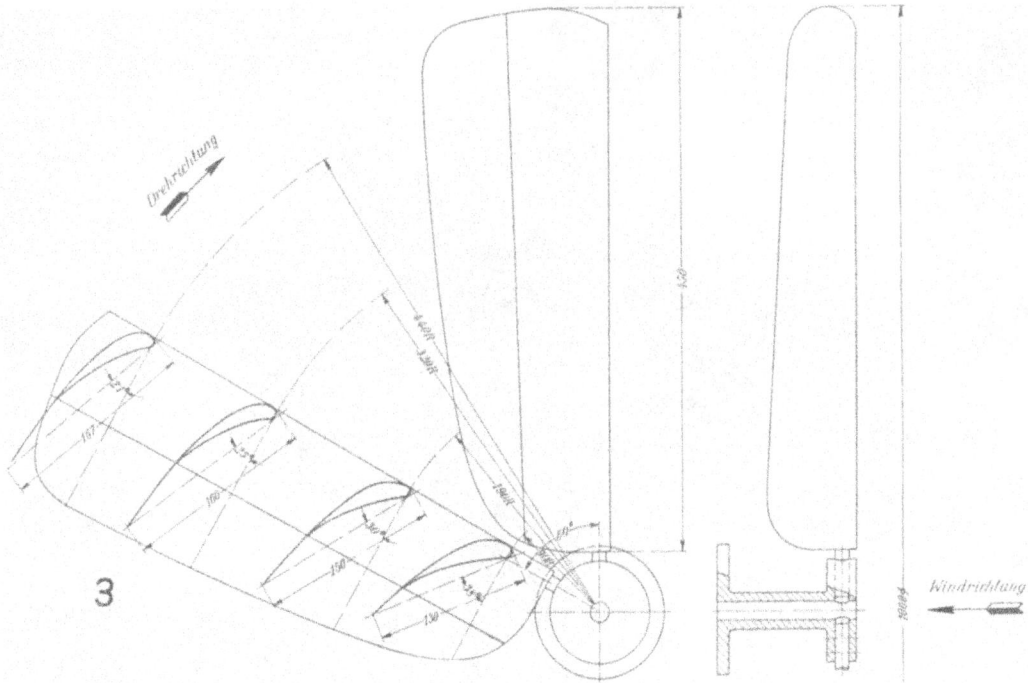

Abb. 114.

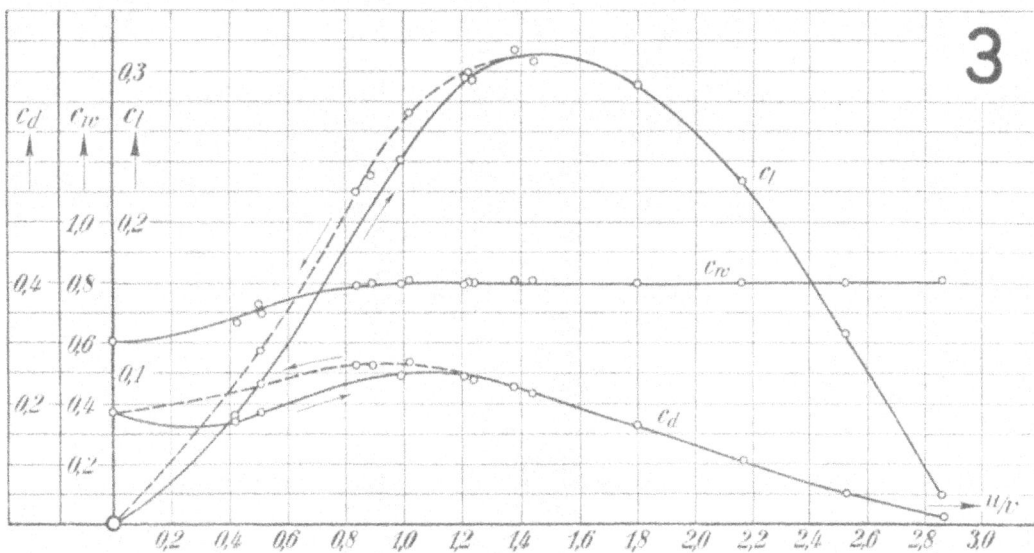

Abb. 115.

Diese drei dimensionslosen Beiwerte wurden über der Verhältniszahl u/v aufgetragen; u ist die Umfangsgeschwindigkeit an den Flügelspitzen.

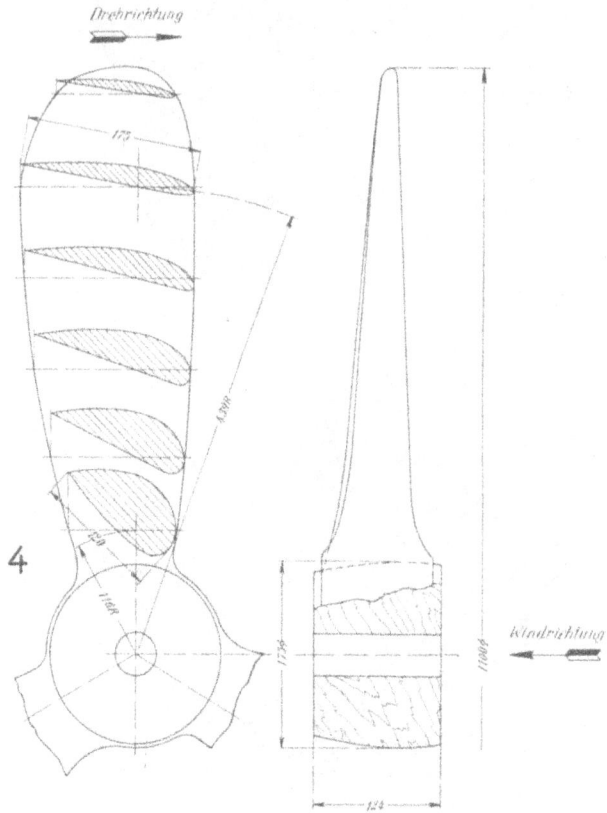

Abb. 116.

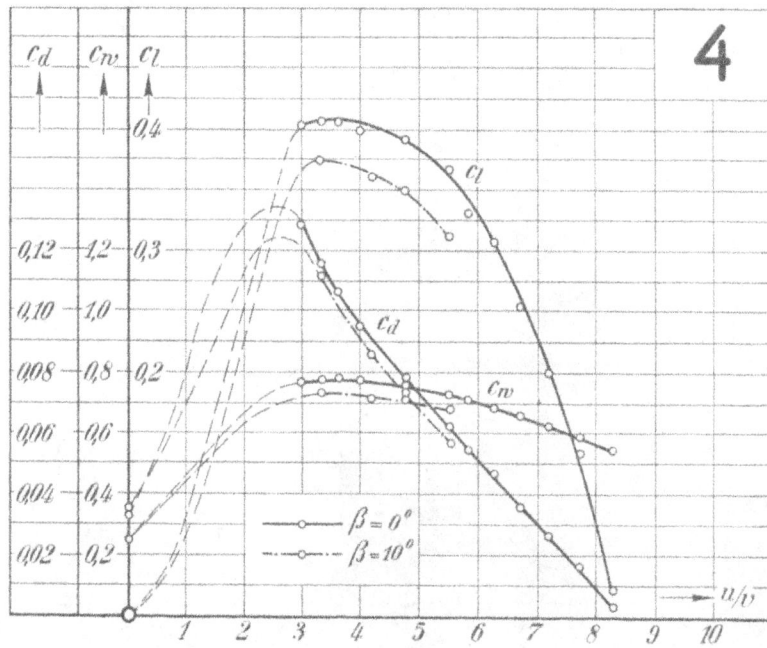

Abb. 117.

Die nachfolgenden Tabellen (Zahlentafel 242 bis 247) sowie die Schaubilder Abb. 111, 113, 115 und 117 zeigen das Untersuchungsergebnis für die in Abb. 110, 112, 114 und 116 dargestellten Windräder. Nr. 1 und 2 sind Langsamläufer der üblichen Bauart mit vielen Flügeln, Nr. 3, den man ebenfalls noch als Langsamläufer bezeichnen kann, hat nur sechs profilierte Flügel. Die Langsamläufer, unter denen man Windräder mit kleinem u/v versteht, zeichnen sich durch einen gleichmäßigen Verlauf des Drehmoments und besonders durch ein hohes Anfahrmoment aus, ihre Leistungszahl ist dagegen verhältnismäßig niedrig. Nr. 4[1]) ist ein Schnelläufer mit nur drei gut profilierten Flügeln, dessen Leistungszahl dem theoretischen Maximum (vgl. die theoretischen Ausführungen S. 20) schon näher kommt. Er eignet sich z. B. auch zum Antrieb von Stromerzeugern auf Luftfahrzeugen, wo ein guter Wirkungsgrad wichtig ist; sein Anfahrmoment ist dagegen sehr klein. Nr. 2 und 4 sind auch bei Einstellung der Radachse unter 10° zur Windrichtung untersucht, um den dabei stattfindenden Abfall der Leistung zu zeigen.

Windrad Nr. 3 zeigt die Besonderheit, daß bei kleinerem u/v zwei Betriebszustände möglich sind je nachdem, ob man sich einer bestimmten Drehzahl von kleineren oder größeren Drehzahlen kommend nähert (im Schaubild durch Pfeile gekennzeichnet). Das hat seinen Grund darin, daß in diesem Bereich von u/v die Flügel unter sehr großem Anstellwinkel angeblasen werden. Dabei sind erfahrungsgemäß manchmal zwei Strömungszustände möglich, bei dem einen liegt die Strömung noch am Flügel an, bei dem anderen ist sie bereits abgerissen.

Zahlentafel 242.

Windrad Nr. 1; Durchmesser 81 cm, Anblasewinkel $\beta = 0°$, Windgeschwindigkeit $v = 11,6$ m/s

u/v	c_w	c_l	c_d
0,24	0,773	0,055	0,228
0,29	0,775	0,065	0,224
0,56	0,821	0,123	0,220
0,62	0,835	0,137	0,220
0,87	0,892	0,189	0,216
1,19	0,945	0,255	0,214
1,41	0,935	0,267	0,189
1,58	0,915	0,243	0,153
1,79	0,884	0,196	0,109
1,90	0,835	0,153	0,081
2,19	0,835	0,054	0,025
2,26	0,831	0,008	0,004

Zahlentafel 243.

Windrad Nr. 2; Durchmesser 80 cm, Anblasewinkel $\beta = 0°$, Windgeschwindigkeit $v = 15,3$ m/s

u/v	c_w	c_l	c_d
0	1,096	0	0,480
0,745	0,949	0,278	0,375
0,895	0,905	0,296	0,330
1,020	0,865	0,288	0,283
1,145	0,822	0,271	0,236
1,300	0,776	0,246	0,189
1,460	0,738	0,208	0,143
1,580	0,698	0,155	0,099
1,710	0,656	0,088	0,052
1,860	0,613	0,005	0,003

Zahlentafel 244.

Windrad Nr. 2; Anblasewinkel $\beta = 10°$.

v	u/v	c_w	c_l	c_d
12,3	0,748	0,843	0,262	0,349
12,3	0,890	0,805	0,274	0,307
12,3	1,079	0,737	0,257	0,239
15,2	0	1,002	0	0,459
15,2	0,653	0,865	0,243	0,372
15,2	0,812	0,820	0,268	0,332
15,2	1,18	0,715	0,226	0,192
15,2	1,34	0,673	0,195	0,145
15,2	1,80	0,546	0	0

Zahlentafel 245.

Windrad Nr. 3; Durchmesser 100 cm, Anblasewinkel $\beta = 0°$, Windgeschwindigkeit $v = 10,6$ m/s

u/v	c_w	c_l	c_d
0	0,604	0	0,185
0,42	0,662	0,071	0,168
0,51	0,697	0,093	0,182
0,99	0,790	0,241	0,245
1,21	0,792	0,295	0,245
1,22	0,793	0,298	0,245
1,24	0,795	0,293	0,237
1,38	0,805	0,314	0,228
1,44	0,805	0,306	0,213
1,80	0,795	0,290	0,162
2,16	0,795	0,226	0,105
2,52	0,795	0,126	0,050
2,86	0,801	0,018	0,006
1,02	0,801	0,272	0,266
0,89	0,790	0,231	0,261
0,84	0,786	0,220	0,262
0,51	0,721	0,114	0,226

[1]) Der Entwurf zu Windrad Nr. 4 stammt von Dr.-Ing. Moeller, Darmstadt, und ist von ihm zum Patent angemeldet.

Zahlentafel 246.

Windrad Nr. 4; Durchmesser 110 cm, Anblasewinkel $\beta = 0^0$, Windgeschwindigkeit $v = 10,5$ m/s

u/v	c_w	c_l	c_d
0	0,252	0	0,033
0,13	0,254	0,005	0,036
2,98	0,766	0,402	0,129
3,34	0,776	0,406	0,116
3,63	0,783	0,406	0,107
4,00	0,774	0,398	0,095
4,78	0,760	0,392	0,078
5,51	0,728	0,367	0,063
5,84	0,710	0,334	0,055
6,29	0,686	0,308	0,047
6,74	0,666	0,254	0,036
7,20	0,626	0,200	0,026
7,74	0,592	0,134	0,016
8,28	0,545	0,024	0,003

Zahlentafel 247.

Windrad Nr. 4; Anblasewinkel $\beta = 10^0$, $v = 10,5$ m/s

u/v	c_w	c_l	c_d
0	0,253	0	0,035
3,33	0,737	0,373	0,112
4,18	0,717	0,361	0,086
4,78	0,713	0,350	0,073
5,53	0,678	0,314	0,057

18. Winddruckmessungen an einem Gasbehälter.

Die Messungen wurden an dem Modell eines wasserlosen Gasbehälters der M.A.N. von 40000 cbm Inhalt vorgenommen. Das Modell, das die Abb. 118 wiedergibt, war im Maßstab 1:100 der natürlichen Größe ausgeführt; es war ein hohler Blechzylinder von 300 mm Durchmesser, an dessen oberem Ende sich ein kegelförmiges Dach mit einem kleinen Turmaufbau befand, das untere Ende war durch ein ebenes Blech abgeschlossen. Ausbauten wie Treppen, Geländer usw. waren fortgelassen; desgleichen war das Modell an Stelle der vieleckigen Grundfläche des Gasbehälters (24 eckig) als Kreiszylinder ausgeführt.

Bei den Versuchen im Windkanal stand das Modell auf einem Brett, um den Einfluß des Erdbodens auf den Gasbehälter nachzuahmen. Die Druckmessungen wurden längs einer Mantellinie des Gasbehälters an den mit entsprechenden Zahlen versehenen Meßstellen, kleinen Bohrungen im Blechmantel von 1 mm Durchmesser, vorgenommen. Die Bohrungen waren dabei bis auf die eine, an der jeweilig die Messung erfolgte, verschlossen; ein Schlauch, der sich an einer Öffnung im Boden des Modelles befand, leitete den Druck zum Manometer. Durch Drehen des Zylinders um seine Längsachse wurde dann punktweise die Druckverteilung über den halben Umfang des Zylinders ermittelt.

Die Ergebnisse dieser Messungen sind in Abb. 119 zeichnerisch wiedergegeben, indem über den einzelnen Anblasewinkeln für den halben Umfang des Gasbehälters die gemessenen Drucke, bezogen auf den Staudruck q, punktweise aufgetragen und durch entsprechende Kurven verbunden wurden. Die Versuche fanden bei 30 m/s Wind ($q = 57,1$ kg/m²) statt. Die Kurven der Meßstellen 1 bis 5 und 9 zeigen den typischen Verlauf der Druckverteilung an einem

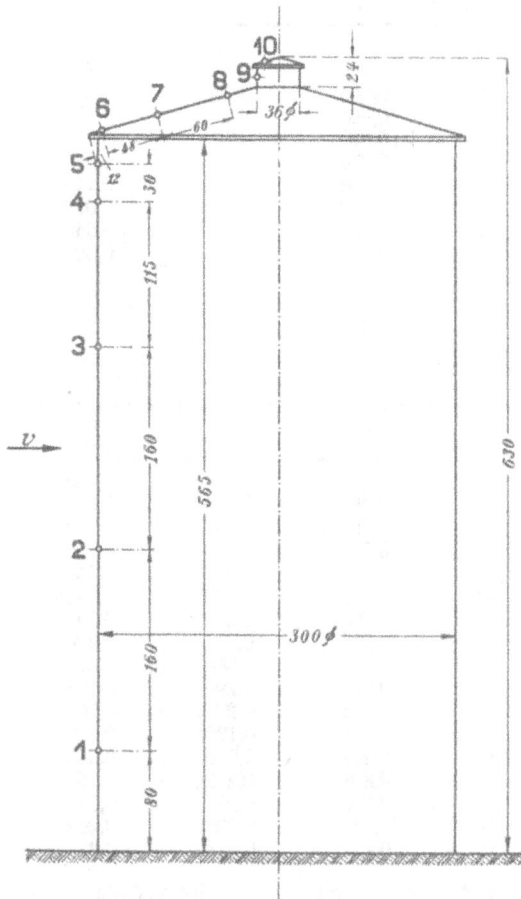

Abb. 118.

Kreiszylinder, wobei sich jedoch bei Meßstelle 1 noch der Einfluß der Bodennähe und bei Meßstelle 5 schon deutlich ein gewisser Druckausgleich nach dem Dach hin besonders in dem Gebiet maximalen Unterdruckes (bei $\beta = 85^0$) bemerkbar macht. Eine ähnlich starke Beeinflussung und zwar durch den Turmaufbau zeigt die Druckverteilung bei Meßstelle 8 an dem Dache des Gasbehälters.

In den Abb. 120 und 121 sind die Druckverteilungen an einigen Mantellinien des Gasbehälters, also in Vertikalebenen, dargestellt und zwar bei einem Anblasewinkel von 0 und 180° (die Schnittfläche liegt parallel zum Luftstrom) sowie bei $\beta = 90^0$ und $\beta = -90^0$ (Schnittfläche senkrecht zum Luftstrom). Die größte Beanspruchung des Gasbehälters durch Winddruck tritt, wie auch aus Abbildung 119 hervorgeht, seitlich bei etwa 90° (bzw. —90°) durch den hier herrschenden starken Unterdruck (mehr als zweifacher Staudruck) auf. Der Einfluß des Daches sowie des Erdbodens auf die Druckverteilung ist aus dieser Darstellung übrigens gut zu ersehen. Zahlenmäßig wiedergegeben sind die Ergebnisse der Druckmessungen in der Zahlentafel 248.

Bei einer letzten Messung wurden sämtliche Meßlöcher verschlossen und nunmehr einige größere Öffnungen im Turmaufbau des Daches angebracht — bei der Ausführung des Gasbehälters im Großen befinden sich an diesen Stellen Entlüftungsklappen — und die Wirkung dieser Entlüfter festgestellt.

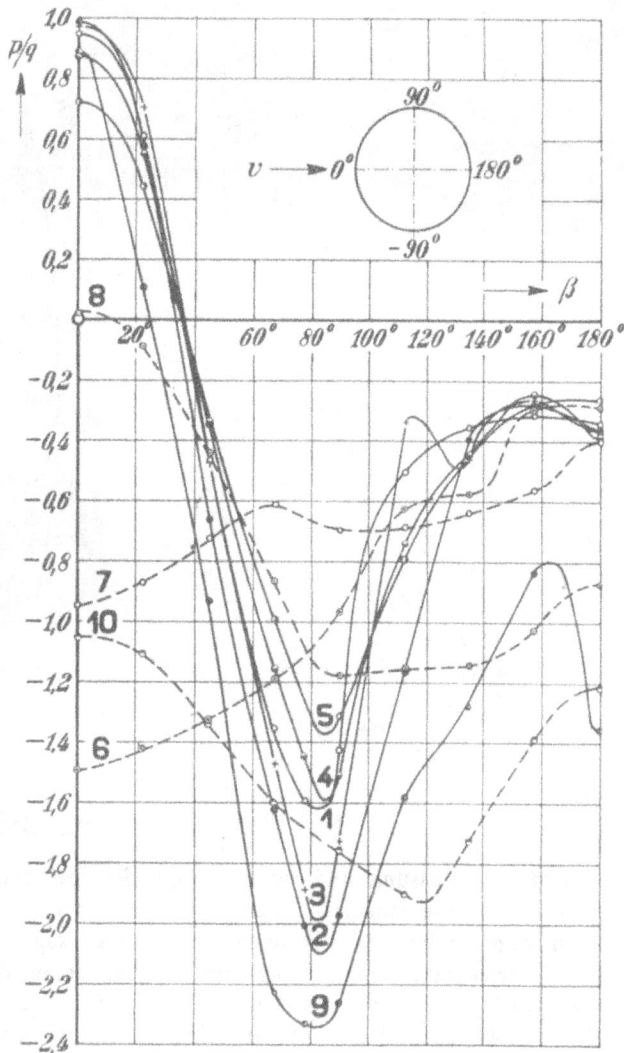

Abb. 119.

Bei ebenfalls 30 m/s Windgeschwindigkeit bildete sich dabei im Innern des Gasbehälters ein Unterdruck $p_i = -0,485\,q$.

Zahlentafel 248.

Druckverteilung am Gasbehälter.

Höhe $H = 630$ mm;　　　　Durchmesser $D = 300$;　　　　Staudruck $q = 57,1$ kg/m².

Anblasewinkel β	\multicolumn{10}{c}{p/q bei Meßstelle}
	1	2	3	4	5	6	7	8	9	10
0°	0,945	0,988	0,970	0,871	0,721	—1,492	—0,945	0,022	0,885	—1,052
22,5	0,609	0,572	0,701	0,550	0,440	—1,420	—0,871	—0,088	0,105	—1,109
45	—0,467	—0,660	—0,470	—0,335	—0,341	—1,322	—0,722	—0,443	—0,935	—1,339
67,5	—1,355	—1,621	—1,470	—1,155	—0,991	—1,190	—0,612	—0,866	—2,230	—1,600
78	—1,594	—2,006	—1,882	—1,445	—	—	—	—	—2,330	—
90	—1,422	—1,970	—1,725	—1,510	—1,310	—0,963	—0,698	—1,172	—2,260	—1,752
112,5	—0,504	—1,163	—0,336	—0,742	—0,791	—0,627	—0,683	—1,156	—1,580	—1,900
135	—0,354	—0,397	—0,454	—0,445	—0,447	—0,576	—0,633	—1,140	—1,280	—1,722
157,5	—0,312	—0,288	—0,273	—0,247	—0,268	—0,296	—0,563	—1,024	—0,839	—1,384
180	—0,341	—0,360	—0,365	—0,387	—0,265	—0,289	—0,393	—0,883	—1,355	—1,218

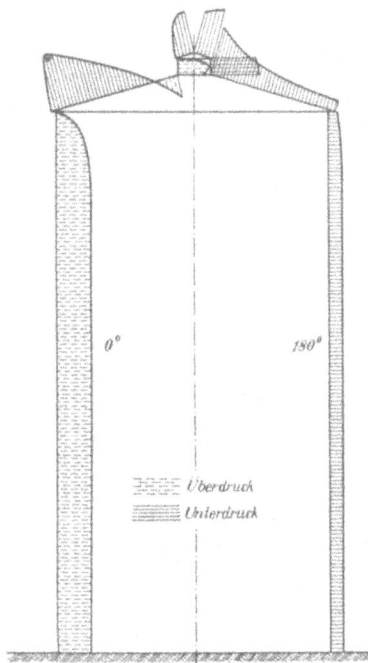

Abb. 120.

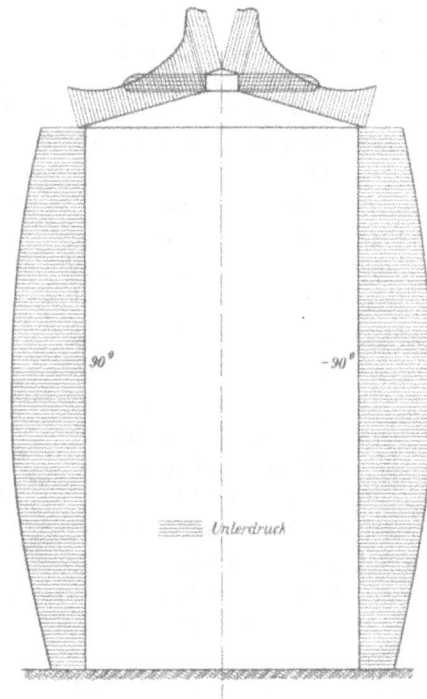

Abb. 121.

19. Messungen von Brückenträgern.

Auf Veranlassung und im Auftrage des Deutschen Eisenbau-Verbandes wurden an mehreren Brückenträgermodellen Messungen von Winddrücken vorgenommen. Dabei waren verschiedene Fälle zu untersuchen und zwar sowohl die einzelnen Brückenträger allein als auch je zwei hintereinanderliegende Träger, deren Abstand außerdem verändert wurde. Die bei diesen Versuchen verwandten Modelle sind in Abb. 122 und 123 wiedergegeben. Die Modelle Nr. 1 bis 4 waren 9 mm starke Bretter, von denen Nr. 2 bis 4 in der angegebenen Weise ausgesägt waren. Zum Vergleich wurde auch ein Modell untersucht, das eine genauere Nachbildung eines normalen Brückenträgers war, indem die Gurte und Streben aus entsprechenden Profilträgern, wie solche späterhin noch gesondert untersucht wurden, hergestellt waren (Brückenträger Nr. 5, Abb. 123). Die bauliche Form dieses Brückenträgers war übrigens die gleiche wie bei Träger Nr. 4.

Gemessen wurden Auftrieb und Widerstand, und daraus wurde die Normalkraft N senkrecht zum Träger und die Tangentialkraft T in der Ebene des Trägers berechnet. In den Diagrammen und Zahlentafeln, welche die Ergebnisse der Messungen enthalten, sind die Beiwerte c_n und c_t wiedergegeben, die in der üblichen Weise definiert sind:

$$c_n = \frac{N}{q \cdot F} \quad \text{und} \quad c_t = \frac{T}{q \cdot F}.$$

Als Fläche F wurde die Projektionsfläche der Träger, d. i. die Summe der Flächen der einzelnen Fachwerkstäbe und Knotenpunkte, gewählt; die Gesamtumrißfläche ist mit F' bezeichnet. Die Größe der Projektionsfläche F sowie der Umrißfläche F', welch letztere übrigens für sämtliche Modelle gleich war, ist für die einzelnen Brückenträger in den Zahlentafeln 249 bis 253 mit angegeben.

Die verschiedenen zu untersuchenden Fälle ergaben folgende Versuchsreihen:

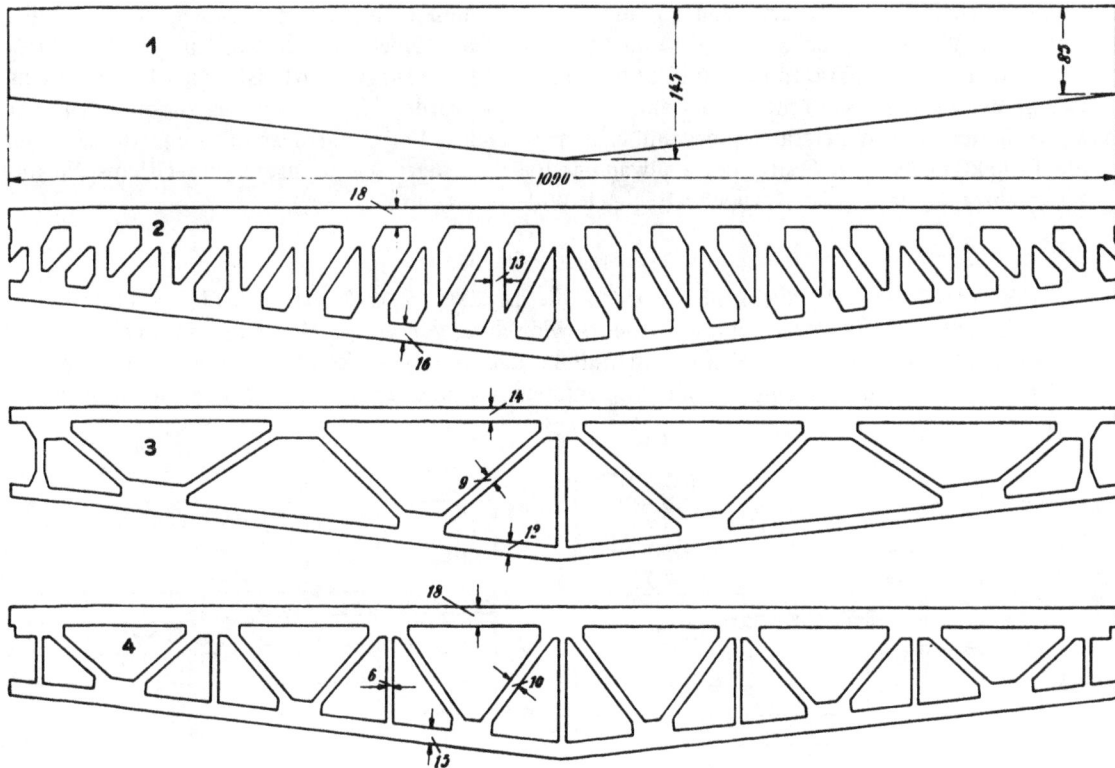

Abb. 122.

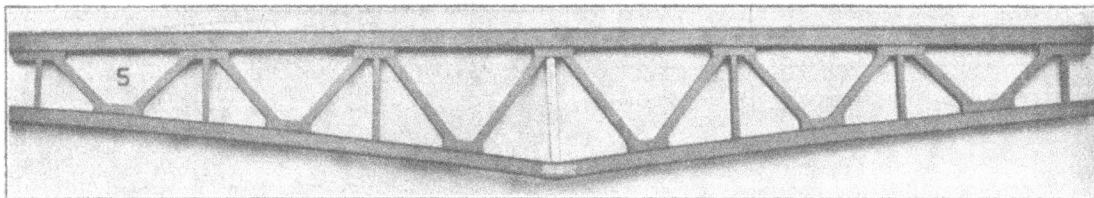

Abb. 123.

Versuchsreihe I.

Zunächst wurden sämtliche Träger einzeln untersucht und zwar bei senkrecht auftreffendem Luftstrom. Um etwaige Änderungen der Widerstandszahlen mit dem Kennwert festzustellen, sowie um die für die weiteren Versuche geeignetste Windgeschwindigkeit herauszufinden, wurden die Modelle bei verschiedenen Geschwindigkeiten gemessen. Die Ergebnisse sind in den Zahlentafeln 249 bis 253 wiedergegeben. Bei den kleinsten Geschwindigkeiten macht sich eine geringe Veränderlichkeit von c_n bemerkbar, sie ist auf Zähigkeitseinflüsse zurückzuführen; bei den größten Geschwindigkeiten bogen sich die Modelle bereits merklich durch. Als günstigste Windgeschwindigkeit stellte sich ungefähr 20 m/s heraus; hierbei war einerseits der Kennwerteinfluß ziemlich unmerklich geworden und andererseits die Durchbiegung noch so gering, daß sie nicht merklich störte; diese Geschwindigkeit wurde daher für die weiteren Versuche beibehalten. Im Diagramm

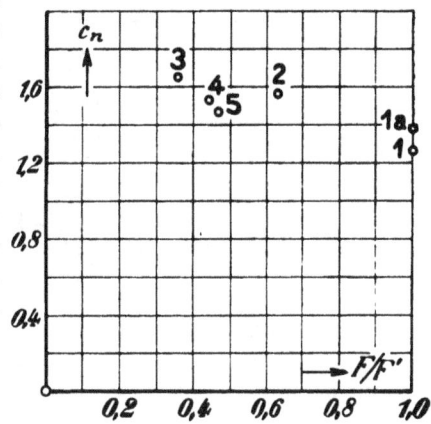

Abb. 142.

Abb. 124 sind die Mittelwerte von c_n, die sich aus diesen Messungen ergaben, in Abhängigkeit vom Völligkeitsgrad $\delta = F/F'$ aufgetragen[1]). Das Modell Nr. 1a war aus Nr. 1 dadurch entstanden, daß der Träger oben und unten durch zwei aufgelegte Gurtleisten aus 1 mm starkem Blech, die beiderseits 10 mm überstanden, verstärkt wurde. Diese Gurtleisten brachten eine Vergrößerung des Widerstandes gegenüber dem einfachen Vollwandträger mit sich. Bezogen auf die Projektionsfläche F besitzt der vollwandige Brückenträger die geringste Widerstandszahl (bei senkrechter Anblasung ist Normalkraft gleich Widerstand, also $c_n = c_w$).

Versuchsreihe II.

In der nächsten Versuchsreihe wurden die Brückenträger Nr. 1, 4 und 5 senkrecht und schräg angeblasen und zwar schräg seitlich sowie schräg von oben. Der Anblasewinkel α ist wie auch bei den folgenden Versuchen so definiert, daß $\alpha = 0$ senkrechtes Anblasen des Trägers bedeutet. Die Ergebnisse sind in den Zahlentafeln 254 und 255 wiedergegeben und in Abb. 125 und 126 graphisch aufgetragen.

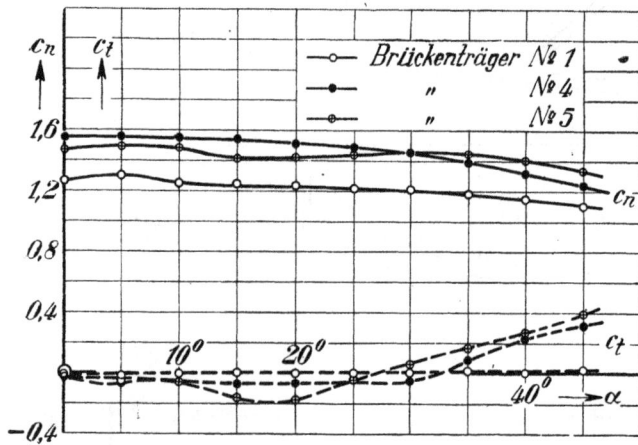

Abb. 125. Wind schräg von oben.

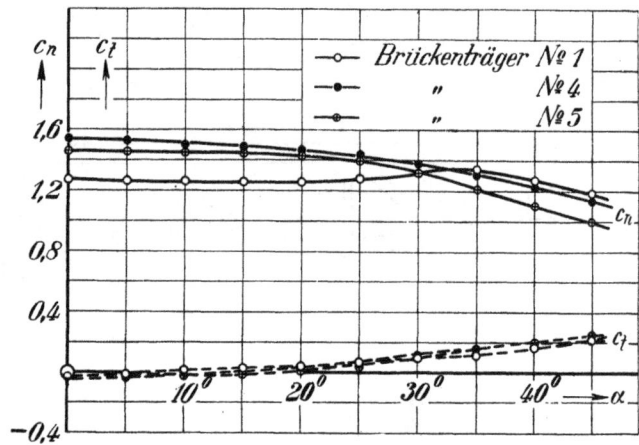

Abb. 126. Wind schräg seitlich.

Versuchsreihe III.

Um über die Beeinflussung zweier parallel nebeneinander liegender Brückenträger Aufschluß zu erhalten, wurden je zwei gleichartige Modelle von der Form 1 bis 5 in verschiedenen Abständen voneinander angeblasen und die dabei auf den vorderen bzw. hinteren Träger — die Anblasung erfolgte wieder quer zu den Trägern — wirkenden Kräfte gemessen. Die Zahlentafel 256 enthält die Ergebnisse; in Abb. 127 ist die Abhängigkeit der auf die Brückenträger wirkenden Kräfte von der Entfernung a der beiden Träger dargestellt. Die Beeinflussung des hinteren Trägers durch den vorderen ist sehr merklich, besonders beim Vollwandträger; hier erfährt der hintere Träger bis zu einer Entfernung der beiden Träger von 50 cm, also mehr als dreifacher Trägerhöhe, sogar Vortrieb (Druck von der Rückseite).

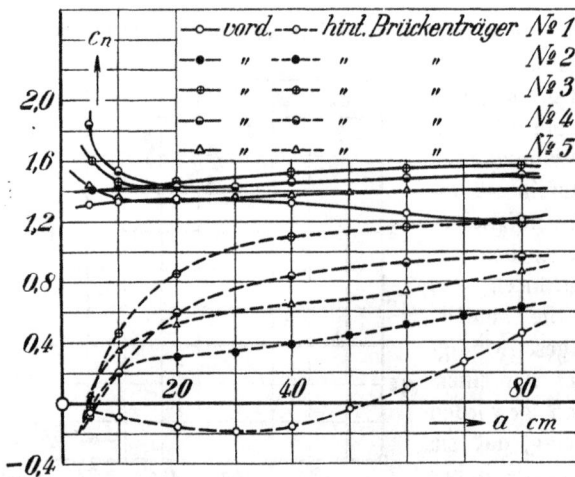

Abb. 127. Wind senkrecht auftreffend.

[1]) Der c_n-Wert für Träger Nr. 1, der in dieser Reihe nicht besonders gemessen wurde, ist aus der Zahlentafel 254 bzw. 255 für $\alpha = 0$ entnommen.

Versuchsreihe IV.

In der gleichbleibenden Entfernung von 40 cm wurde nunmehr ein Trägerpaar aus zwei Modellen Nr. 5 senkrecht sowie schräg seitlich und schräg von oben angeblasen. Die Ergebnisse sind in den Zahlentafeln 257 und 258 sowie in Abb. 128 und 129 enthalten. In

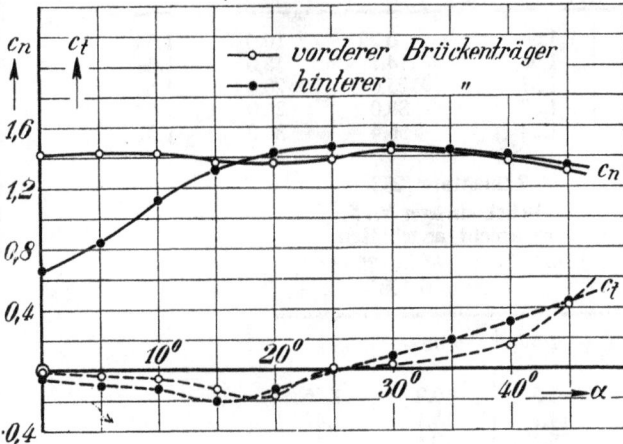

Abb. 128. Wind schräg von oben.

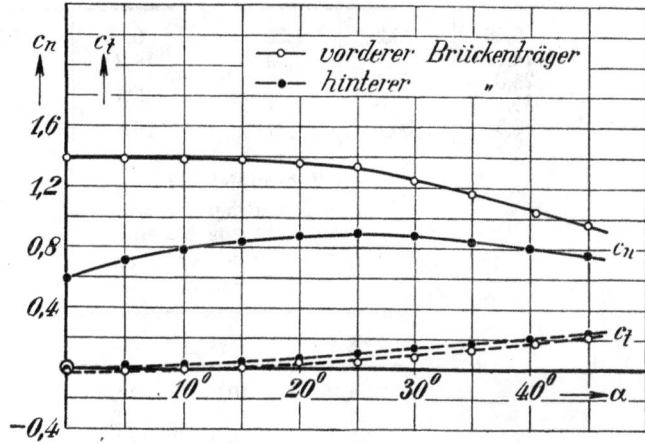

Abb. 129. Wind schräg seitlich.

Versuchsreihe V

wurde das Modell einer ganzen Brücke, gebildet aus Fahrbahn (Breite 14 cm) und zwei Brückenträgern Nr. 5, bei senkrechter und schräger Anblasung untersucht. Hierbei wurden die Kräfte auf den vorderen

und hinteren Träger sowie auf die Fahrbahn einzeln gemessen und außerdem die Kräfte auf die zusammengebaute Brücke (Zahlentafel 259 und Abb. 130); c_n ist dabei auch für die Fahrbahn die Kraft senkrecht zu den Brückenträgern, also in Ebene der Fahrbahn. Die Summe der Kräfte auf die einzelnen Brückenteile (vorderer und hinterer Träger sowie Fahrbahn) ist dabei größer als die Werte, welche die Messung der zusammengebauten Brücke ergab. Dieser Unterschied rührt von den Spalten her, die bei der Messung der Teile einzeln zwischen diesen sein müssen, um genügend Beweglichkeit für die Wägungen zu haben. Um die Ergebnisse besser miteinander vergleichen zu können, ist der Berechnung von c_n und c_t jedesmal die Fläche F eines Brückenträgers ($= 572$ cm²) zugrunde gelegt.

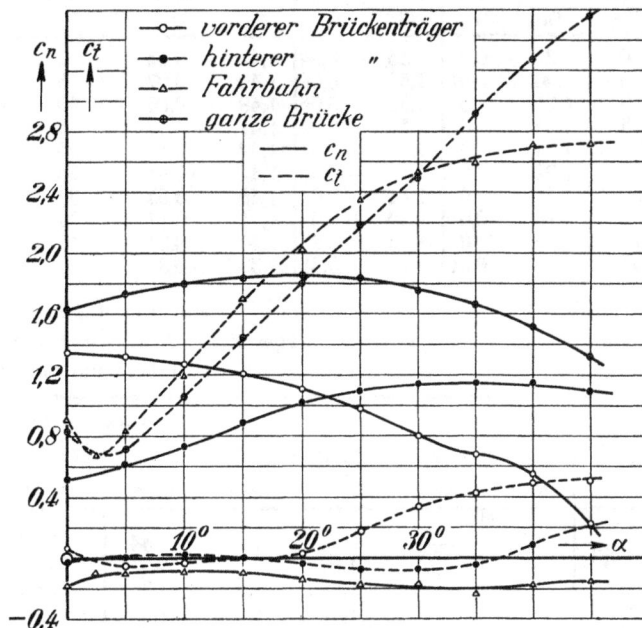

Abb. 130. Wind schräg von oben.

Zahlentafel 249.
Brückenträger Nr. 1a,
senkrecht angeblasen.
$F = 1250$ cm²; $F' = 1250$ cm²;
$F/F' = 1,0$.

q kg/m²	v m/s	c_n
6,46	10,2	1,38
14,1	15,1	1,39
25,0	20,0	1,38
39,1	25,0	1,37
56,5	30,1	1,37

Zahlentafel 250.
Brückenträger Nr. 2,
senkrecht angeblasen.
$F = 783$ cm²; $F' = 1250$ cm²;
$F/F' = 0,627$.

q kg/m²	v m/s	c_n
6,46	10,2	1,58
14,2	15,1	1,58
25,2	20,0	1,57
39,0	25,0	1,57
56,3	30,0	1,54

Zahlentafel 251.
Brückenträger Nr. 3,
senkrecht angeblasen.
$F = 442$ cm²: $F' = 1250$ cm²
$F/F' = 0,354$.

q kg/m²	v m/s	c_n
6,29	10,0	1,69
14,1	15,0	1,68
25,0	20,0	1,65
39,0	25,0	1,63
56,4	30,0	1,61

Zahlentafel 252.
Brückenträger Nr. 4,
senkrecht angeblasen.
$F = 544$ cm²; $F' = 1250$ cm²;
$F/F' = 0,435$.

q kg/m²	v m/s	c_n
6,46	10,2	1,52
14,2	15,1	1,52
25,0	20,0	1,53
39,1	25,0	1,53
56,5	30,1	1,53

Zahlentafel 253.
Brückenträger Nr. 5,
senkrecht angeblasen.
$F = 572$ cm²; $F' = 1250$ cm²;
$F/F' = 0,458$.

q kg/m²	v m/s	c_n
6,5	10,2	1,46
14,2	15,1	1,47
25,2	20,1	1,47
39,2	25,1	1,47
56,5	30,1	1,46

Zahlentafel 254.
Brückenträger Nr. 1, 4 und 5.
Wind schräg von oben.

Windrichtung α	Nr. 1 c_n	c_t	Nr. 4 c_n	c_t	Nr. 5 c_n	c_t
0°	1,27	—0,03	1,55	—0,04	1,47	—0,04
5	1,30	—0,01	1,56	—0,04	1,49	—0,07
10	1,25	0	1,55	—0,06	1,48	—0,06
15	1,25	0	1,54	—0,07	1,41	—0,17
20	1,24	0	1,51	—0,07	1,42	—0,18
25	1,22	0	1,49	—0,05	1,44	—0,04
30	1,21	0	1,44	—0,05	1,45	+0,05
35	1,18	+0,01	1,39	+0,09	1,44	0,17
40	1,16	0	1,32	0,23	1,40	0,27
45	1,10	+0,01	1,24	0,31	1,33	0,39

Zahlentafel 255.
Brückenträger Nr. 1, 4 und 5.
Wind schräg seitlich.

Windrichtung α	Nr. 1 c_n	c_t	Nr. 4 c_n	c_t	Nr. 5 c_n	c_t
0°	1,27	—0,03	1,54	—0,03	1,46	—0,03
5	1,26	—0,01	1,53	—0,03	1,45	—0,01
10	1,26	+0,01	1,50	—0,02	1,45	—0,01
15	1,26	0,03	1,49	0	1,45	—0,01
20	1,26	0,04	1,47	+0,03	1,43	+0,01
25	1,28	0,07	1,44	0,02	1,40	0,04
30	1,32	0,10	1,38	0,12	1,32	0,09
35	1,34	0,11	1,31	0,16	1,21	0,16
40	1,27	0,17	1,23	0,19	1,11	0,20
45	1,19	0,22	1,14	0,23	1,00	0,24

Zahlentafel 256.
2 Brückenträger Nr. 1, 2, 3, 4 und 5 im Abstand a cm.
Wind senkrecht auftreffend.

Abstand a cm	Normalkraftzahl c_n Vorderer Brückenträger Nr. 1	Nr. 2	Nr. 3	Nr. 4	Nr. 5	Hinterer Brückenträger Nr. 1	Nr. 2	Nr. 3	Nr. 4	Nr. 5
5	1,31	—	—	1,84	1,44	—0,06	—0,04	—0,02	—0,08	+0,07
5,5	—	1,41	1,60	—	—					
10	1,33	1,43	1,46	1,53	1,36	—0,09	+0,21	+0,46	+0,20	0,35
20	1,35	1,41	1,46	1,43	1,33	—0,16	0,31	0,86	0,59	0,51
30	—	—	—	1,43	1,36	—0,19	0,34	—	—	—
40	1,32	1,45	1,53	1,46	1,37	—0,16	0,38	1,10	0,85	0,65
50	—	—	—	—	1,39	—0,04	0,45	—	—	—
60	1,25	1,48	1,55	1,49	1,40	+0,10	0,51	1,16	0,92	0,73
70	—	—	—	—	—	0,27	0,57	—	—	—
80	1,21	1,49	1,57	1,51	1,41	0,45	0,62	1,19	0,97	0,87

Zahlentafel 257.

2 Brückenträger Nr. 5 im Abstand 40 cm.

Wind schräg von oben.

Wind-richtung α	vorderer Träger		hinterer Träger	
	c_n	c_t	c_n	c_t
0°	1,42	— 0,01	0,67	— 0,06
5	1,43	— 0,04	0,84	— 0,10
10	1,43	— 0,05	1,12	— 0,13
15	1,37	— 0,13	1,32	— 0,21
20	1,36	— 0,18	1,43	— 0,13
25	1,39	0	1,47	0
30	1,44	+ 0,02	1,46	+ 0,09
35	--	0	1,45	0,19
40	1,37	0,15	1,42	0,30
45	1,30	0,42	1,34	0,42

Zahlentafel 258.

2 Brückenträger Nr. 5 im Abstand 40 cm.

Wind schräg seitlich.

Wind-richtung α	vorderer Träger		hinterer Träger	
	c_n	c_t	c_n	c_t
0°	1,39	— 0,03	0,60	— 0,02
5	1,39	— 0,02	0,71	+ 0,01
10	1,38	0	0,79	0,02
15	1,38	+ 0,01	0,84	0,04
20	1,36	0,05	0,88	0,06
25	1,34	0,04	0,90	0,11
30	1,25	0,08	0,88	0,14
35	1,16	0,13	0,85	0,17
40	1,04	0,18	0,81	0,21
45	0,96	0,22	0,76	0,24

Zahlentafel 259.

Ganze Brücke (Brückenträger Nr. 5 mit Fahrbahn).

Wind schräg von oben.

Wind-richtung α	vorderer Träger		hinterer Träger		Fahrbahn		Ganze Brücke	
	c_n	c_t	c_n	c_t	c_n	c_t	c_n	c_t
0°	1,35	0,07	0,51	— 0,02	— 0,18	0,91	1,63	0,83
2,5	—	—	—	—	— 0,09	0,68	—	—
5	1,32	— 0,05	0,62	+ 0,01	— 0,10	0,85	1,74	0,71
10	1,27	— 0,02	0,73	+ 0,02	— 0,09	1,20	1,80	1,06
15	1,21	0	0,89	+ 0,01	— 0,09	1,70	1,84	1,45
20	1,10	+ 0,03	1,02	— 0,04	— 0,14	2,03	1,86	1,80
25	0,98	0,17	1,10	— 0,08	— 0,18	2,35	1,84	2,19
30	0,80	0,34	1,14	— 0,07	— 0,16	2,53	1,76	2,50
35	0,68	0,43	1,15	— 0,02	— 0,23	2,60	1,67	2,92
40	0,56	0,49	1,15	+ 0,08	— 0,17	2,71	1,52	3,28
45	0,22	0,51	1,10	+ 0,20	— 0,15	2,72	1,32	3,56

20. Messungen von Profilträgern.

Als Fortsetzung der Versuche mit ganzen Brückenträgern wurden Winddruckmessungen an einzelnen Profilträgern vorgenommen.

Abb. 131 zeigt die untersuchten Modelle. Die Träger Nr. 1 bis 4 sind durchgehende Profilträger von 1,50 m Länge und dem angegebenen Profil (Winkel-, T- und Doppel-T-Träger), die Träger Nr. 5 bis 7 aus verschiedenen Winkel- und U-Trägern zusammengesetzt; die Modelle waren aus Holz hergestellt. Die Messungen fanden zwischen ebenen Wänden mit seitlichen Abdichtungen statt[1]), um ein Umströmen der Trägerenden zu verhindern; die Ergebnisse galten daher nur für sehr lange, genau genommen für unendlich lange Träger. Die Modelle wurden um ihre Längsachse gedreht und dabei Auftrieb und Widerstand bei den verschiedenen Anströmrichtungen gemessen. Aus beiden ist wieder die Normalkraft senkrecht zur Trägerfläche und die Tangentialkraft in deren Ebene und zwar senkrecht zur Längsachse berechnet (s. auch Abb. 132 bis 138).

---

[1]) Die Versuchseinrichtung war im wesentlichen die gleiche, wie sie in der I. Lieferung der Ergebnisse S. 54 für Flügelmessungen beschrieben ist.

Als Trägerfläche für die Berechnung der dimensionslosen Beiwerte c_n und c_t wurde jedesmal die Projektion des Trägers auf eine zur Windrichtung senkrechte Ebene beim Anstellwinkel 0^0, d. i. bei senkrechter Anblasung, also das Produkt Breite mal Länge des Trägers zugrunde gelegt. Bei

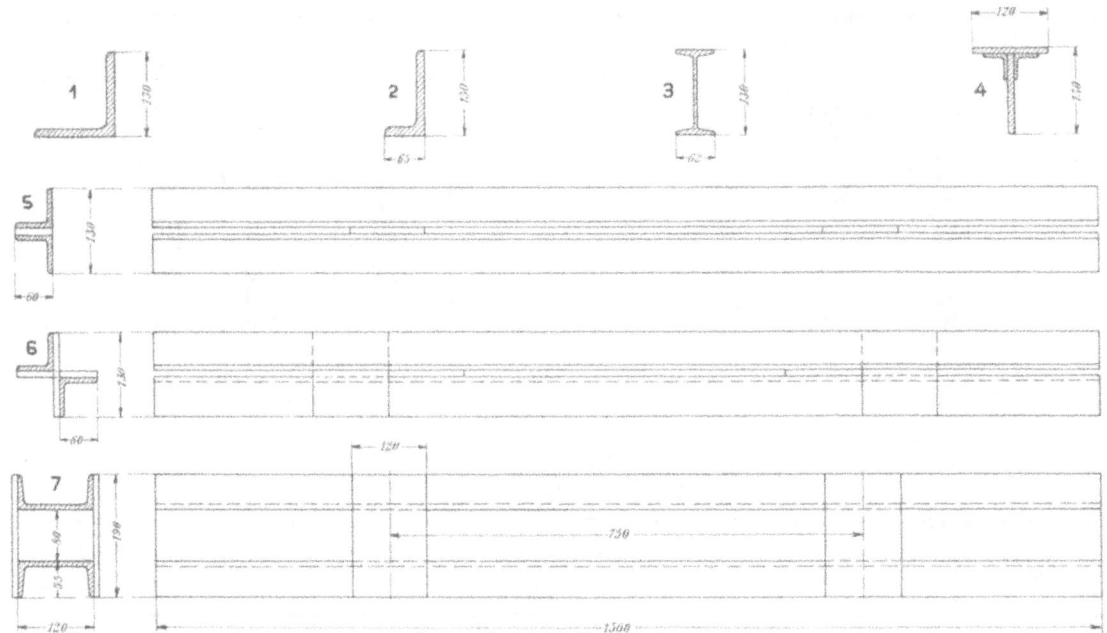

Abb. 131.

den Modellen Nr. 5 und 6 wurde als Breite die gesamte Breite des Trägers von 13 cm genommen ohne Rücksicht auf die Unterbrechung des Trägers durch den Spalt in der Mitte. Die zur Rechnung

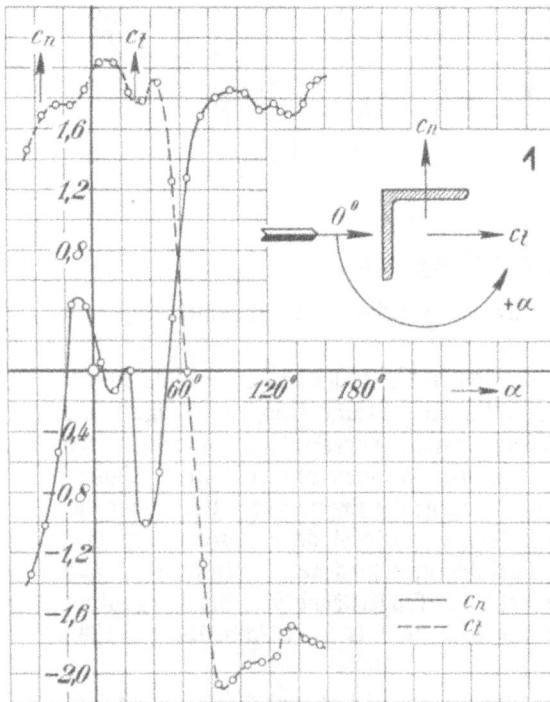

Abb. 132.

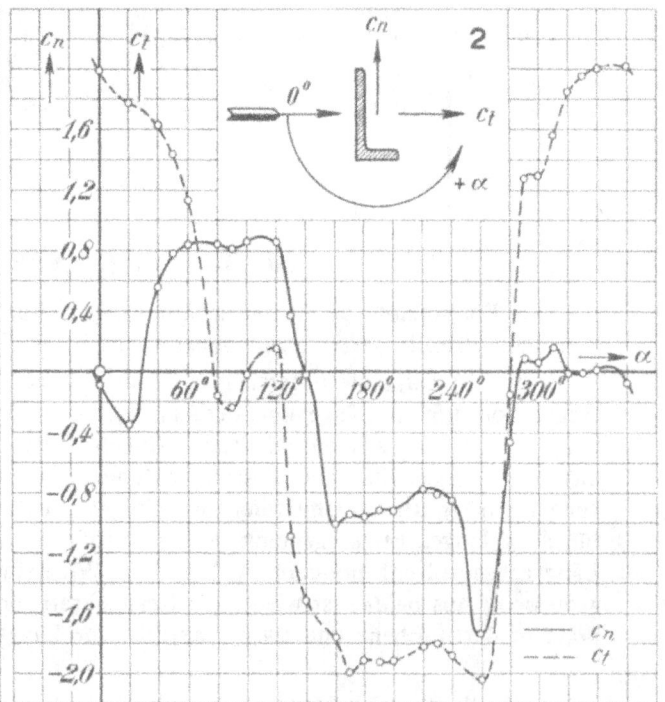

Abb. 133.

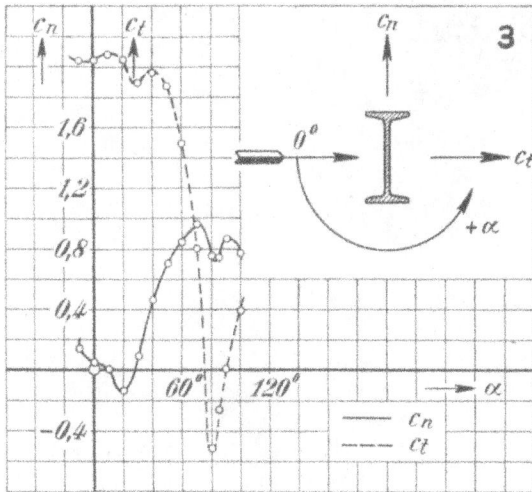

Abb. 134.

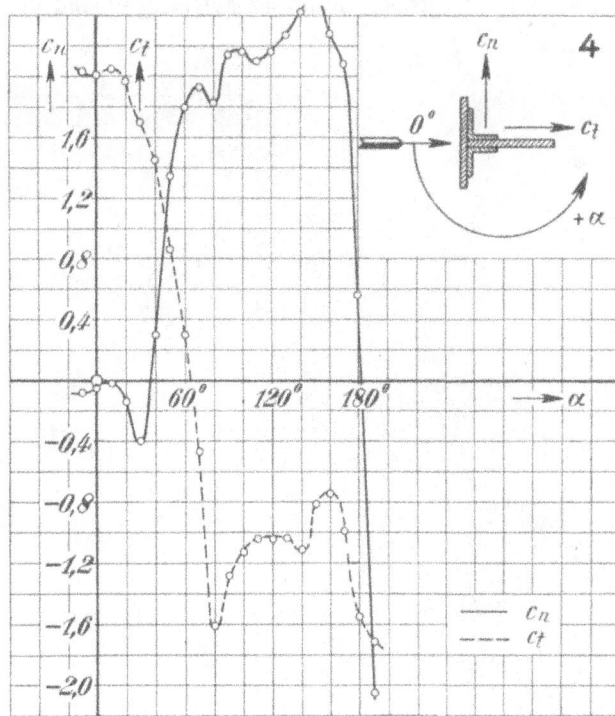

Abb. 135.

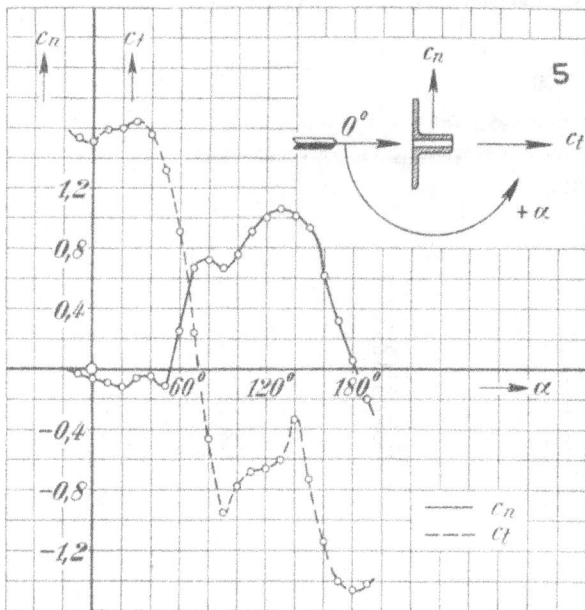

Abb. 136.

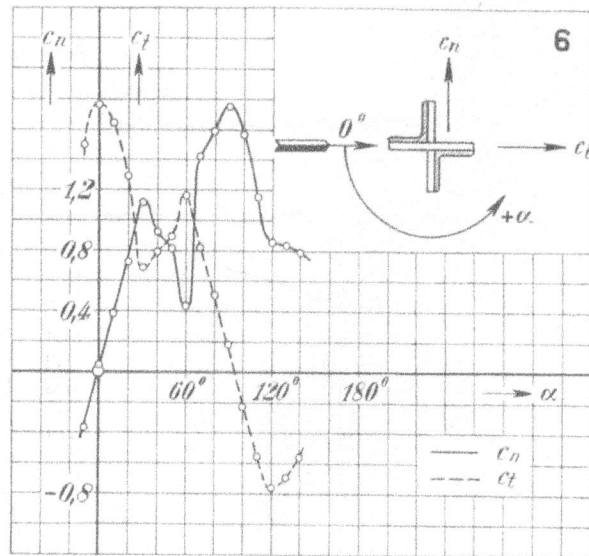

Abb. 137.

benutzten Flächen sind in den Zahlentafeln 260 bis 266, in denen die Ergebnisse wiedergegeben sind, mit angegeben. Graphisch aufgetragen sind die Werte c_n und c_t in Abb. 132 bis 138.

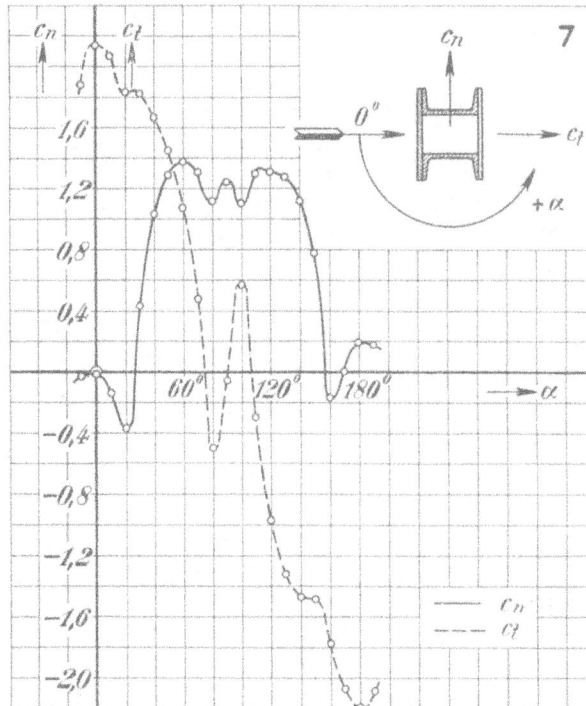

Abb. 138.

Weitere Versuche über Winddruckmessungen sind vom Deutschen Eisenbauverband in Aussicht genommen, einstweilen jedoch infolge anderer Versuchsarbeiten zurückgestellt.

Zahlentafel 260.

Profil-Träger Nr. 1; $F = 1950\ cm^2$.

Windrichtung α	c_n	c_t	Windrichtung α	c_n	c_t
— 45°	— 1,35	1,45	75°	1,68	— 1,28
— 35	— 1,03	1,68	85	1,80	— 2,08
— 25	— 0,54	1,75	95	1,85	— 2,05
— 15	+ 0,43	1,75	105	1,83	— 1,95
— 5	+ 0,42	1,85	115	1,72	— 1,93
+ 5	+ 0,05	2,03	125	1,76	— 1,89
15	— 0,13	2,03	130	1,71	— 1,73
25	0	1,83	135	1,69	— 1,69
35	— 1,01	1,78	145	1,76	— 1,78
45	— 0,67	1,90	150	1,88	— 1,79
55	+ 0,35	1,25	155	1,92	— 1,81
65	+ 1,27	— 0,01			

Zahlentafel 261.

Profil-Träger Nr. 2; $F = 1950$ cm².

Windrichtung α	c_n	c_t	Windrichtung α	c_n	c_t
0°	— 0,09	1,99	190°	— 0,92	— 1,92
20	— 0,35	1,77	200	— 0,92	— 1,92
40	+ 0,56	1,63	220	— 0,78	— 1,82
50	0,78	1,44	230	— 0,80	— 1,80
60	0,84	1,13	240	— 0,85	— 1,88
80	0,84	— 0,16	260	— 1,73	— 2,03
90	0,81	— 0,24	280	— 0,46	— 0,15
100	0,86	— 0,02	290	+ 0,09	+ 1,28
120	0,86	+ 0,15	300	+ 0,06	1,30
130	0,37	— 1,10	310	+ 0,16	1,57
140	— 0,02	— 1,52	320	— 0,01	1,85
160	— 1,01	— 1,76	330	— 0,01	1,96
170	— 0,95	— 1,94	340	+ 0,01	2,01
180	— 0,96	— 1,92	360	— 0,07	2,02

Zahlentafel 262.

Profil-Träger Nr. 3; $F = 1950$ cm².

Windrichtung α	c_n	c_t	Windrichtung α	c_n	c_t
— 10°	0,14	2,04	60°	0,84	1,49
0	0,04	2,04	70	0,96	0,80
+ 10	0	2,08	80	0,75	— 0,52
20	— 0,14	2,04	85	0,74	— 0,27
30	+ 0,09	1,89	90	0,86	0
40	0,46	1,96	100	0,77	+ 0,39
50	0,70	1,87			

Zahlentafel 263.

Profil-Träger Nr. 4; $F = 1800$ cm².

Windrichtung α	c_n	c_t	Windrichtung α	c_n	c_t
— 10°	— 0,08	2,03	100°	2,16	— 1,13
0	— 0,05	2,01	110	2,10	— 1,04
+ 10	— 0,02	2,05	120	2,16	— 1,04
20	— 0,14	1,97	130	2,27	— 1,04
30	— 0,40	1,70	140	2,42	— 1,11
40	+ 0,30	1,45	150	2,52	— 0,81
50	1,34	0,86	160	2,28	— 0,75
60	1,79	0,30	170	2,08	— 0,99
70	1,93	— 0,47	180	0,56	— 1,55
80	1,82	— 1,61	190	— 2,05	— 1,71
90	2,14	— 1,28			

Zahlentafel 264.

Profil-Träger Nr. 5; $F = 1950$ cm².

Windrichtung α	c_n	c_t	Windrichtung α	c_n	c_t
— 10⁰	— 0,03	1,54	100⁰	0,76	— 0,78
0	— 0,06	1,51	110	0,91	— 0,68
+ 10	— 0,09	1,59	120	1,00	— 0,66
20	— 0,12	1,60	130	1,06	— 0,60
30	— 0,06	1,65	140	1,01	— 0,33
40	— 0,05	1,56	150	0,93	— 0,73
50	— 0,11	1,32	160	0,62	— 1,14
60	+ 0,25	0,91	170	0,31	— 1,40
70	0,67	0,24	180	0,05	— 1,46
80	0,72	— 0,46	190	— 0,20	— 1,42
90	0,67	— 0,95			

Zahlentafel 265.

Profil-Träger Nr. 6; $F = 1950$ cm².

Windrichtung α	c_n	c_t	Windrichtung α	c_n	c_t
— 10⁰	— 0,38	1,50	70⁰	1,22	0,82
0	+ 0,04	1,76	80	1,59	0,50
+ 10	0,38	1,64	90	1,75	0,18
20	0,72	1,29	100	1,57	— 0,23
30	1,11	0,68	110	1,15	— 0,56
40	0,92	0,79	120	0,86	— 0,77
50	0,81	0,89	130	0,83	— 0,70
60	0,43	1,16	140	0,79	— 0,57

Zahlentafel 266.

Profil-Träger Nr. 7; $F = 2850$ cm².

Windrichtung α	c_n	c_t	Windrichtung α	c_n	c_t
— 10⁰	— 0,03	1,88	100⁰	1,10	+ 0,57
0	— 0,02	2,14	110	1,30	— 0,30
+ 10	— 0,14	2,07	120	1,31	— 0,97
20	— 0,37	1,83	130	1,28	— 1,32
30	+ 0,43	1,82	140	1,12	— 1,47
40	1,03	1,67	150	0,78	— 1,49
50	1,29	1,45	160	— 0,17	— 1,78
60	1,38	1,07	170	0	— 2,07
70	1,31	0,48	180	+ 0,19	— 2,19
80	1,12	— 0,50	190	0,18	— 2,09
90	1,24	— 0,06			

21. Untersuchungen von Windschutzgittern.

Auf dem Verschiebebahnhof Bremen R hat der Rangierbetrieb zu gewissen Zeiten stark unter ungünstigen Windverhältnissen zu leiden. Die namentlich im Winter vorherrschenden heftigen O- und SO-Winde üben, da sie teilweise unmittelbar in Richtung der Gleise den vom Ablaufberg herabrollenden Wagen entgegen wehen, auf diese eine starke Bremswirkung aus, wodurch die Wagen schon vorzeitig zum Stehen kommen und dadurch den ganzen Betrieb stören. Besonders stark machte sich diese bremsende Kraft des Windes unterhalb des quer über den Gleisen stehenden Stellwerks, eines sog. Reiterstellwerks (s. Abb. 139), bemerkbar, da in der Stellwerkdurchfahrt

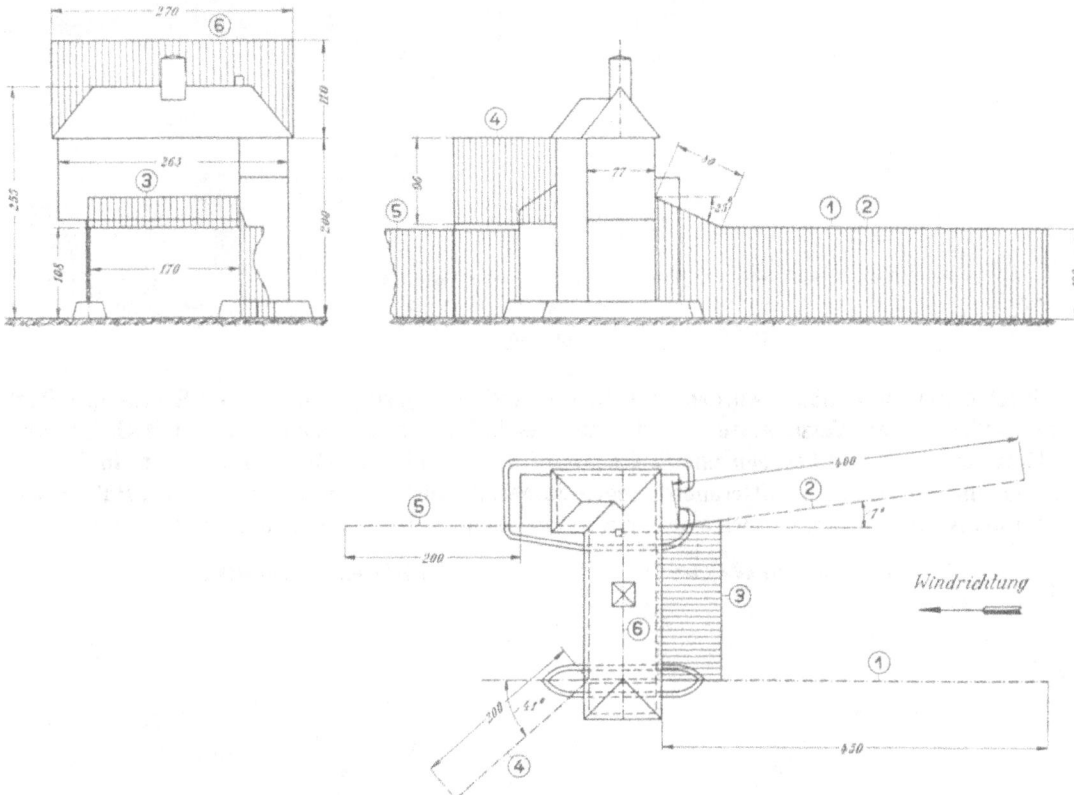

Abb. 139.

eine recht erhebliche Zunahme der Windgeschwindigkeit gegenüber der freien Strecke festzustellen war. Von der Reichsbahn-Direktion Hannover wurde daher die Anbringung von Windschutzgittern zur Beseitigung oder doch wenigstens Abschwächung dieser schädlichen Wirkung des Windes beabsichtigt. Gitter sind, abgesehen von konstruktiven Gründen, deshalb gewählt worden, weil gefordert war, daß die Sicht auf Gleise und Wagen durch die Windschutzwände nicht behindert werden dürfe.

Um über die Wirkung solcher Windgitter Aufschluß zu erhalten und auch die günstigste Anordnung derselben am Stellwerk herauszufinden, wurden in der Aerodynamischen Versuchsanstalt eine Reihe Untersuchungen sowohl an Gittern allein als auch an einem Modell des Stellwerks mit Gittern ausgeführt.

Zunächst sollte durch Winddruckmessungen hinter einem Gitter die Bremswirkung desselben festgestellt werden. Das hierzu verwandte Gitter bestand aus 2 mm starken Eisendrähten mit 2 mm breiten Lücken zwischen den Gitterstäben; es hatte eine Höhe von 5 cm und eine Breite von 27,5 cm. Hinter dem Gitter, das im Luftstrom eines kleinen Gebläses von 20×20 cm Düsenquerschnitt in 5 cm Höhe über einem wagerechten Boden aufgestellt war und von vorn mit etwa 30 m/s Windgeschwindigkeit angeblasen wurde, wurde nun in verschiedenen Entfernungen mittels des selbstaufzeichnenden Druckschreibers (vgl. I. Lieferung, S. 5 und 6) an acht verschiedenen Stellen der dort herrschende Winddruck aufgezeichnet. Als Sonde wurde ein Staugerät nach Prandtl verwendet; der Druckschreiber zeigte daher unmittelbar den Staudruck an. In Abb. 140 sind die so erhaltenen Druckkurven an den Meßstellen I bis VIII wiedergegeben. Man sieht, daß an den letzten Punkten die Wirkung des hochstehenden Gitters bis auf den Boden herabreicht (wegen der Dicke des Staurohres konnte allerdings nur bis auf 4,5 mm an den Boden heran gemessen werden). Ein Schrägstellen des Gitters verringert übrigens die Bremswirkung, wie der Verlauf der Kurven b und c bei Punkt I zeigt.

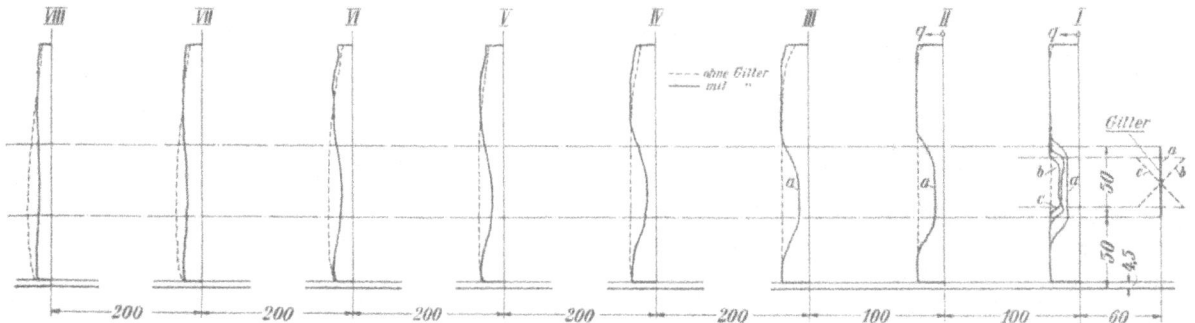

Abb. 140.

Nach diesem Vorversuch wurden an mehreren verschiedenartigen Gittern mit Rund- und Flachstäben im Windkanal Versuche zur Ermittlung ihres Luftwiderstandes angestellt. Die Gitter waren aus Holz hergestellt und besaßen eine Breite von rd. 1,0 m und eine Höhe von rd. 0,5 m; in Abb. 141 und 142 sind die einzelnen Gitteranordnungen dargestellt (die Seitenflächen der Flachstäbe waren, um bei der Ausführung im Großen eine bessere Durchsicht zu bekommen, unter ca. 30° abgeschrägt).

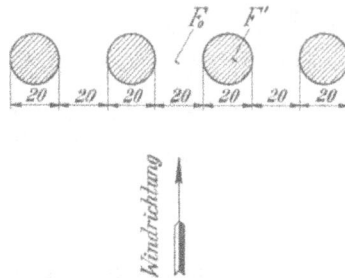

Abb. 141.

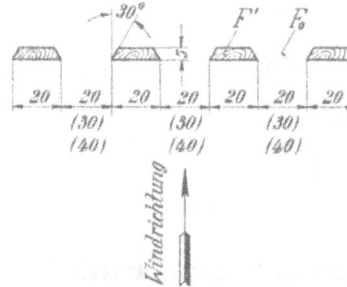

Abb. 142.

Die Messungen erfolgten bei verschiedenen Windgeschwindigkeiten ($v = 10$ bis 30 m/s). Die Ergebnisse dieser Widerstandsmessungen finden sich in Abb. 143, wo die Widerstandsbeiwerte, bezogen auf die Gesamtfläche F des Gitters ($= F_0 + F'$), in Abhängigkeit von der Windgeschwindigkeit aufgetragen sind, und in den Zahlentafeln 262 bis 270; F_0 bedeutet dabei die Fläche der Lücken, F' die der Gitterstäbe. Aus den Messungen geht hervor, daß das Gitter mit Rundstäben und einer Dichtigkeit $F' : F = \frac{1}{2}$ (vgl. Abb. 141) gleichwertig ist einem Gitter mit Flachstäben und einer Dichtigkeit gleich $\frac{1}{3}$; Abb. 142).

Um auch den Einfluß des Seitenverhältnisses festzustellen, wurde das kleine Gitter, mit dem die Vorversuche stattgefunden hatten, ebenfalls bei verschiedenen Geschwindigkeiten im Windkanal untersucht, und zwar im ursprünglichen Zustand (Breite $b = 27{,}5$ cm, Höhe $h = 5$ cm, also Seitenverhältnis $b : h = 5{,}5$) und darauf mit verkürzter Breite $b = 10$ cm ($b : h = 2{,}0$), also demselben Seitenverhältnis, mit dem auch die großen Gitter gemessen waren; Abb. 144 sowie Zahlentafel 271 und 272 enthalten die Ergebnisse dieser letzten Messungen. Wie man sieht, machen sich bei größeren Geschwindigkeiten Kennwerteinflüsse nur noch sehr wenig bemerkbar; daher stimmen hier auch die Messungen des kleinen Gitters mit dem Seitenverhältnis 2,0 mit denjenigen des großen Gitters ziemlich gut überein.

Nun wurde ein Modell des Reiterstellwerks, das im Maßstab 1:50 der Ausführung im Großen nachgebildet war, im Windkanal der Versuchsanstalt angeblasen und zwar zunächst freistehend, um die Windverhältnisse in der Stellwerkdurchfahrt zu untersuchen; das Modell stand dabei

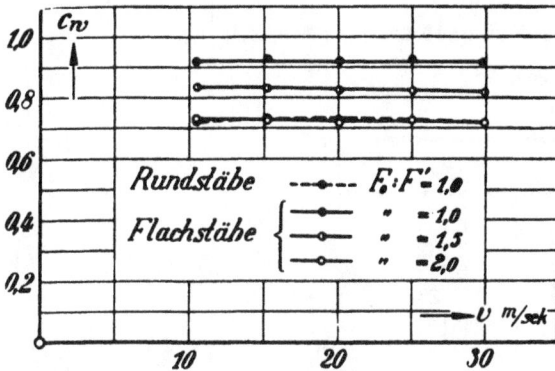

Abb. 143. Großes Gitter.

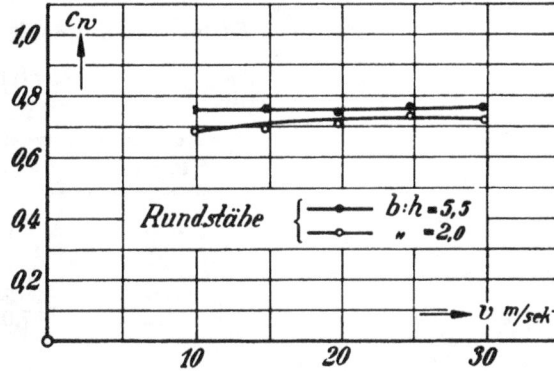

Abb. 144. Kleines Gitter.

auf einem Brett, um den Erdboden nachzuahmen. In der Durchfahrt war zur Messung der hier herrschenden Windgeschwindigkeit bzw. des Staudruckes ein Staurohr angebracht, desgleichen ein zweites weiter vor dem Stellwerk im ungestörten Luftstrom zur Bezugsmessung. Gemessen wurde bei drei Windgeschwindigkeiten $v = 10$ m/s, 15 m/s und 20 m/s und zwar bei Wind senkrecht von vorn sowie unter 30° von rechts und 30° von links. Hierbei machte sich unterhalb des Stellwerks eine ganz erhebliche Zunahme der Windgeschwindigkeit und damit noch mehr des Winddruckes $q = \varrho \cdot v^2/2$ bemerkbar; die Vergrößerung des letzteren betrug bei Anblasung von vorn 33% und unter 30° von rechts sogar 36%.

Hierauf folgte die Anbringung einzelner Gitter am Stellwerk in der in Abb. 139 dargestellten Weise; die Gitter bestanden wie bei dem Vorversuch aus 2 mm starken Eisendrähten, die Abstände der Gitterstäbe betrugen wieder 2 mm. Die Ergebnisse dieser Anblaseversuche sowohl mit als auch ohne Gitter sind in den Zahlentafeln 273 und 274 zusammen

Abb. 145.

gestellt. Hierin bedeutet v_0 die Geschwindigkeit im ungestörten Luftstrom vor dem Gitter, v_1 die Geschwindigkeit unter dem Stellwerk o h n e Vorhandensein von Gittern, v_2 diejenige nach Anbringung von Gittern. Der günstige Einfluß der Gitter auf die Windverhältnisse in der Stellwerkdurchfahrt namentlich bei Seitenwind tritt klar zutage; die Verringerung der Windgeschwindigkeit gegenüber der Anordnung ohne Gitter (d. i. $(v_1 - v_2)/v_1$) beträgt bis zu 26% und damit diejenige des Staudruckes, der ja für die Bremskraft des Windes maßgebend ist, bis zu 45%. Auffallend ist dabei die schädliche Wirkung des schrägen Gitters Nr. 3, das die Verhältnisse in der Durchfahrt teilweise noch verschlechtert. Die ganze Anordnung des Modelles mit den Gittern (außer dem Schräggitter Nr. 3) ist nochmals in Abb. 145 im Lichtbild wiedergegeben.

Windmessungen, die in Bremen an Ort und Stelle stattfanden und zwar sowohl vor dem Aufstellen der Windschutzgitter als auch nach Anbringen derselben in der von der Versuchsanstalt vorgeschlagenen Weise, bestätigten übrigens die Ergebnisse der Modellversuche in vollem Maße. Näheres hierüber sowie auch über die Ausbildung der Gitter im Großen findet sich in der „Verkehrstechnischen Woche, Zeitschrift für das gesamte Verkehrswesen"; 1925, Sonderausgabe (Juni): Verschiebebahnhöfe in Ausgestaltung und Betrieb II. Band[1]); 1926, Heft 37: Verschiebebahnhöfe usw. III. Band[2]).

1. Großes Gitter mit Rundstäben; $F = 5135$ cm²; $b:h = 2,1$.

Zahlentafel 267.

$F':F = {}^1/_2$.

v m/sec	q kg/m²	c_w
10,5	7,02	0,725
15,1	14,64	0,732
20,0	25,7	0,732
24,9	39,8	0,728
29,8	57,0	0,727

2. Großes Gitter mit Flachstäben; $F = 4817$ cm²; $b:h = 2,0$.

Zahlentafel 268. $F':F = {}^1/_2$.			Zahlentafel 269. $F':F = {}^2/_5$.			Zahlentafel 270. $F':F = {}^1/_3$.		
v m/sec	q kg/m²	c_w	v m/sec	q kg/m²	c_w	v m/sec	q kg/m²	c_w
10,4	6,97	0,918	10,5	7,01	0,837	10,4	6,93	0,734
15,2	14,8	0,926	15,1	14,7	0,831	15,1	14,7	0,724
20,1	25,8	0,923	20,0	25,6	0,828	20,1	25,7	0,724
24,9	39,75	0,932	25,0	39,9	0,827	24,9	39,7	0,726
29,8	56,9	0,921	29,9	57,1	0,824	29,8	57,0	0,722

3. Kleines Gitter mit Rundstäben; $F':F = {}^1/_2$.

Zahlentafel 271. $b:h = 5,5$; $F = 135$ cm².			Zahlentafel 272. $b:h = 2,0$; $F = 51$ cm².		
v m/sec	q kg/m²	c_w	v m/sec	q kg/m²	c_w
4,9	1,53	0,678	4,9	1,53	0,512
9,8	6,12	0,754	9,8	6,12	0,685
14,7	13,82	0,758	14,7	13,78	0,696
19,7	24,7	0,750	19,6	24,6	0,710
24,6	38,6	0,765	24,6	38,65	0,738
29,6	56,1	0,764	29,8	56,5	0,725

---

[1]) Windbremsen am Ablaufberg, von Reichsbahnrat Sauermilch, Hannover.
[2]) Beseitigung der Windwiderstände auf Verschiebebahnhöfen, derselbe.

Zahlentafel 273.

Wind-richtung	Ohne Gitter			Mit Gitter 1 bis 6				Mit Gitter 1, 2, 4 bis 6				Mit Gitter 3 bis 6			
	v_0	v_1	v_1/v_0	v_0	v_2	v_2/v_0	v_2/v_1	v_0	v_2	v_2/v_0	v_2/v_1	v_0	v_2	v_2/v_0	v_2/v_1
senkrecht	10,0	11,5	1,15	10,0	11,1	1,12	0,97	10,4	11,4	1,10	0,95	10,6	11,9	1,12	0,97
„	15,0	17,4	1,16	15,1	17,1	1,14	0,98	15,2	16,9	1,11	0,95	15,2	16,9	1,11	0,96
„	20,1	23,1	1,15	20,1	22,7	1,13	0,98	20,2	22,7	1,13	0,98	20,2	22,6	1,12	0,97
30° v. r.	10,0	11,6	1,16	10,1	8,6	0,86	0,74	10,3	9,2	0,89	0,77	10,2	11,6	1,14	0,99
„	15,1	17,6	1,17	15,2	13,3	0,87	0,75	15,2	13,5	0,89	0,76	15,0	17,1	1,14	0,98
„	20,1	23,5	1,17	20,1	17,7	0,88	0,75	20,2	17,8	0,88	0,75	20,1	23,0	1,14	0,98
30° v. l.	10,0	10,5	1,05	10,1	8,0	0,80	0,76	10,2	8,1	0,80	0,76	10,1	10,5	1,04	1,00
„	15,0	16,0	1,07	15,3	12,5	0,81	0,76	15,2	11,9	0,78	0,73	15,2	15,9	1,05	0,98
„	20,1	21,3	1,06	20,1	16,0	0,80	0,75	20,2	15,8	0,78	0,74	20,1	21,1	1,05	0,99

Zahlentafel 274.

Wind-richtung	Mit Gitter 4 bis 6				Mit Gitter 3 und 6				Nur mit Gitter 3				Nur mit Gitter 6			
	v_0	v_2	v_2/v_0	v_2/v_1	v_0	v_2	v_2/v_0	v_2/v_1	v_0	v_2	v_2/v_0	v_2/v_1	v_0	v_2	v_2/v_0	v_2/v_1
senkrecht	10,1	11,2	1,11	0,97	10,2	11,6	1,13	0,98	10,4	12,0	1,16	1,01	10,1	11,3	1,12	0,98
„	15,2	16,9	1,11	0,96	15,3	17,3	1,13	0,98	15,2	17,6	1,16	1,00	15,1	17,1	1,13	0,98
„	20,3	22,3	1,10	0,96	20,3	22,9	1,13	0,98	20,3	23,4	1,16	1,00	20,1	22,7	1,13	0,98

22. Untersuchungen an einem Schnellbahnwagen.

Die im nachfolgenden mitgeteilten Untersuchungen, die im Auftrage der „Studiengesellschaft für die Rheinisch-Westfälische Schnellbahn" ausgeführt wurden, sollten die Grundlage für eine zweckmäßige Gestaltung der Schnellbahn bilden, die im Rheinisch-Westfälischen Industriegebiet geplant war. Es handelte sich dabei nicht nur um die Ausbildung der Wagenform mit Rücksicht auf den Luftwiderstand, der bei der großen vorgesehenen Geschwindigkeit der Bahn bis 130 km/Std.

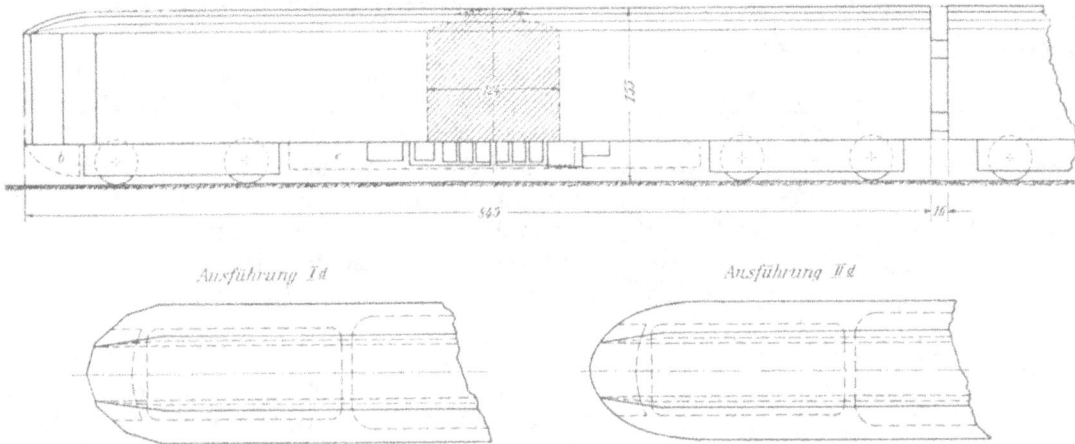

Ausführung Id   *Ausführung IId*

Abb. 146.

Tabelle a.

Wagen	Ohne Haube und Apparatekasten	Mit Haube, ohne Apparatekasten	Ohne Haube, mit Apparatekasten	Mit Haube und Apparatekasten
Eckiger Kopf	Ia	Ib	Ic	Id
Runder Kopf	IIa	IIb	IIc	IId

auf freier Strecke und 100 km/Std. im Tunnel von nicht unbedeutendem Einfluß ist, sondern auch um die Ermittlung des Druckverlaufes am Wagen bei der Begegnung zweier Züge in einem Tunnel.

Das ziemlich umfangreiche Versuchsprogramm gliederte sich den zu lösenden Aufgaben entsprechend, die teilweise ganz neuartiger Natur waren, in drei Hauptteile: Anblasen eines Schnellbahnwagenmodelles im Windkanal zur Ermittlung des Fahrtwiderstandes auf freier Strecke, Anblasen des Modelles in einem Tunnelmodell sowie bei der Einfahrt als Grundlage für die rechnerische Bestimmung des Widerstandes im Tunnel und bei der Einfahrt in denselben, theoretische Behandlung der Druckverhältnisse bei der Begegnung zweier Züge im Tunnel.

Das zu den Anblaseversuchen verwandte Modell des Schnellbahnwagens ist in Abb. 146 in den Hauptabmessungen dargestellt; es war im Maßstab 1:25 der natürlichen Größe ausgeführt und aus Holz hergestellt; Einzelheiten wie Türgriffe, Fenstervorsprünge usw. wurden dabei nicht berücksichtigt, da sie bei der Modellausführung verschwindend klein ausgefallen wären. Vorder- und Hinterwagen, die an sich gleich waren, waren durch zwei Holzdübel fest miteinander verbunden. Bei den Versuchen im Windkanal wurde, um die Strömungsverhältnisse in Erdbodennähe wiederzugeben, ein Doppelmodell verwandt, indem ein zweites Modell in genau derselben Ausführung in einer Entfernung, die der doppelten Gleishöhe entsprach, mit dem ersten Modell fest verbunden war.

Untersucht wurden nun verschiedene Ausführungsformen des Wagens, um eine für den Luftwiderstand günstige Form herauszufinden (s. Tabelle a). Vor dem Drehgestell wurde eine Haube zum besseren Luftabfluß angebracht (Ausführung „b") und unter dem Wagen ein Verkleidungskasten für die dort befindlichen zahlreichen Apparate (Ausführung „c", in der Tabelle kurz mit Apparatekasten bezeichnet). Außerdem wurde der Wagen auch ohne diese Verkleidungen gemessen (Ausführung „a") sowie mit beiden Verkleidungen zusammen (Ausführung „d").

Die Ergebnisse dieser Messungen, bei denen das Modell sowohl von vorn (Gegenwind auf freier Strecke) als auch schräg seitlich (Seitenwind) unter verschiedenen Winkeln angeblasen wurde, sind in Zahlentafel 275 zusammengestellt; der Wert c_n stellt die Normalkraftzahl senkrecht zur Fahrtrichtung, c_t die Tangentialkraftzahl in Fahrtrichtung also den Luftwiderstand des Wagens dar. Die Definition dieser Beiwerte ist die übliche (vgl. I. Lieferung, S. 32), also

$$c_n = \frac{N}{q \cdot F} \quad \text{und} \quad c_t = \frac{T}{q \cdot F},$$

wobei N und T Normal- und Tangentialkraft sind und als Fläche F die Querschnittfläche des Wagens genommen wurde (bei dem Modell war $F = 160 \text{ cm}^2$). Wie man aus der Zusammenstellung der Ergebnisse sieht, ist der Einfluß der Verkleidungen auf den Fahrtwiderstand des Wagens namentlich bei Seitenwind nicht unerheblich (die Widerstandsverminderung beträgt bis 30%). Abb. 147 enthält den berechneten größten Fahrtwiderstand des projektierten Wagens (also nicht des Modelles) bei der jeweils ungünstigsten Richtung des Seitenwindes für verschiedene Windgeschwindigkeiten w relativ zum Boden in Abhängigkeit von der Fahrgeschwindigkeit und zwar für die beiden Wagenformen Ia und Id; die Werte für die

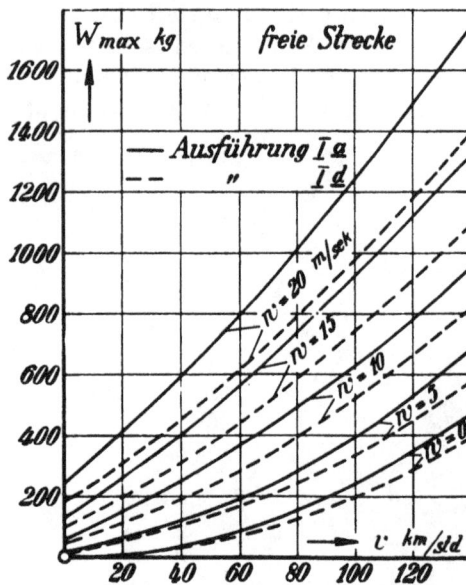

Abb. 147.

Ausführung Ib und Ic liegen entsprechend der Zahlentafel 275 dazwischen. Auch hieraus ist der widerstandsvermindernde Einfluß der Verkleidungen gut zu erkennen.

In einer weiteren Versuchsreihe wurden Untersuchungen über die Ausbildung des Wagenkopfes sowie der Kuppelungsstelle der beiden Wagenhälften vorgenommen. So wurde die eckige Kopfform I durch eine runde Form II ersetzt (vgl. Abb. 146), der Gewinn an Widerstandsverminderung ist jedoch nur gering. Ein Verschließen der Kuppelungsstelle, so daß Vorder- und Hinter-

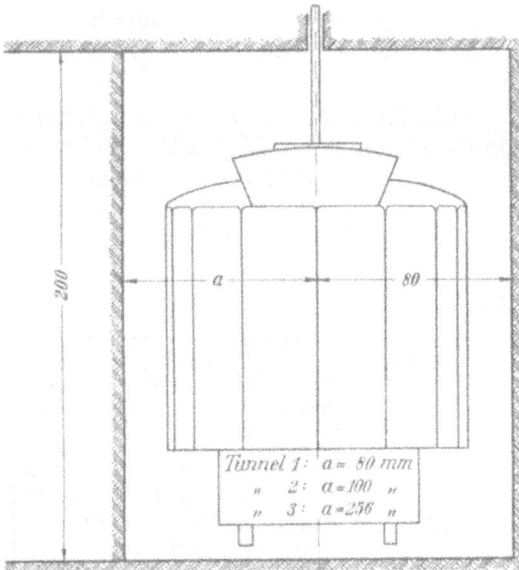

Abb. 148.

wagen ohne Unterbrechung ineinander übergehen, verringert den Widerstand auch nur wenig, erheblich vergrößert (ca. 20%) wird er jedoch, wenn die beiden Wagenhälften an der Kuppelungsstelle ebenfalls mit Wagenköpfen versehen werden. Die Ergebnisse dieser verschiedenen Untersuchungen finden sich in Zahlentafel 276, wo jedoch nur die c_i-Werte, auf die es hier im wesentlichen ankommt, angegeben sind.

Zur Ermittlung des Fahrtwiderstandes im Tunnel und bei der Einfahrt in einen solchen wurde aus Brettern das Modell eines Tunnels in Form eines an den beiden Längsseiten offenen Kastens gebaut. Entsprechend den drei zu untersuchenden Tunnelquerschnitten (s. Tabelle b) besaß das Tunnelmodell, dessen Länge rd. 3 m betrug, bei einer Höhe von 20,2 cm eine Breite von 16 cm, 18 cm (eingleisige Tunnel) und 33,6 cm (zweigleisiger Tunnel). Der Schnellbahnwagen hing in Gleishöhe freischwebend im Tunnel an einer Gabel, die durch Öffnungen in der Tunnel-

decke ging und außerhalb des Tunnels aufgehängt war (s. Abb. 148). Durch ein kleines Gebläse wurde der Wagen im Tunnel angeblasen und der erzeugte Widerstand an einer besonderen Wage gemessen. Die sich hieraus ergebenden Widerstandsbeiwerte c_w dienten als Grundlage für die rechnerische Bestimmung des Zugwiderstandes im Tunnel auf Grund theoretischer Betrachtungen der Strömungsverhältnisse im Tunnel, auf die an dieser Stelle jedoch nicht näher eingegangen werden kann[1]. Es mag hier die Bemerkung genügen, daß sich — nach gewissen Übergangszuständen, die auch studiert wurden — mit der Zeit eine Mitströmung der Luft im Tunnel von der Geschwindigkeit $C \cdot v$ einstellt (v = Fahrgeschwindigkeit), so daß die Relativgeschwindigkeit des Wagens gegen die Luft $(1 - C) v$ ist.

Tabelle b.

	Tunnel 1	Tunnel 2	Tunnel 3
Höhe . .	5,04 m	5,04 m	5,04 m
Breite . .	4,00 m	4,50 m	8,40 m

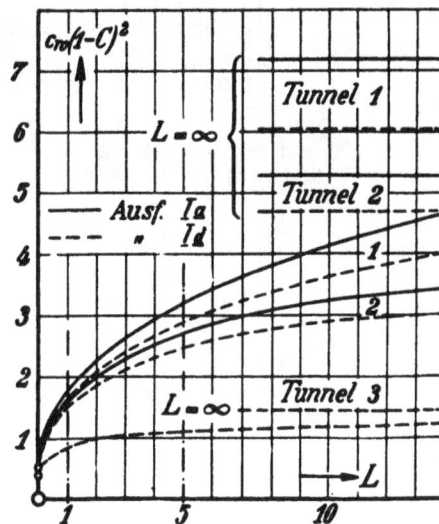

Abb. 149.

Als Ergebnis der Rechnungen, die für drei verschiedene Tunnellängen ($L = 1$ km, 5 km und ∞) durchgeführt wurden, ist in Abb. 149 der Wert $c_w (1 - C)^2$ in Abhängigkeit von der Tunnellänge L aufgetragen[2]. Be-

---

[1] Eine ausführliche von Dr. Tollmien verfaßte Abhandlung hierüber wird in der Z. d. V. D. I. erscheinen.

[2] Die Formel für den Fahrtwiderstand im Tunnel lautet:

$$W = q \cdot F \cdot c_w (1 - C)^2,$$

wo C vom Tunnelquerschnitt und von der Tunnellänge abhängt. Für $L = \infty$ wird $C = 0$, der Ausdruck $(1 - C)^2$ also $= 1$; die in Abb. 149 gezeichneten Kurven nähern sich also asymptotisch dem Werte c_w im Tunnel. Für kurze Tunnels werden die hier benützten Rechnungsgrundlagen ungültig, man wird aber nicht weit fehlgehen, wenn man hier für $c_w \cdot (1 - C)^2$ den Wert von c_w auf freier Strecke annimmt (s. Zahlentafel 275; in der Abbildung durch zwei Kreise auf der Nullachse markiert entsprechend Form Ia und Id).

rechnet wurden nur die beiden Fälle Ia und Id (für Tunnel 3 nur Fall Id), die Werte für die Wagenausführungen Ib und Ic liegen, wie schon bei Abb. 147 vermerkt wurde, entsprechend dazwischen. Ein Einfluß der Verkleidungen, der allerdings mit der Breite des Tunnels abnimmt, ist auch hier zu erkennen.

Die Aufgabe, den Druckverlauf an verschiedenen Stellen des Wagenkopfes bei der Begegnung zweier Züge im Tunnel zu ermitteln, wurde rein rechnerisch unter Verwendung zeichnerischer Methoden durchgeführt. Die Ergebnisse werden in der in Fußnote 1, Seite 163, erwähnten Tollmienschen Arbeit erscheinen[1]). Hier mag die Bemerkung genügen, daß die Druckunterschiede nirgends höhere Werte annehmen als die vor der Zugbegegnung durch die Strömung hervorgerufenen Druckunterschiede.

Zahlentafel 275.

Anblase-winkel	Ausführung Ia: ohne Haube und ohne Apparatekasten		Ausführung Ib: mit Haube, ohne Apparatekasten		Ausführung Ic: ohne Haube, mit Apparatekasten		Ausführung Id: mit Haube und mit Apparatekasten	
α	c_n	c_t	c_n	c_t	c_n	c_t	c_n	c_t
0^0	0	0,50	0	0,48	0	0,43	0	0,41
10	1,16	0,76	1,14	0,74	0,83	0,64	0,81	0,62
15	—	—	—	—	—	—	1,93	0,74
20	3,29	1,06	3,30	0,98	2,06	0,84	2,07	0,76
30	5,59	0,95	5,58	0,88	5,68	0,71	5,67	0,64

Zahlentafel 276.

Wagenform	c_t
Ausführung Id	0,41
Ausführung Id, Kuppelungsstelle verschlossen	0,39
Ausführung IId	0,39
Ausführung IId, Kuppelungsstelle mit Köpfen versehen .	0,49

---

[1]) Während der Drucklegung der Lieferung erschienen: W. Tollmien, Luftwiderstand und Druckverlauf bei der Fahrt von Zügen in einem Tunnel. Z. d. V.D.I. 1927, S. 199.

Literatur-Verzeichnis.

A. Vorläufige Mitteilungen der Aerodynamischen Versuchsanstalt zu Göttingen.

Heft 1, 1924: J. Ackeret, Versuche mit Ausschnitten an Tragflügeln.
Heft 2, 1924: F. Nagel, Flügel mit seitlichen Scheiben.
                 J. Ackeret, Versuche an Profilen mit abgeschnittener Hinterkante.
Heft 3, 1925: R. Seiferth, Untersuchung eines Flugzeugmodells mit Propeller.
                 R. Seiferth, Untersuchung eines Tragflügels mit verschiedenen Rümpfen.
Heft 4, 1925: J. Ackeret, A. Betz und O. Schrenk, Versuche an einem Flügel mit Grenzschichtabsaugung.
                 O. Schrenk, Oberflächenrauhigkeit auf Tragflügeln.

B. Sonstige aerodynamische und hydrodynamische Arbeiten des Göttinger Kreises.

(Fortsetzung des Literaturverzeichnisses der II. Lieferung, Abschnitt C.)

(Z.F.M. = Zeitschrift für Flugtechnik und Motorluftschiffahrt; Z. d. V. D. I. = Zeitschrift des Vereins deutscher Ingenieure; Z.A.M.M. = Zeitschrift für angewandte Mathematik und Mechanik; WGL = Wissenschaftliche Gesellschaft für Luftfahrt.)

65. L. Prandtl, Über die Entstehung von Wirbeln in der idealen Flüssigkeit, mit Anwendung auf die Tragflügeltheorie und andere Aufgaben. Vortrag auf der Hydro- und Aerodynamik-Tagung, Innsbruck, 1922[1]).
66. L. Prandtl, Magnuseffekt und Windkraftschiff. Naturwissenschaften 1925, S. 93.
67. L. Prandtl, Untersuchungen zur ausgebildeten Turbulenz. Z.A.M.M. Bd. 5, 1925, S. 136.
68. L. Prandtl und W. Tollmien, Die Windverteilung über dem Erdboden, errechnet aus den Gesetzen der Rohrströmungen. Zeitschrift für Geophysik Bd. 1, 1925, S. 47.
69. L. Prandtl und O. Tietjens, Kinematographische Strömungsbilder. Naturwissenschaften 1925, S. 1050.
70. L. Prandtl, Bemerkung zu dem Aufsatz von D. Thoma: Grundsätzliches zur einfachen Strahltheorie. Z.F.M. 1925, S. 208.
71. L. Prandtl, Aufgaben der Strömungsforschungen. Naturwissenschaften 1926, S. 335.
72. L. Prandtl, Erste Erfahrungen mit dem rotierenden Laboratorium. Naturwissenschaften 1926, S. 425.
73. L. Prandtl, Bericht über neuere Turbulenzforschung. In „Hydraulische Probleme", V.D.I.-Verlag, Berlin 1926.
74. L. Prandtl, Bemerkung zu dem Aufsatz von A. Einstein: Die Ursache der Mäanderbildung und das sog. Baersche Gesetz. Naturwissenschaften 1926.
75. A. Betz, Eine Verallgemeinerung der Joukowskyschen Flügelabbildung. Z.F.M. 1924, S. 100.
76. A. Betz, Der Magnuseffekt als Grundlage der Flettnerwalze. Z. d. V. D. I. 1925, S. 9.
77. A. Betz, Ein Verfahren zur direkten Ermittlung des Profilwiderstandes. Z.F.M. 1925, S. 43.
78. A. Betz, Über die Vorgänge an den Schaufelenden von Kaplanturbinen. In „Hydraulische Probleme", V.D.I.-Verlag, Berlin 1926.
79. A. Betz, Windenergie und ihre Ausnutzung durch Windmühlen. Verlag Vandenhoek und Rupprecht, Göttingen 1926.
80. A. Betz, Mechanik flüssiger und luftförmiger Körper. „Hütte", des Ingenieurs Taschenbuch, 25. Auflage, 1925, S. 332.
81. A. Betz, Tragflügel und hydraulische Maschinen. Handbuch der Physik 1927, Band VII, Kapitel 4.
82. A. Betz, Wirbelschichten und ihre Bedeutung für die Strömungsvorgänge. Naturwissenschaften, 1926, S. 1228.
83. C. Wieselsberger, Die wichtigsten Ergebnisse der Tragflügeltheorie und ihre Prüfung durch den Versuch. Vortrag auf der Hydro- und Aerodynamik-Tagung, Innsbruck 1922[1]).
84. J. Ackeret, Motoren zum Antrieb von kleinen Modelluftschrauben. Z.F.M. 1924, S. 101.
85. J. Ackeret, Bemerkungen zu zwei neueren Schriften von G. Lilienthal. Z.F.M. 1924, S. 242.
86. J. Ackeret, Neuere Untersuchungen der Aerodynamischen Versuchsanstalt Göttingen. Jahrbuch der WGL 1924 (Beiheft 12 der Z.F.M.), S. 57 und Z.F.M. 1925, S. 44.

---

[1]) Abgedruckt in „Vorträge aus dem Gebiete der Hydro- und Aerodynamik (Innsbruck 1922)". Herausgegeben von Th. v. Kármán und T. Levi-Civita. Verlag von Julius Springer, Berlin 1924.

87. J. Ackeret, Luftkräfte auf Flügel, die mit größerer als Schallgeschwindigkeit bewegt werden. Z.F.M. 1925, S. 72.
88. J. Ackeret, Das Rotorschiff. Verlag Vandenhoeck und Ruprecht, Göttingen 1925.
89. J. Ackeret, Grenzschichtabsaugung. Z.d.V.D.I. 1926. S. 1153.
90. J. Ackeret, Gasdynamik. Handbuch der Physik 1927, Band VII, Kapitel 5.
91. R. Seiferth, Der Magnuseffekt. Deutsch-Japanische Zeitschrift für Wissenschaft und Technik. 1925, S. 53.
92. R. Seiferth, Die Arbeiten der Aerodynamischen Versuchsanstalt und ihre Zusammenarbeit mit der Praxis. Hannoversche Hochschulgemeinschaft 1925, Heft 8, S. 2.
93. R. Seiferth, Untersuchung eines Windradflugzeuges. Z.F.M. 1926, S. 483.
94. W. Tollmien, Zeitliche Entwicklung der laminaren Grenzschicht am rotierenden Zylinder. Diss. Göttingen 1924.
— W. Tollmien, s. Nr. 68.
95. W. Tollmien, Berechnung turbulenter Ausbreitungsvorgänge. Z.A.M.M. 1926, S. 468.
96. R. Langer, Das Rotorschiff. Miniaturbibliothek, Nr. 578—580.
97. O. Schrenk, Aeromechanik. Luegers Lexikon der gesamten Technik, Deutsche Verlagsanstalt Stuttgart, 3. Aufl. 1925.
98. O. Schrenk, Versuche an einer Kugel mit Grenzschichtabsaugung. Z.F.M. 1926, S. 366.
99. W. Birnbaum, Die tragende Wirbelfläche als Hilfsmittel zur Behandlung des ebenen Problems der Tragflügeltheorie. Z.A.M.M. 1923, S. 290.
100. W. Birnbaum, Das ebene Problem des schlagenden Flügels. Z.A.M.M. 1924, S. 277.
101. O. Tietjens, Kinematographische Strömungsaufnahmen von rotierenden und nichtrotierenden Zylindern. Jahrbuch der WGL 1925 (Beiheft 13 der Z.F.M.), S. 100.
— O. Tietjens, s. Nr. 69.
102. J. Nikuradse, Untersuchung über die Geschwindigkeitsverteilung in turbulenten Strömungen. Göttinger Dissertation 1923, Heft 281 der Forschungsarbeiten des V.D.I. 1926.
103. H. Blenk, Der Eindecker als tragende Wirbelfläche. Diss. Göttingen 1923[1]). Auszug in Z.A.M.M. 1925, S. 36.
104. F. Dönch, Divergente und konvergente turbulente Strömungen mit kleinen Öffnungswinkeln. Göttinger Dissertation 1925, Heft 282 der Forschungsarbeiten des V.D.I. 1926.
105. F. Liebers, Untersuchungen zum nicht stationären Problem der Tragflügeltheorie. Diss. Göttingen 1924[1]).
106. H. Ludloff, Stabilitätsuntersuchung der Wellenbewegung eines rotierenden Flüssigkeitssystems. Diss. Göttingen 1924[1]).

[1]) Handschriftlich; von der Universitäts-Bibliothek in Göttingen und von der Preußischen Staatsbibliothek in Berlin leihbar.

Druckfehlerberichtigung zur II. Lieferung.

S. 19, Zeile 5 v. o.: .... $\alpha' = 1{,}808\ m^{-2}\ A/q$ (statt .... $\alpha' = 0{,}0315\ m^{-2}\ A/q$).

S. 31, Zahlentafel 34, Spalte 3 (Reynoldssche Zahl R), Zeile 2 v. o.: $117{,}0 \cdot 10^3$ (statt $17{,}0 \cdot 10^3$), Zeile 5 v. o.: $219{,}0 \cdot 10^3$ (statt $119{,}0 \cdot 10^3$).

S. 39, Zahlentafel 45, Spalte 6 $\left(\dfrac{h}{t_m}\right)$, Zeile 3 v. o.: $1{,}40$ (statt $1{,}43$).

S. 47, Zahlentafel 59, Spalte 2 (Bohrung 0), Zeile 5 v. o.: $1{,}000$ (statt $0{,}100$).

S. 69, Zeile 3 v. o.: .... Zahlentafel 98 (statt 96).

S. 76, Zeile 11 v. o.: .... Differenz des **Gesamtdruckes** (statt .... Staudruckes).

Druckfehlerberichtigung zur I. Lieferung.

(Nachtrag zur Druckfehlerberichtigung in der II. Lieferung.)

S. 106, Zahlentafel 65, Spalte 1 (Anstellwinkel), Zeile 3 v. u.: $8{,}6$ (statt $4{,}6$).

Ergebnisse der Aerodynamischen Versuchsanstalt zu Göttingen

Unter Mitwirkung von Dr.-Jng. C. Wieselsberger und Dipl.-Jng. Dr. phil. A. Betz
herausgegeben von Dr.-Jng. Dr. **L. Prandtl**, o. Professor an der Universität Göttingen

1. Lieferung. 3. Auflage. 144 Seiten, 91 Abbildungen. 1925. M. 8.—
2. Lieferung. 84 Seiten, 101 Abbildungen. 1923. M. 6.--

Mitteilungen des Hydraulischen Instituts der Technischen Hochschule München

Herausgegeben von
D. Thoma

Heft 1: 90 Seiten, 84 Abbildungen. Lex.-8°. 1926. M. 6.20

Inhalt:

R. OLDENBOURG / MÜNCHEN UND BERLIN

Berichte und Abhandlungen der Wissenschaftlichen Gesellschaft für Luftfahrt.

(Beihefte zur »Zeitschrift für Flugtechnik und Motorluftschiffahrt«.) Schriftleitung und wissenschaftliche Leitung wie bei dieser Zeitschrift. Die Bezieher der »Zeitschrift für Flugtechnik und Motorluftschiffahrt« genießen einen Preisnachlaß von 15%.

Jahrbuch 1926 der Deutschen Versuchsanstalt für Luftfahrt, Berlin-Adlershof.

R. OLDENBOURG / MÜNCHEN UND BERLIN

www.ingramcontent.com/pod-product-compliance
Lightning Source LLC
Chambersburg PA
CBHW081434190326
41458CB00020B/6200